福島・浜通りを襲う大津波
（向こうが「広野火力発電所」、
手前は「福島第二原子力発電所」、写真提供／福島県警）

放射線量が上昇する中、
1・2号機中央制御室（中操）に踏みとどまった男たち
（2011年3月12日夜）

凄まじい水素爆発が
噴煙を高く舞い上げた
（福島第一原発「3号機」 2011年3月14日11時01分、写真提供／福島中央テレビ）

脳内出血で倒れる10日前、
筆者のインタビューに応える吉田昌郎前所長
（2012年7月16日）

原子炉の構造
（福島第一原子力発電所1号機）

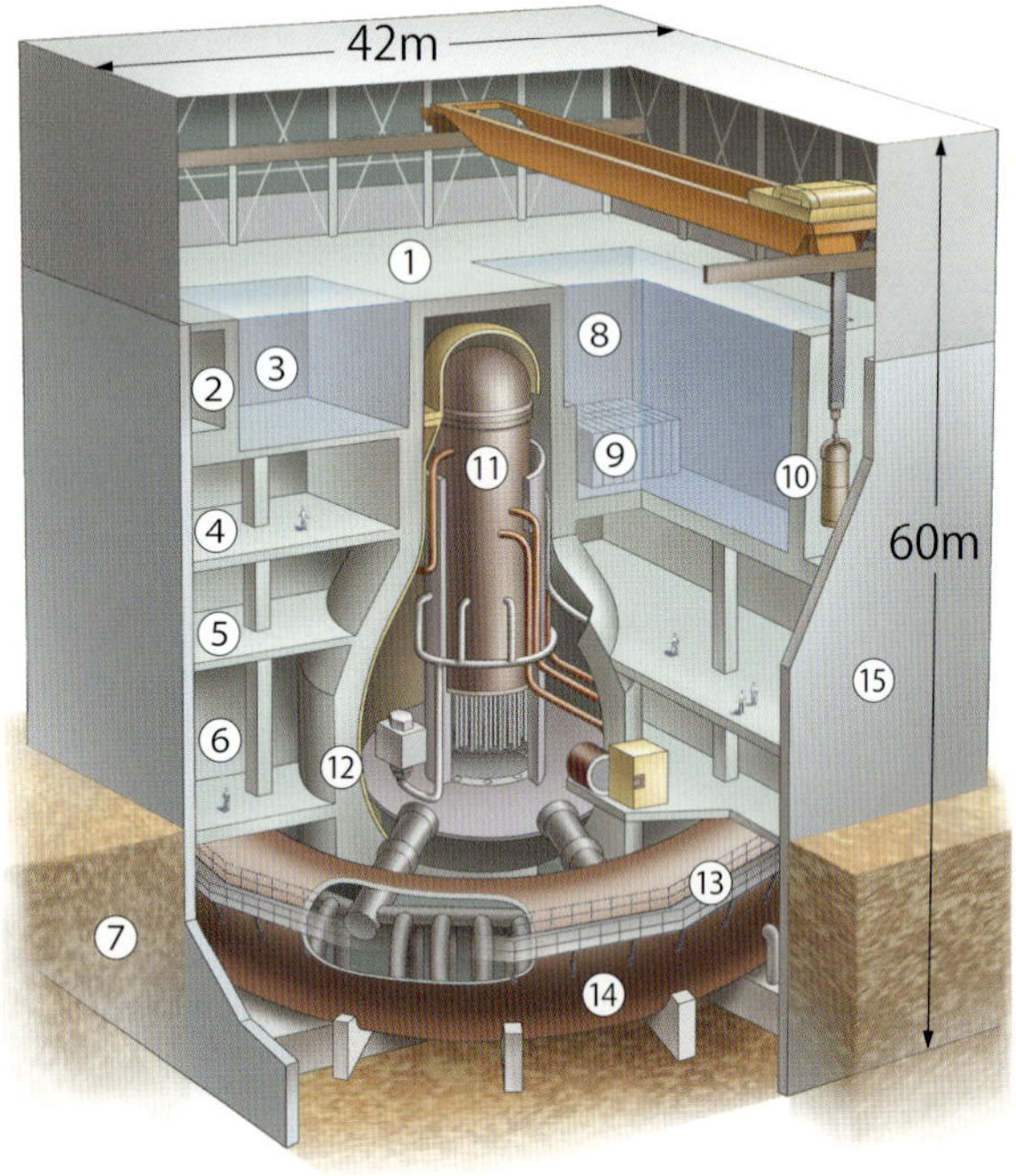

① 5階部分（水素爆発により破壊）
② 4階部分
③ DSピット（炉内機器を入れるプール）
④ 3階部分
⑤ 2階部分
⑥ 1階部分
⑦ 地下部分
⑧ 使用済み燃料プール
⑨ 使用済み燃料ラック
（使用済み燃料が入っている）
⑩ キャスク
（使用済み核燃料を運搬する容器）
⑪ 原子炉圧力容器
⑫ 原子炉格納容器
⑬ キャットウォーク
⑭ 圧力抑制室
（サプレッション・チェンバー）
⑮ 原子炉建屋

イラストレーション　児玉智則

死の淵を見た男

吉田昌郎と福島第一原発

門田隆将

角川文庫
20006

はじめに

私には、東日本を襲った大地震と津波によって起きた福島第一原発事故で、どうしても知りたいことがあった。

福島県に、いや東北地方全体に、未曾有《みぞう》の悲劇をもたらしたこの事故の影響は、現在でもつづいている。この状態が真の意味で終息を迎えるのはいつなのか、予測もつかない。

故郷を離れて〝疎開〟を余儀なくされ、あるいは仮設住宅や借り上げアパートに住まざるを得なかった人々の苦しみは、通りいっぺんの表現で表わすことはできない。すべての思いを呑《の》み込んで故郷を捨てた人も少なくない。

事故を起こした東京電力は震災から一年三か月後、実質、国有化された。もはや、一民間企業として被害を受けた人々への膨大な補償をまかなうことは不可能だった。日本を代表する最大の電力会社は消え、新しい会社となったのである。

しかし、この一連の流れの中で、私は、「あること」がどうしても知りたかった。

それは、考えられうる最悪の事態の中で、現場がどう動き、何を感じ、どう闘ったのかという「人としての姿」である。

全電源喪失、注水不能、放射線量増加、そして水素爆発……あの時、刻々と伝えられた情報は、あまりに絶望的なものだった。冷却機能を失い、原子炉がまさに暴れ狂おうとする中、これに対処するために多くの人間が現場に踏みとどまった。

そこには、消防ポンプによる水の注入をおこない、そして、放射能汚染された原子炉建屋に何度も突入し、〝手動〟で弁を開けようとした人たちがいた。

伝えられる数少ない断片的な情報でも、現場で最後まで奮闘した人たちがいたことが、私たち国民にはわかった。電気が落ちた暗闇の中で闘う人間の姿は、私たちの想像を超えるものだった。東電の社員、協力企業の人々、さらには命を賭《か》けてやって来た自衛隊員……多くの人間が、放射能汚染の真っ只中《ただなか》で踏ん張ったことを、私たちはおぼろげながら知っていた。

しかし、その「現場」の真実は、なかなか明らかにならなかった。民間、東電、国会、政府……さまざまな事故調査委員会の報告書が出そろっても、現場で闘った人間の実態は、わからなかった。

私は、事故直後から東電本体はもちろん、関係各機関や地元にもアプローチをつづけ、なんとかその実態に迫ろうとした。だが、厚い壁に何度も跳《は》ね返された。

断続的に取材をつづける私の前に、漠然とではあったが、次第にその姿が輪郭を現わし始めたのは、年が明けて二〇一二年になってからである。

それは、当初予感した通り、やはり想像を絶するものだった。

極限の場面では、人間は、強さと弱さを両方、曝《さら》け出す。日頃は目立たない人が土壇場で驚くような力を発揮したり、逆に普段は立派なことを口にする人間が、いざという時に情けない姿を露呈したりする。

ぎりぎりの場面では、人間とは、もともと持ったその人の〝素《す》の姿〟が剝《む》き出しになるものである。

時間が経過するにつれ、私の前にだんだんその現場の真実の一部が垣間《かいま》見えるようになっていった。福島第一原発所長として、最前線で指揮を執った吉田昌郎《まさお》氏に私がやっと会うことができたのは、事故から一年三か月が経過した時だった。

「もう駄目かと何度も思いました。私たちの置かれた状況は、飛行機のコックピットで、計器もすべて見えなくなり、油圧も何もかも失った中で機体を着陸させようとしているようなものでした。現場で命を賭けて頑張った部下たちに、ただ頭が下がります」

吉田氏は、私にそう語った。癌に倒れ、手術を経た吉田氏は、げっそりと痩《や》せ、事故当時の姿とはすっかり面《おも》変わりしていた。

病いを押して都合二回、四時間半にわたって私のインタビューに応《こた》えてくれた吉田氏は、二〇一二年七月二十六日、三回目の取材の前に、凄《すさ》まじいストレスや闘病生活でぼろぼろになっていた脳の血管から出血を起こし、ふたたび入院と手術を余儀なくされた。

吉田氏をはじめ、私は多くの現場の人間にインタビューを繰り返した。証言してくれた東電や協力企業、あるいは、自衛隊、政治家、科学者、地元の人々など、関係者の数は、いつの間にか九十名を超えていた。

あの事故の時、福島第一原発の一号機から六号機までの原子炉建屋に隣接した中央制御室には、それぞれの当直長と運転員たちがいた。

放射線を測定する線量計が高い数値を検知し、無機質で、甲高い警告音が響く中、それでも彼らは突入を繰り返した。電気が失われた現場では、あらゆる手段が〝人力〟に頼るほかなかったからである。

生と死をかけたこの闘いに身を投じたのは、多くが地元・福島に生まれ育った人たちだったことを私は知った。恐ろしいほどの危機的状況に息を呑みながら、私は、漆《しっ》黒《こく》の闇の中、闘いつづける人たちの姿を想像した。

あの福島第一原発は、太平洋戦争末期、陸軍の航空訓練基地だった「磐城《いわき》陸軍飛行場」の跡地に立った発電所である。

震災が起こった二〇一一年三月十一日、私は特攻や玉砕という悲劇の中で、若者が次々と命を落とす姿を証言で描いたノンフィクション作品『太平洋戦争　最後の証言』（小学館）の第一部「零戦・特攻編」を執筆中だった。

大量の戦争資料に囲まれていた私は、そのため、福島第一原発がどういう地に立った発電所であるか、偶然、知っていた。

明日の見えない太平洋戦争末期、飛行技術の習得や特攻訓練の厳しい現場となった跡地に立つ原子力発電所で起こった悲劇――絶望と暗闇の中で原子炉建屋のすぐ隣の中央制御室にとどまった男たちの姿を想像した時、私は「運命」という言葉を思い浮かべた。

戦時中と変わらぬ、いや、ある意味では、それ以上の過酷な状況下で、退くことを拒否した男たちの闘いはいつ果てるともなくつづいた。自らの命が危うい中、なぜ彼らは踏みとどまり、そして、暗闇に向かって何度も突入しえたのか。

彼らは、死の淵《ふち》に立っていた。

それは、自らの「死の淵」であったと同時に、国家と郷里福島の「死の淵」でもあった。そんな事態に直面した時、人は何を思い、どう行動するのか。

力及ばず大きな放射能被害が生じた。しかし土壇場で、原子炉格納容器爆発による放射能飛散という最悪の事態は回避された。

本書は、原発の是非を問うものではない。あえて原発に賛成か、反対か、といった是非論には踏み込まない。なぜなら、原発に「賛成」か「反対」か、というイデオロギーからの視点では、彼らが死を賭《と》して闘った「人として」の意味が、逆に見えにくくなるからである。

私はあの時、ただ何が起き、現場が何を思い、どう闘ったか、その事実だけを描きたいと思う。原発に反対の人にも、逆に賛成の人にも、あの巨大震災と大津波の中で、「何があったのか」を是非、知っていただきたいと思う。

本書は、吉田昌郎という男のもと、最後まであきらめることなく、使命感と郷土愛に貫かれて壮絶な闘いを展開した人たちの物語である。

筆　者

目次

プロローグ

少年は、海を見ていた。

福島の海は、南国では見られない独特の色をしている。深い藍色《あいいろ》にグレーが上塗りされたかのような特徴的なものだ。南国のエメラルドグリーンとはまったく異なる海が、夏には陽光にきらきらと反射して、白く光った美しい水平線をつくりだすのである。

福島の浜通りに来ると、深く、引きずりこまれるようなこの海に魅《み》せられる人は少なくない。

だが、地元で生まれ育ったこの少年は、ほかの海を知らない。海というものは、こういう深い藍色であり、広く、どこまでもつづく太平洋こそ、少年にとっての「海」

なのだ。

一九六〇年代後半、福島県双葉《ふたば》郡——。

戦前に飛行訓練基地として造成された磐城陸軍飛行場。少年が立つ大地には、舗装《ほそう》された当時の敷地部分が、まだ存在していた。

戦争末期に、死ぬことを目的とした特攻の飛行訓練がおこなわれた飛行場と、そこに残されたひび割れたコンクリートの跡。それは、太平洋を一望する、切り立った高さ三十メートルの断崖《だんがい》の上にあった。

断崖の上には、原野が広がっていた。その中に、生きること自体が難しかった過酷な太平洋戦争下の名残《なご》りをとどめるように、老朽化した跡地がぽつんと残されていたのだ。この地は、地元の少年たちにとって恰好《かっこう》の遊び場だった。

大海原をバックに、誰の干渉も受けることなく、心おきなく遊ぶことができる。なんといっても、ここは大人の目が届かない。街からは数キロ離れ、自転車でやってくれば、そこは忽《たちま》ち〝自分たちだけ〟の遊び場に変貌《へんぼう》した。

そんな地に、突然、造成のつち音が聞こえ始めるのは、一九六〇年代の後半のことである。

一九五八年に地元・双葉町の農家の長男として生まれた少年の名は、伊沢《いざわ》郁夫。それからおよそ半世紀近くが経った二〇一一年三月十一日、この地に屹立《きつりつ》した原子力発電所の中で、運命に導かれるように、未曾有《みぞう》の災害の最前線で闘うことになる人物である。

伊沢は、津波による史上最悪の原発事故が発生した時、原子炉一号機・二号機の中央制御室に最後までとどまって奮闘した「当直長」だ。

だが、自分にそんな過酷な運命が待ち受けていることなど、伊沢少年は知る由もない。

この頃、伊沢は、小学校の高学年を迎え、〝活動範囲〟を広げていた。かつては、稀《まれ》にしか来られなかったこの地に、自転車を駆って頻繁にやって来るようになっていた。

その意味で、伊沢少年はこの地に発電所ができ上がる前から、そして、造成・建設過程をも知る貴重な証人ということになる。

双葉町と隣接する大熊町が一九八五年三月に発行した『大熊町史　第一巻　通史』（大熊町史編纂《へんさん》委員会）には、当時のことがこう書かれている。

〈（福島県は）原子力発電所の誘致を積極的に進めており、東京電力株式会社に協力して用地の選定を進めた結果、早くも昭和三十五（一九六〇）年十月一日には大熊町長者原《ちょうじゃはら》地区六〇万坪を最適地として白羽の矢を立てている。ここまで事がスムーズに展開した背景には、既に東京電力株式会社が原子力発電所の設置を決めてから相当な根回しがなされていたためと考えられるが、この長者原地区が第二次世界大戦中に航空基地が置かれたところであり、戦後は一時、製塩が行われた海岸段丘の平坦《へいたん》な山林・原野であったことも大きくかかわっていよう。（略）一号機については、昭和四十一（一九六六）年十二月に建設工事を開始し、昭和四十三（一九六八）年六月には、原子炉格納容器の組み立て、据え付けを完了した〉

冬場が来れば一家の主《あるじ》が大都会に出稼ぎに行くことがあたりまえだった福島県双葉郡。その地元を活性化させるために原発誘致を目指す自治体側と、初の原子力発電所をこの地に誕生させたい東京電力との意向が合致し、福島第一原発の一号機は、一九六六年末に着工したのである。

東京電力で誘致に特に熱心だったのが、福島県伊達《だて》郡の梁川《やながわ》町（現在の福島県伊達市）出身の木川田《きかわだ》一隆《かずたか》社長（当時）である。なんとしても出身地・福島県に原発を誘致したかった木川田の思いは、冬場は出稼ぎに頼らざるを得ない福島県の浜通りの貧困さと無縁ではなかっただろう。

伊沢少年がこの地を遊び場にしていたのは、ちょうどその頃のことだ。伊沢は、そこに〝奇妙な村〟があらわれた日のことを忘れることができない。

ある日、林の中に何十棟という平屋の家が立ち並んでいるのに伊沢少年は気づいたのである。しかも、そこに住み始めたのは、日本人ではなかった。

それは、田舎の少年が実際に会うことなどめったになかった、白人や黒人といった〝外人〟ばかりだった。そこは、福島第一原発の原子炉「一号機」をつくりに来たアメリカのゼネラル・エレクトリック社（GE）のビレッジ（村）だったのである。

エンジニアたちは、家族を連れて福島・浜通りへとやって来た。当然、幼い子どもたちもいる。ビレッジには、小さな公園や集会場もつくられ、そのまわりにこぢんまりした平屋が、びっしりと建った。子どもたちが学ぶ小さな学校さえあった。

伊沢ら地元少年たちには、彼らが「何のため」に来た人たちなのか、よくわからなかった。原子炉の一号機を建設するためにやってきた技術者とその家族たちであることを知るのは、ずっとのちのことだ。

福島第一原発は、一号機をGE社がつくり、それを東芝と日立に技術移転し、二号機はGE社と東芝との合作となり、三号機は東芝、四号機は日立という「純国産」で誕生する経緯を辿《たど》っている。

そんなことを知るはずもない伊沢ら少年たちは、ここをただ、「ジーイー村（GE村）」と呼んでいた。言葉は通じなくても、同じ年代の少年たちが親しくなるのに時間はかからなかった。身ぶり手ぶりで友だちになっていった伊沢たちは、やがてビレッジのアメリカの少年たちと一緒に遊ぶのが、なによりの楽しみになっていた。

「おい、今日は、〝村〟に遊びにいこうぜ」

友だちとそう誘い合って、伊沢はよく〝村〟に遊びに来た。

それは、アメリカの少年たちが、当時としては極めて珍しい「ラジコン」を持っていたからである。福島・浜通りの地で、昭和四十年代にラジコンを持っている子どもはほとんどいなかっただろう。伊沢たちには、それが珍しくて仕方なかったのだ。

伊沢たちは、アメリカの少年たちにメンコやビー玉を教え、彼らは伊沢たちにラジコン遊びを教えた。

かつて特攻訓練がおこなわれた地で、ラジコンに興じるアメリカと日本の少年たち。大きさが五、六十センチはあろうかというラジコンの飛行機を、伊沢たちは「風」に向かって投げさせてもらった。

風が吹いてくる方向を見定め、そっちの方角に走っていき、力いっぱい〝投げる〟

のである。タイミングが合えば、ラジコン飛行機は、空高く舞い上がった。しかし、失敗すれば、そのまま飛ぶことができず、地上に落下した。

「あー、へたくそ！」

日本語なら、おそらくそんな言葉だったに違いない。伊沢が失敗した時、彼らは何かを叫んでいた。だが、その英語が、伊沢たちにはわからない。やがて、少年たちは大笑いしながら、またラジコン飛ばしに挑むのである。

太平洋の雄大な海を見ながら、伊沢たちはこうして遊びに興じた。

伊沢が、そのラジコンを通じて特に親しくなったのは、兄と妹がひとりずついる同い年の少年だ。よく、その少年の家に遊びに寄った。

金髪のお母さんが歓迎してくれて、チョコレートやジュースをいつもご馳走《ちそう》してくれた。ある日、伊沢少年は、カードをもらった。クリスマスパーティーへの招待状だ。

そこには、クリスマスのホームパーティーの日時が書かれていた。休日の昼間を利用しての家族だけのホームパーティーに、伊沢と友だちの二人が招待されたのだ。

その時のことは、五十歳を過ぎた今でもよく覚えている。四十年以上前でも、福島にも「クリスマス」はあった。だが、ホームパーティーとはいえ、アメリカのクリスマスは、伊沢のそれまでの認識とはまるで異なるものだった。

まず、クリスマス・ツリーである。少年の父親が、近くの林から原木を切りだし、飾りつけていた。小学生の伊沢から見れば、見上げるような大きな木だった。地元には、もみの木がほとんどなかったので、おそらくそれに似た木だっただろうと思う。

次に驚いたのは、お母さんの手づくりのクリスマスケーキだ。段重ねの大きなケーキを伊沢は初めて見た。ケーキと言えば、ショートケーキしか食べたことのなかった少年にとって、大きな大きなケーキを切り分けてくれて、それを思いっきり頰ばった時の味と感覚は、今もはっきりと記憶している。

歌も家族と一緒に歌った、楽しいひと時だった。あの初めてのクリスマスパーティーは、生涯忘れることはないだろう。

しかし、一号機が完成した後、彼らはいなくなってしまった。GE村も、忽然《こつぜん》と姿を消した。ひと夏の恋ででもあったかのように、少年たちの友情は、はかなく消え、やがて伊沢の思い出の中だけに存在するようになる。

いま振り返ってみれば、あの頃から、農業を営んでいた父親が、冬場に出稼ぎに行くことがなくなった。

父は、十一月頃から翌年の三月頃まで、農閑期には必ず家を空《あ》け、どこかに出稼ぎに行っていた。しかし、造成が進み、発電所ができ上がってからは、関連の仕事を請け負い、父は冬場も家族と一緒に過ごすようになった。伊沢には、あの原子力発電所の造成工事を境に、さまざまなものが変わっていったように思えるのだ。

GE村の存在を知る人は、今では極めて少ない。昭和四十年代に長くつづいた造成工事の掘削による残土で、福島原発の敷地の最も南側に小高い「丘」がつくられることになる。のちに「展望台」と呼ばれるこの丘からは、北側には広大な福島原発と、東側には藍色《あいいろ》をした水平線を持つ雄大な太平洋を一望できた。

震災時、大津波が福島第一原発を襲うようすを捉《とら》えた貴重な映像がある。凄《すさ》まじい勢いで断崖《だんがい》、そして原発の建物にぶつかっていく大津波のようすを切り取ったその映像は、この展望台から撮られたものである。その展望台の北に広がる駐車場こそ、かつてGE村があった場所だ。

いつも、そこへ来るたびに、伊沢は、GE村と自分の少年時代を思い出す。地元の工業高校を出て、東京電力に就職し、自分が、一号機・二号機の運転員となり、やがてそれを指揮する当直長となっていく歩みを、伊沢は時々、しみじみと振り返ることがある。

だが、まさか、大震災の日、自分がまさに当直の時に、あの未曾有《みぞう》の悲劇が襲いかかってくるとは、夢想だにしなかった。

「故郷」と「家族」を守るために、伊沢たち福島の男たちが生と死をかけて闘うことになるのは、果たして神様の意思だったのだろうか。それとも、自分が生まれ持った必然ともいうべき「運命」だったのだろうか。伊沢には、今もそれがわからないのである。

第一章　激　震

それは突然やってきた

それは、いつもと変わらぬ一日だった。

福島第一原子力発電所所長の吉田昌郎（五六）はその時、福島第一原発の事務本館二階にある所長室で一人、書類に目を通していた。

間もなく午後三時からは、部門間交流会議が開かれることになっていた。福島第一原発から、外部に出している人間と、逆に東京電力社内の原子力以外の部門から福島第一にやって来ている人たちとの年に一回の会議であり、交流のための懇談会でもある。

　この日の会議に出るために、通常は外に出ている職員もわざわざ帰ってきていた。会議が始まるまでに書類に目を通し、必要な判子《はんこ》は捺《お》しておかなければならない。吉田は、時計を見ながら、その作業に没頭していた。

　吉田のいる所長室は、広い。ゆったりとした所長の机の前には、ミーティングをおこなうためのテーブルと、その向こうには、応接セットもあった。

　広さはゆうに二十坪以上はあるだろう。四百六十九万キロワットという気の遠くなるような量の電気を生みだす現場を預かる所長室だけに、来客への応対だけでなく、機能も重視したつくりとなっていた。

　二〇一一年三月十一日午後二時四十六分。

　ゴゴゴゴゴゴゴ……異様な音と共に、突然、大地が揺れ始めた。

（地震だっ）

　吉田は、すぐに書類をおいて立ち上がった。

　原子力発電所にとって、地震への対策は重大だ。いつも頭から離れない重要な「災害対象」の一つである。

　東電は、四年前の二〇〇七年七月、新潟県中越沖地震で、実に９９３ガルを観測した激震によって、柏崎《かしわざき》刈羽原子力発電所の原子炉が緊急停止し、火災発生などの被害を負っている。

吉田は本店の原子力設備管理部長として、その時、復旧に力を尽くした幹部の一人だった。

あの時は、三号機の変圧器付近で火災が発生し、消火栓の水が地震の影響で出ず、地元消防署の手によって火が消し止められるという事態に見舞われた。

（大事に至らなければいいが……）

その記憶も鮮明な吉田の願いに反して、揺れは逆に大きくなっていった。それは机の端を持っていても立っているのが難しいほどの揺れだった。

不気味な音は、ますます大きくなっていく。机の斜め前に置いてあったテレビが、音を立ててひっくり返った。

バリバリバリバリバリ……なにかが引き破られるような音が吉田の耳に突き刺さった。天井に張りつけてある化粧板（天井パネル）がたまらず下に向かって破れ、開いたのである。

横揺れから始まった地震は、いつの間にか突き上げるような縦揺れに変わっていた。

（まずい。机の下に入らなければ……）

吉田はそう思ったが、もう、しゃがむことさえできなかった。吉田は身長が百八十センチ以上あり、体重も八十キロを超える偉丈夫《いじょうふ》だ。その吉田が、机の端を強く握って、所長室で立ったまま揺れをこらえていた。

「それまで経験したことがないような揺れでした。この時点で、原子炉がスクラム（緊急停止）すると思いました。長かったですよ。五分は揺れていたような気がします。所長室で私はひとりで地震の間じゅう机の端を持ったまま踏ん張っていました」

吉田は、そう述懐する。

やっと揺れが収まった時、吉田は所長室を飛び出していた。これほどの激震である。吉田には、やらなければならないことが沢山ある。

とにかく免震重要棟の緊急時対策室（通称「緊対室」）に行って、対策の陣頭指揮を執らなければならない。福島第一原発では、ちょうど一週間前の三月四日に大規模な地震への訓練がおこなわれたばかりだった。地震への対策は日頃から徹底されている。手順通りおこなえば、大事には至らないはずだ。

免震重要棟は四年前の新潟県中越沖地震の教訓から、わずか八か月前の二〇一〇年七月にでき上がったものだ。建物には免震構造が施され、非常時における緊急時対策室、さらには通信・空調設備に加え、電源設備も完備されている。

福島第一原発には、東電だけでなく、協力企業の社員たちを含め、六千名を超える人たちが勤務している。そのうち放射線管理区域内で作業をしている人数だけでも、およそ二千四百名に達する。そのすべての命を預かる責任者が、所長たる吉田昌郎である。

人命と原子炉を守る——吉田の頭には、それしかなかった。

所長室の扉を開けると、総務グループが勤務している部屋がある。だが、その光景を見て、吉田は言葉を失った。

所長室と同じように天井の化粧板が剝《は》がれ落ちているだけではない。ロッカーは倒れ、書類は散乱し、どこもかしこも足の踏み場もない惨状を呈していたのだ。

(……)

吉田の地獄の日々は、「この時」から始まった。

「動くな！　動くんじゃない」

所長室のある事務本館から南東側におよそ四百メートルの位置にある原子炉建屋と、それを管理するサービス建屋にも、同時に激震が襲っていた。

「地震だ！」

「しゃがめっ」

「つかまれ！」

五十二歳となっていた伊沢郁夫は、この時、原子炉一号機、二号機を操作する中央制御室（通称「中操」）の当直長だった。この日、担当の当直長がたまたま病院での精密検査が入っており、別の班の当直長である伊沢が代わりに当直業務を務めていたのだ。

中操が揺れ始めた瞬間、伊沢は当直長席から立ち上がった。

原子炉を操作・運転するのは、当直長とその部下の運転員（プラントエンジニア）たちだ。彼ら原子力の専門知識と操作技術を修得した当直の運転員たちが、二十四時間体制でこれにあたっている。組織的には、福島第一原発の運転管理部に所属している面々だ。

一号機と二号機、三号機と四号機、五号機と六号機という具合に二つずつの原子炉を制御するため、福島第一原発には、中操が「三つ」存在する。

そのうちの一、二号機を操作・制御する中操の当直長が伊沢だったのである。

運転員たちには、地震の場合、見なければならないパラメーターが数多くある。中操は、七百平米（およそ二百坪）を超える広さがある。伊沢が当直長を務める中操には、右側に一号機、左側に二号機の制御盤（パネル）が壁いっぱい並んでいる。

地震の発生を告げる声と、まず「身を守れ」という声が交錯する中、制御盤の近くにいた運転員たちは、揺れが始まると同時に、反射的に制御盤の手前についているハンドレール（手すり）を握っていた。だが、揺れは尋常なものではなかった。

マグニチュード9・0という経験したことのない地震が、彼らの〝動き〟を封じていた。最初に制御盤についているハンドレールにとりつくことのできた運転員以外は、制御盤に近づくこともできなかった。

ある者は立ったまま、ある者は、床に座り込んで激震に耐えていた。

伊沢は、目の前にあるパソコンのディスプレイが机から転げ落ちないように右手で押さえ、左手は自分の身体を支えるために机の縁を握った。

「動くな！　動くんじゃない」

伊沢は部下の運転員たちにそう叫んだ。だが、ゴゴゴゴゴゴ……という凄《すさ》まじい音と揺れのために、おそらく自分の声は届いていないだろう。

揺れはますます激しくなっていく。伊沢は、立ったままこう叫んでいた。

「スクラムするぞ！」

スクラムする——それは、原子炉が緊急停止する、という意味である。原子炉は、地震などの揺れや異常事態に遭遇した時に、自動的に炉心に制御棒が入り、停止する仕組みになっている。制御棒には、中性子を吸収し、核分裂を抑える働きがある。

もし、自動停止しない場合は、制御棒を挿入するために、手動でさまざまなことをおこなわなければならない。

伊沢は、「スクラム」を運転員たちに向かって伝えたのである。もちろん運転員たちには、揺れの烈《はげ》しさから原子炉の緊急停止がすでに頭の中にある。

「伊沢さんが叫んでいる時には、もう自分たちの頭の中には、〝スクラムする〟という認識がありました。スクラム信号には、A系とB系があって、両方が同じ信号を出さないと、完全なスクラムをしないんです。A系、B系どちらかだけの段階をハーフスクラムというんですが、伊沢さんが叫んだ時に、まず、一号がハーフスクラムになりました」

そう語るのは、主任の本馬《ほんま》昇（三六）である。中操には、全体を見渡せる真ん中より少し後方に、当直長席があり、その横に副長席がある。本馬は制御盤に近い正面の主任席に座っていた。運転員たちの席は、当直長席前の中央テーブルにある。

ひとつの班は、当直長以下、通常は十一人のスタッフで構成される。これに研修の人間など二、三人が加わり、中操には十数人が、常時詰めていることになる。運転員は、年次と経験度によって、主機操作員、補機操作員に分けられており、この時は、全部で十四人の人間が一、二号機の中操内にいた。

その時、一号機がハーフスクラムに入った信号がパネルに表示された。

「一号、ハーフスクラム！」

本馬が伊沢に向かってそう大声を挙げた瞬間、今度は二号機がハーフスクラムを経て、スクラムした。

「二号、スクラム！」

次いで、一号機もスクラムした。

「一号、スクラム！」

同時に、制御棒を表わす「CR」という言葉を使って、

「CR全挿入！」

本馬は、そう声を上げた。

だが、中操のあるサービス建屋が崩れ落ちるのではないか、と思うほどの揺れである。建物全体が軋《きし》む音と、パネルに表示されると同時に発せられる警告音のため、伊沢の耳には、わずか数メートルしか離れていない本馬の声が届かない。

「私には、本馬の声が届いていないんです。でも、原子炉がスクラムしたことを示す信号が出ているパネルの方角を指さして、本馬がこっちに向かって何か叫んでいました。私には、一号機、二号機ともスクラムしたことがわかりました」

伊沢はそう語る。

本馬が指をさす先には、重要なパネルがあった。赤い表示が縦に七つ、横に八つ並んだものだ。その右上にA系のスクラム、左上にはB系のスクラムの表示がある。そこが赤く点灯し、原子炉が「スクラムしたこと」を示していた。運転員たちの頭には、その位置が叩《たた》き込まれている。

当直長の伊沢も、その赤い表示で「スクラム」を確認したのである。

伊沢は、本馬に向かって手を挙げた。スクラムを了解した、という意味である。それは、非常時の〝第一段階の突破〟にほかならなかった。

「やはり心理として、早くスクラムしてくれ、というのがあります。きちんと停まってくれれば、安全な方向にいくわけですから」

原子炉に制御棒が入って緊急停止することによって、「次」の段階に移ることができる。激しい揺れがつづく中、伊沢たち中操に詰める面々は、これで、

「いつもの訓練通りおこなえば大丈夫だ」

という思いがよぎった。原子炉を安全に制御するためには、まず第一段階に「原子炉の停止」があり、第二段階に「冷却」がある。そして、第三段階に「閉じ込める」という過程が必要だ。すなわち「停める」「冷やす」「閉じ込める」という三つの過程を経て、初めて原子炉は制御されるのである。

伊沢当直長以下、運転員たちは、膨大なエネルギーを生み出す原子炉をこの三段階によって制御し、〝封殺〟しなければならない。彼らは、これらすべてをこなす役割を負っており、その第一段階を突破したのである。

やがて揺れが収まってきた。中操内部は、各種の警告音だけでなく、ジリジリジリジリ……という火災報知機の音など、けたたましい音に包まれていた。

火災報知機は、おそらく地震の衝撃で舞った埃《ほこり》を感知して鳴り始めたと思われる。一方、制御盤では、異常値を示す警告音も鳴っている。こちらは、ファンファンファンファン……という音である。

動けるようになると、運転員たちは即座に制御盤にとりついた。何かあると、すぐ制御盤の表示を見ようとするのは、原子力運転員たちの性《さが》である。さすがに、猛烈な揺れのさなかは動くことができなかったが、揺れが小さくなりはじめるや、運転員たちは、制御盤に出る数値や表示を読み始めたのだ。

火災報知機と制御盤の警告音、そして運転員たちの声——中操内部は、さまざまな〝音〟が錯綜《さくそう》し、さながら戦場のような状態を呈していた。

各運転員がパラメーターの数字や表示を報告する。伊沢は、それぞれに「了解！」という声を発しなければならない。それらが読み上げられる度に、

「ＭＳＩＶ、閉《へい》！」

「ＭＳＩＶ、閉、了解！」

そんな声が交錯する。ＭＳＩＶ（Main Steam Isolation Valve）というのは、主蒸気、すなわちメインスチームを隔離する弁のことである。原子炉からタービンの方にまわって行く蒸気は、発電のために最も重要なものであり、それを通す管はメインスチームの通り道だ。

その弁を閉じるというのは、主蒸気の通り道を遮断し、「原子炉を隔離する」ということである。タービンのほうに蒸気がどんどんまわって行けば、放射性物質を帯びたものがどこかで漏れないとも限らない。それを防ぐために、「ＭＳＩＶ」を閉じることによって、まず原子炉を隔離したわけである。その時には地震による停電で、すでに外部電源がなくなっていることが確認されている。

「電源、ないからね！」

本馬は周囲に通常の外部の電源が停まっていることを告げた。その声に、

「ディジー（DG）起動！」

という運転員の叫びが重なった。

「ディジー起動、了解！」

ディジー（DG）とは、地震による停電などの緊急事態に備えるための非常用ディーゼル発電機（Diesel Generator）の略称だ。交流電源がなんらかの現象で「落ちた」時は、このディーゼル発電機で、電気をつくって機器を動かさなければならない。

スクラムした原子炉を第二段階として「冷却する」ためには、停電下では、DGは不可欠なものだ。いわば、非常時の命綱と言える。それが、無事に起動したのである。

同時に、伊沢にECCS（Emergency Core Cooling System）と呼ばれる非常用の炉心冷却装置が異常なくスタンバイしていることが報告された。

「ECCS、待機！」

「ECCS待機、了解！」

運転員たちが主任である本馬に報告し、本馬がこれを復唱して伊沢に伝える。当直長の伊沢はそれを復唱して、最後に「了解！」と言葉を発するのだ。現在の状況を全員に周知徹底させるためである。

これまで繰り返しおこなわれてきた非常時の訓練と、変わりなく事態は進んでいた。

「順調に進んでいる」

伊沢はそう思った。マニュアル通り、いや訓練通りにすべては進んでいた。この時点までは、あれほどの「悲劇」が襲うことなど、まだ予想もできなかった。

張り詰める緊急時対策室

吉田は、事務本館二階の所長室から下に駆けおりた。

途中、防火扉が閉まり、事務本館をぐるりとまわる形で、まず事務本館前の駐車場に出た。ここは、地震などの災害の時の避難場所になっている。

福島の三月は寒い。この日の最低気温は零下一・四度、最高気温は八・三度だ。職員たちは、着の身着のまま飛び出してきたために、オーバー類を着用している人はほとんどいなかった。不安そうな顔でがたがたと震えている人たちも目に入った。吉田は、総務グループの人間に向かって即座に指示を出した。

「ケガ人のチェックをしろ。各班で点呼して、全員が揃《そろ》っているか確かめるように。安否確認をしっかりやれ」

そう言い残すと、駐車場の横に立っている免震重要棟へと急いだ。

前述の通り、免震重要棟は、新潟県中越沖地震での教訓から、わずか八か月前に完成したばかりだ。重大な事故や災害に見舞われた時に、ここに職員が籠《こ》もってさまざまな事態に対応するのである。

所長という立場上、当然のことだが、福島第一原発の緊急対策本部長は、吉田だ。二階には、本店とのテレビ会議の設備も完備された「緊急時対策室」がある。

それから不眠不休で、およそ一か月も籠城《ろうじょう》することになる緊対室に吉田が入っていったのは、午後三時前のことである。

「スクラムしたか？」

吉田は、部屋に入るなり、入口の左側に集まり始めていた復旧班の人間に声をかけた。すでに部屋の中には、三十人ほどが集まっている。さらに吉田のあとを追うように次々と人が入って来る。

「大丈夫です。スクラムしてます」

「よし」

そんなやりとりをしたあと、吉田は、円卓の本部長席に着いた。発電班長、復旧班長、技術班長ら、主だった幹部たちは、もう顔を揃えている。みな緊迫した表情だ。

「まず、死傷者がいないか、確認をするように」

幹部たちの顔を見渡して、吉田はそう声をかけた。

「こういう状態だ。いいか、慌てるな。しっかり、ひとつひとつ確認して慌てず対応するんだ。焦るなよ」

幹部たちは吉田の厳しい顔を見て、それぞれ自分に言い聞かせるように頷《うなず》いた。

福島第一原発には、一号機から六号機まで全部で六基の原子炉がある。この六つで四百六十九万キロワットもの電力を生みだし、東京をはじめとする首都圏に供給しているのだ。

この時、一号機から三号機は運転中で、四号機から六号機までは、定期検査（通称「定検」）中だった。定検とは、原子炉を完全に止め、燃料棒の交換や、機器・配管に漏れや損傷がないか、定期的に検査をおこなうものである。電気事業法によって、一年プラスマイナス一か月ごとにおこなうことが義務づけられている。フル稼働していたのは、福島第一原発の中で一号機から三号機までの三基の原子炉である。

吉田には、これらすべての原子炉を落ち着かせ、事態を収束させる全責任があった。

第二章　大津波の襲来

高さ「十メートル」への過信

一、二号機の中操では、揺れが収まった時、伊沢の背中越しに声をかけた人物がいる。発電部の作業管理グループの当直長、大友喜久夫（五五）である。

作業管理グループは、原子炉の運転や定検時における作業の段取りを決めたり、安全審査をおこなうなどの仕事を受け持っている。伊沢たちがいる一、二号機の中操からは、廊下で数十メートル先の右側に執務室がある。

その部屋から大友が、部下を十名ほど連れて駆けつけて来たのだ。

原子炉の運転や管理に携わる者たちには、「何か」があれば、すぐ中操に駆けつけることが身体に染《し》みついている。大友らが中操に飛び込んだ時、中はさまざまな音と声が入り交じり、事態への初期対応がおこなわれていた。

「大丈夫か」

「ああ、大友さん。いま対応中です」

伊沢と大友はそんな声をかけあった。大友は伊沢の二年先輩にあたる。白髪が目立つ大友は宮城県の出身で、いかにも東北の出身者らしい朴訥《ぼくとつ》さと生真面目《きまじめ》さ、そして優しさを醸し出す独特の雰囲気を持っている。

その後、事態の悪化がもたらす危機的状況に際して、何度も命を賭《か》けて原子炉建屋などに突入することになる大友だが、この時点では、自分の目の前にそんな事態が現われることなど夢にも思っていなかった。

大友が連れてきた部下たちを含め、事故直後のこの時点で、すでに二十名を超える人間が、中操内にいた。

相変わらず、火災報知機のジリジリジリジリ……という音が鳴り響いていたため、中操内の運転員たちは、けたたましさの中にいた。

「誰か、非常ベルを止めてくれ」

鳴りっぱなしの火災報知機の音は、人間の苛立《いらだ》ちを増幅させる。冷静な対処が必要な時に、苛立ちは禁物だ。伊沢は部下にそう命じた。

「はい」

運転員の一人がただちに、中操の入口を入ってすぐ左の壁についているスナップ式のボタンを操作して、これを止めた。地震発生から鳴り続けていた火災報知機のけたたましい音がやっと止まったのである。

「やはり、音がガーッと鳴っている時は、人間はなかなか冷静になれません。通常のルールにはなかったのですが、私が〃いいから、ベルを止めろ〃と、命じて止めさせました」

伊沢はそう語る。制御盤の警告音こそ鳴っているものの、これでいくらかお互いの声が聞こえやすくなった。

やがて、緊急時対策室からのコードレスフォンで「大津波警報」が出ていることを知らされた。気象庁から津波警報が出され、各報道機関が、繰り返し報じ始めていた。

「ただ今、津波警報が出ましたので、屋外にいる方、建屋内にいる方は大至急、避難してください」

主任の本馬は、伊沢の指示に従い、ページングシステムと呼ばれる連絡用の放送を通じて、ただちに屋外、建屋内への放送をおこなった。本馬の声は、一、二号機原子炉周辺に拡声され、響きわたった。

原子炉建屋は、海面から十メートルの高さにある。福島第一原発では、海からの高さが二段構造になっている。

職員や協力企業の面々が「四円盤《よえんばん》」と呼ぶ海面からの高さ四メートルの場所に、非常用海水ポンプや海水取入口などがあり、さらに、海面から高さ十メートルの場所に「十円盤」と呼ばれる敷地がある。これは、もともと「メートル」を表わす「四M《エム》盤」「十M《エム》盤」からついた呼び名で、年月を経るごとに「四円盤」「十円盤」となまっていったものだ。

福島第一原発の場合、原子炉建屋やタービン建屋など、重要な施設はこの高さ十メートルの「十円盤」にある。

十メートルということの高さが、津波は大丈夫だという過信を生んでいたことは間違いないだろう。十メートルを超える津波は歴史上、この地に襲来したことはなく、そんなものは、「あるわけがない」と、誰もがそう思い込んでいたのである。

海面から「十メートル」という高さにある敷地――通称「十円盤」は、福島第一原発の人間にとって、〝絶対的〟なものだったのである。

だが、あるわけがないことが起こるのが、自然災害である。自然の脅威を甘く見ていたことを、これ以上はないほどに思い知らされる「時」は、刻々と迫っていた。

伊沢は、制御盤を監視しながら、スクラム後に必要な操作のために、すでにタービン建屋に向かって運転員を出していた。

その運転員たちにも、ページングシステムによる津波への注意を促す声が届いていた。

大津波はこの時、すぐ「そこ」に迫っていたのである。

信じられない光景

「あっ」

その時、三号機の補機操作員の指導を担当している伊賀《いが》正光(三五)は信じられないものを見た。

自分の方に黒っぽい土色の濁流が向かっていた。それは、猛《たけ》り狂った竜が、すべてを呑《の》み込むような、おそろしい光景だった。

大津波である。

地震発生から五十分が経過し、伊賀は、後輩の荒《あら》拓也（二三）と根本卓真《たくま》（二三）との三人で原子炉建屋の裏側にあるディジー（DG）建屋の点検に来ていた。

その建屋の入口で突然、大津波の襲来を受けたのである。

前述のようにDG、すなわち非常用ディーゼル発電機は、外部からの交流電源がなんらかの現象で「落ちた」時に、電気をつくる非常時の〝命綱〟である。

そこに予想もしなかった大津波が襲ってきたのだ。

原子炉建屋の周辺は、いうまでもなく厳重な警備対象区域である。重要施設に入る時は、種類の異なる複数のシステム認証による「本人確認」がおこなわれ、不審者でないことを認証された者だけが入ることを許される仕組みとなっている。

しかも、DG建屋の入口は二重扉になっているため、二度の「本人確認」がおこなわれる場所だった。まず、最初のシステム認証を受けてふたつの扉にはさまれた小部屋に入り、外側の扉が閉まったあと、密室状態の中で今度は、さらに内側の扉を開けて中に入るための認証を受けなければならないのだ。

しかし、ここで伊賀と荒に、トラブルが起こった。

それは、二人がサービス建屋を出る時に、サービス建屋の扉の一部が〝開放状態〟になっていたために生じた異変だった。現場の作業員たちが避難する時にドアが開放されたため、二人はそのまま、そこを「通って」出て、DG建屋まで来ていた。一方、根本だけは、開放されていないドアを通り、認証を受けて外に出ていた。

このことによって、伊賀と荒の二人は、サービス建屋を出る時に「認証を受けていない」ことになってしまった。つまり、二人はこの時、まだ「サービス建屋にいるはず」の人間だと判断されたのだ。原子力発電所の厳密な認証システムは、二人を〝侵入者〟と感知し、このことが二人の命を危機に陥らせることになる。

「サービス建屋を出る時に扉が両方あいて〝開放状態〟になっていたため、僕たちが〝出る〟という信号が送られていなかったわけです。〝あなたは、まだサービス建屋を出ていない〟ということになってしまったんです」

伊賀はそう語る。

二人は、DG建屋の外側の扉は通過することができたが、小部屋の中でさらに認証を受けようとした時、内側への扉が開かなかったのだ。

DG建屋には、いくつかの入口がある。伊賀と荒は、それぞれ別々の小部屋に「閉じ込められて」しまったのである。伊賀が大きめの部屋、荒はそれより小さな部屋に入ったまま、動けなくなった。部屋は、隣同士だ。

「伊賀さん、扉が開きません。そっちはどうですか?」

後輩の荒は、隣の部屋に向かってそう声を上げた。

「こっちもだ。開かないぞ」

伊賀はそう答えた。もう外に戻ることもできない。

内側と外側の扉が両方開かなかったので驚きましたと、荒は振り返る。

「閉じ込められても、インターホンがついているので、通常だったら警備本部につながる通信手段があります。向こうがインターホンを取ってくれさえすればいい。しかし、こちらが呼んでも誰も出てくれませんでした。もう避難していたのかもしれません」

二人はそれぞれ閉じ込められたまま、動けなくなってしまったのである。

「閉じ込められているので、もうこちらは何をやっても、出られない状態です。外から開けてもらえないと出られないんです。消火器とかでガラスをたたき割って出るしかない状態でした。しかし、そのガラスも強化ガラスですから割ろうとしても、なかなかむつかしいんです」

この時、きちんと認証を受けてサービス建屋から出ていた根本は、無事、DG建屋に入ることができていた。

「大丈夫？　どうしたの？」

根本は、内側からもう一度外に出て、閉じ込められた伊賀と荒の二人に扉のガラス越しに声をかけた。

「どうも（警備本部に）つながらないんだ。どうしたもんかねえ」

この時点では、まだそれほど緊迫感のない会話が交わされていた。

「警報が出ていたので、津波という意識はある程度、自分の中ではあったんですが、まさかここまでは、というのがあったので、警備本部もこの地震で忙しいんだろう。たまたまインターホンを取れないだけだろうと思っていました」

根本は近くに置いてあった消火器を持ってきて、外から「窓ガラスを割りましょうか？」と聞いた。まだ事態をそれほど深刻に捉《とら》えていない伊賀は、

「ちょっと待ってくれ」

と答えた。

だが、それから三、四分経っただろうか。伊賀の目に予期せぬ光景が飛び込んできたのである。

伊賀は突然、根本の肩越しに〝見えたもの〟をこう語る。

「汚い、黒っぽい土色をした濁流でした。水の色じゃありません。完全に茶色というか、黒というか、それがものすごい水しぶきを上げながら、こっちに迫っていまし

た」

　それは、福島の海が持つ美しい水ではなかった。狙いを定めた獣《けもの》が獲物に襲いかかってくるような姿だった。

「津波だ！」

　咄嗟《とっさ》に伊賀はそう叫んでいた。

「？」

　根本は、意味がわからない。彼が振り向こうとした時、伊賀がさらに叫んだ。

「逃げろ！」

　根本は振り向くや、隣の入口で認証を受け、さらにDG建屋の内側に飛び込んだ。

　だが、伊賀と荒は、閉じ込められた小部屋から逃げられない。

　ドーン！

　轟音《ごうおん》を立てて、津波が建屋に〝衝突〟した。

　ドアは、最初の津波の衝撃に耐えた。しかし、水は、侵入してきた。ドアの下から水が入ってきたのだ。

　しかし、次の瞬間、伊賀の閉じ込められていた小部屋のドアの窓ガラスが割れた。

　それが津波の第二撃によるものだったのか、あるいは津波に運ばれてきた何かが当たって砕けたのか、伊賀にはわからなかった。

「もう、ダメだ」

一気に入ってきた海水の中で、伊賀は初めて「死」を意識した。閉じ込められた空間に、凄《すさ》まじい勢いで水が入ってきたのだ。

「一挙に入ってきた水の勢いに呑《の》まれて、狭い空間なんで、たちまち天地もわかんない状態になりました。水がドワーッと入ってきて、洗濯機の中でぐるぐる揉《も》まれているような感じでした」

伊賀はヘルメットをかぶっていた。だが、そのあごヒモが喉《のど》を締め上げていた。

〝水中〟でもがいていた伊賀は、苦しくなって、そのあごヒモを外した。

隣の小部屋に閉じ込められていた荒も、水の中で「死」を意識していた。

荒の閉じ込められた小部屋は、ドアが小さかったため、窓ガラスも小さく、割れなかった。だが、水は、下から容赦なく入ってきた。最初の一撃で、中にかなりの勢いで津波が入ってきた。

たちまち荒の胸まで水位は達した。

ついさっきまでの余裕はもうなかった。荒は、インターホンに、

「出してくれ、出してくれ！」

そして、次には、

「出せ、出せ、出せ！」

そう叫んでいた。

（これは、死ぬ）

荒は、そう思った。しかし、一気に胸まで来た水は、ここで少しだけ勢いが鈍った。荒は、狭い部屋の壁に両手と両足をつっかえ棒にして、少しずつ上がっていった。天井までは、二メートル以上ある。必死で、手と足で突っ張りながら、荒は徐々に上がっていった。

だが、身体のすべてを水の上に出すことはできない。水中で足を壁に突っ張り、胸から上をなんとか水の外に出しているのである。

勢いは落ちても、じわじわと水位は上がってくる。天井までは、あと四、五十センチだろうか。このままいけば、自分は水中に没するだけだ。

（ああ、終わった……もうダメだ）

荒は、悲壮な気持ちになっていた。さすがにこの状況では生き残ることは難しい。予想もしない状態で、突然、「死」が目前に迫ったのである。

家族の顔が浮かんでは消えた。独身の荒は、育ててくれた両親の顔が浮かんだ。

「自分が親より先に死んでしまうので、ほんと申し訳ないというか、自分が死んだら、絶対悲しむだろうな、という気持ちで……。親に申し訳ないという思いがぐっとこみ上げてきました……」

普段は思ってもいないことが、荒の頭の中でぐるぐるとまわっていた。

「それまでは、親の大切さとか、そういうのはあんまり感じてなかったんですけど、その時は、やっぱり一番はじめに親のことが頭をよぎりました。ああ、やっぱり大事なのは親だなと、ちょっと再認識させられたところもありました」

隣の部屋で水中に揉まれていた伊賀もこの時、家族の顔を思い浮かべていた。

「水の中で気が動転して、いま思うと、一瞬、生きることをあきらめたような気がしました。身体が水中でぐるぐるまわっているわけですから、水も何回か飲みましたしね。僕には、妻と、子どもは十五歳から三歳まで男三人に女一人の四人いるんですが、家族の顔が浮かびました。よく一生を終える時、いろいろなことを頭に思い浮かべるということを聞きますが、そういうことだったと思います。ああ、溺《おぼ》れて死ぬというのは、こういうふうになるんだな、と思ったことを覚えています。長く感じましたが、おそらく実際には数秒ぐらいしかなかったんじゃないでしょうか」

ぎりぎりの状態を伊賀はそう回想する。

津波と台風の高波とは、はっきりと異なる点がある。台風の高波は、一時的に大きな波が叩《たた》きつけ、それが何度も何度も繰り返される。

しかし、津波は違う。海そのものが「高くなる」のである。最初の一撃だけは、台風による高波で受ける衝撃と似ているかもしれない。しかし、津波のそれは、実は「波」ではなく、海そのものの「高さ」なのだ。

そのため、海がそのままあらゆるものを乗り越え、呑み込んでいくのである。つまり、一度、乗り越えられたら、あとは津波そのものが引いて行くまで「待つ」しかないのである。

伊賀と荒は、必死でその「時間」を耐えた。そして、二人は、奇跡的にこの危機を乗り越えることができた。それは、人知をこえた幸運というほかないだろう。

二人が必死に耐えている間に、水位の上昇がストップした。いや、少しずつだが、水位が下がっているような気がした。

間違いない。水は引き始めている。自分たちを〝水没〟させるはずの水が、海に戻り始めたのである。

この時、四号機のタービン建屋の地下では、同僚二人が津波によって命を落としている。

伊賀と荒は〝地上〟で津波を受け、亡くなった二人は、地下にいたために不幸にも命を落とした。その差は、偶然だったというほかはない。わずかの差が、生と死を分けたのである。

伊賀は、徐々に水位が下がり始めた時、外への脱出を試みた。伊賀が閉じ込められた部屋の扉のガラスは、津波によって破壊されている。

そこには、外に出るための〝空間〟ができていた。伊賀は、ここからやっと外に出た。知らないうちに、伊賀の両手は血で真っ赤に染まっていた。なにかで切れたのだ。

「伊賀さーん」「伊賀さーん」

隣の小部屋にいる荒の声が伊賀の耳に入った。閉じ込められている荒が、必死に伊賀を呼んでいる。

「よし、いま助けるからな。ガラスを割るぞ」

伊賀は目の前にプカプカ浮いていた長さ一メートル、幅二十センチ以上はある丸太ん棒を手にとると、荒の閉じ込められている小部屋のドアに近づいた。ドアには小さめの窓ガラスがついている。

荒の目に、丸太ん棒を手にした伊賀の姿が入った。

「お願いします！」

荒は扉から離れ、ガラスの破片が顔にあたらないように、背中を向けた。

「よし、いくぞ！」

伊賀は、力いっぱい丸太を叩きつけた。だが、なかなか割れない。自分が閉じ込められていた部屋のガラスに比べ、小さいこともあって、強度が高かったのである。

津波の一撃にも耐えたそのガラスに、伊賀は何度も丸太を叩きつけた。

二人は、焦っていた。「次」の津波がいつ来るかもわからない。早く脱出しなければ、助からないかもしれない。そんな思いが二人には、あった。

やっとガラスは割れた。伊賀は、丸太を中に入れた。それを足場にして、窓から出るためである。

「伊賀さんが割ってくれた窓から、やっと外に出ることができました」

荒がそう言えば、伊賀は、

「また次に津波が来るのが怖かった。早くここからどうにかしたいという思いだったので、力が入りました。一か所に集中してやらないと割れない感じだったので、同じところを何度も突きました。それを思うと、僕のいたところの窓が割れたのは、すごいことだと思いますね。水圧で割れたのか、それとも、何かが当たって割れたのかもしれませんが、とにかくすごい力だったと思います」

やっとの思いで中から出てきた荒は、

「ありがとうございます！」

と叫んでいた。

「やばかったな」

命の危機を脱した二人は、そんな声をかけあった。

「とにかく高いところに逃げよう」

まだ水位は「胸まで」あった。水が引き始めているとはいえ、十円盤を覆う泥の海水が二人の行動を縛っていた。

一刻も早く高いところへ、と思う二人の目に、二十メートルほど先にある軽油タンクが見えた。ドーム型のそのタンクは、相当の高さがある。

「あそこだ」

二人は、胸まで泥の海水に浸《つ》かりながら、足元を探るようにして向かっていった。

「軽油タンクには、油が漏れたとしても、外に出ないようにまわりにフェンスというか、堰《せき》があるんですよ。堰の中は、もう泥水で満タンになっていました。堰の高さは、三メートル近くあります。側面に階段がついているので、そこを登って、中にたまっている泥水の中を二メートルほど泳いで、軽油タンクに辿《たど》り着きました。タンクのまわりについているらせん階段を上がって、タンクの上まで来た時、やっと〝助かった〟と思いました」

軽油タンクのてっぺんは高さが七・七メートルもあった。

「この高さがあれば……」

二人は、初めて胸を撫《な》で下ろした。

この時、根本は二人の姿を、駆け上がったDG建屋の屋上から見た。

「とにかく、ほっとしました。建屋の中にも津波の海水が入ってきたんです。私は非常用階段で屋上に上がりましたが、二人のことが気になって仕方がない。どうしよう、やばいぞ、と思いながらウロウロしましたが、下は一面、プールのような状態で助けにもいけないんです。しばらくしたら、二人の姿が見えて、軽油タンクになんとか上がることができた。〝大丈夫ですか！　よかったあ！〟って、思わず叫びました。伊賀さんの両手が血で真っ赤だったので、屋上にあった手拭《てぬぐ》いのようなものを投げて、それで止血してもらったことを覚えています」

だがこの時、大津波がDG建屋を〝水没〟させたことが、福島第一原発に致命的な事態をもたらしていたことを三人は知らなかった。

「そんな馬鹿な……」

「ディジー（DG）、トリップ！」

若い運転員の叫び声に、一、二号機の中操は一瞬、音が消えた。

「なに？」

「ディジー、トリップ？」

それは、間違いなく〝あり得ることのない事態〟である。ディジー・トリップとは、非常用のディーゼル発電機が「トリップする」、すなわち電気が「落ちた」ということだ。地震で通常の交流電源が失われていた中で、最後の〝命綱〟が切れたことを物語っている。それは、原子炉の冷却のために、最も大切なものが失われたということにほかならなかった。

その最悪の事態がそれぞれの運転員たちの頭の中で「現実である」と認識される前に、すでに〝異変〟が目の前で起こっていた。

パタパタパタパタ……制御盤についていたランプが、次々と消えていったのである。

それは、不規則に、そして数十秒をかけて、まさに〝パタパタと消えていった〟としか言いようのないものだった。

「な、な、なんだ……」

声にもならない声が中操内を包んだ。

「突然、まず中操内の照明がバサッと消えたかと思ったら、次にパネルがパタパタパタと消えていったんです。照明は、一瞬で消えましたが、パネルは一斉ではなく、だんだんと消えていきました。右からとか、左からとか、そんなことではなく、順番もなく、ただ、パタパタと消えていった。それぞれのパネルが出していた警報音も、それと共に消えていったんです」

何かが抜け落ちていくような不穏《ふおん》な空気を伊沢は感じていた。

けたたましい火災報知機の音は、すでにスイッチを切っていた。残っていたのは、各パネルが「異常値」を知らせる警報音だった。

ファンファンファン……という警報音だけは地震後、一時間近く経っても鳴りつづけていた。だが、その音と灯《あ》かりが消えていったのである。

静寂が、中操を支配した。シーンとした中で、ぼーっと一号機側の非常灯だけが薄くついていた。それがなければ、中操内は完全な暗闇だった。

「SBO！」

静寂を破るように当直長の伊沢が、そう叫んだ。SBO——Station Black Out、すなわち「全交流電源喪失」である。これは、原子炉を冷却する電気が完全になくなったことを表わしている。

考えられうる最悪の事態だった。

「SBO！」

「SBO！」

それぞれの運転員たちが、事態を確かめ合うように「SBO」という言葉を口にした。あっちからも、こっちからも、「SBO」という言葉が上がり、中操内に響いていった。

この最悪の事態を緊対室に伝えなければならない。つながりっ放しになっていたコードレスの連絡用電話を受け取った伊沢は、緊対室の運転管理担当にただちに伝えた。

「SBO！ DGが落ちました。原災法（原子力災害対策特別措置法）一〇条の事象に該当します。何が使えるか、現在、確認中です」

原災法では、政令で定める非常事態が生じた時は、ただちに通報することが義務づけられている。

伊沢たちは、とにかくバッテリーでも何でも、使えるものがあるかどうか、確認しなければならなかった。

まわっているものは何か、また停まっているものは何か、それを緊急に掌握する必要があった。


「ヤバい！　……ヤバいです！」


その時である。

いきなり中操のドアがバーンと開いたかと思うと、若い運転員が駆け込んできた。

「ヤバい！　……ヤバいです！」

若い運転員は、そう叫んだ。唖《あ》然《ぜん》とする運転員たちが彼に顔を向けると同時に、

「海水！　……海水が入ってます！」

顔面は蒼白《そうはく》だ。見ると身体全体がずぶ濡《ぬ》れになっている。

「海水？」

反射的に伊沢はそう叫んでいた。

「どこだ？」

伊沢だけでなく、ほかの人間からも同時に声が飛んだ。どこに海水が来ているか、

という意味である。

中操内にいる伊沢たちには、窓がないため外の状況がまったくわからない。つまり、いったいどこに海水が来ているのか、その意味がわからないのだ。

「ここです！　この建屋です！」

ずぶ濡れの運転員はそう答えた。

「えっ？」

そんな馬鹿な……ここは、海面から十メートルの高さに位置する「十円盤」である。原子炉建屋、タービン建屋、サービス建屋……等々、ほとんどの重要施設は、この十円盤にある。

そこに海水が押し寄せるということが、果たしてあり得るのか。だが、顔面蒼白の運転員と、そのずぶ濡れの姿が、それが「事実」であることを物語っている。

SBOがなぜ起こったか――。

伊沢当直長以下、中操内の全員が、この時、その驚愕《きょうがく》の事態の「原因」が初めてわかったのである。

衝撃だった。

「地震のあと、スクラム対応等々で、電源の切り替えなどの作業が必要でした。それで当直長の許可なしに現場に人間を配置するのは禁じると宣言した上で、私は現場に運転員を派遣していました。その運転員の一人が、ずぶ濡れになって飛び込んできて、そう叫んだ時、SBOの原因がわかりました」

伊沢はそう語る。

懐中電灯を持ってその作業に向かった運転員は、何か奇怪な音を聞き、引き返してくる途中に流れ込んでくる海水に遭遇したというのである。

主任の本馬も、この報告で認識が変わった。

「現場では、ものすごい音がしたそうです。慌てて帰ろうとしたようですが、現場と外との間にゲートがあったりするものですから、水がバンバン流れて来た状態のところを、かき分けて上がってきたんです。建屋に水がダーッと入ってきたことは、この報告でみんなが認識できました。私は、〝ああ、津波か〟って、そこで頭を切り替えたんだと思います。みんなもそうだったと思います」

ヤバい——若い運転員が叫んだその言葉が、それぞれの運転員の頭に谺《こだま》していた。たしかに尋常な事態ではなかった。

電源がなくなってしまったため、ECCS（非常用炉心冷却装置）の状況も全くわからなくなってしまった。原災法第一五条に相当する事態だ。これも伊沢は、ただちに緊対室に伝えている。

こうして、暗闇の中操で、全電源が落ちた中での絶望的な闘いが始まったのである。

福島第一原発の一〜四号機の非常用ディーゼル発電機と配電盤は、海面十メートルの敷地にあるタービン建屋の地下室に設置されていた。福島第一原発の津波の想定は、建設時には約三メートル、その後、二〇〇九年には、およそ六メートルの高さへの対策となった。

しかし、それ以上の高さの津波に対する備えは、まったく施されていなかった。非常用ディーゼル発電機やメタクラ（メタル・クラッド・スイッチ・ギア metal clad switch gear）と呼ばれる高圧配電盤がタービン建屋からより高い場所に移されることはなく、津波によって、ひとたまりもなく水没してしまったのである。

そこにこそ、自然災害に対する東電の油断と驕《おご》り、さらに言えば慢心が存在したのではないか、と思われる。

暗闇の中にいる伊沢や運転員たちには、そんな事態が起こっていること、あるいは、それに限らず中操の外の状況も、ほとんどわかっていない。

しかし、外は津波によって見るも無残な状態となっていた。それは、あまりに「容《よう》赦《しゃ》のないもの」だった。サービス建屋一階は浸水し、放射線管理区域に入る時のために準備されている線量計や、そのほかの装備品はことごとく海水に浸かり、それらを収納しているラックなども、倒れたり、あるいは津波に持っていかれていた。

電源は、交流、直流の区別なくすべてが失われた。これによって、電動式の弁やポンプのほか、制御のための〝命〟とも言える監視計器などがすべてストップしたのである。

それだけではない。

建屋外部は、まるで集中爆撃を受けたかのような様相を呈していた。津波がもたらした瓦礫《がれき》が散乱し、道路も陥没するなど、凄絶《せいぜつ》な光景へと変わり果てていた。それは、人間が通行することを「瓦礫の山」が拒絶しているかのようだった。

しかも、余震は依然、くり返されていた。大津波警報が継続する中、実際に中小の津波がさらに何度も押し寄せている。

いつ、あの大津波が来るかもわからない。そんな絶望的な状況に、彼らは置かれたのである。

第三章　緊迫の訓示

「なぜなんだ！」


「非常用電源がオフ！　停まりましたぁ！」

それは、腹の底から絞り出した叫びだった。悲愴《ひそう》感を漂わせた声に、緊対室に詰めていた東電職員は、一瞬にして背筋が凍りついた。

伊沢からの連絡を受けた緊対室の発電班がそう叫んだのである。非常用電源がオフ——あり得ないことが起こった。

「どういうことだ！」

所長の吉田は反射的にそう叫んでいた。

「わかりません」

「なぜなんだ？　すぐ確認しろ！」

「はいっ」

緊対室では、吉田と発電班長とのそんなやりとりがおこなわれた。その瞬間を吉田は、こう振り返った。

「なぜだ、と思いました。DG、つまり非常用電源を失いました、という報告ですからね。こっちは中操との連絡だけしかありませんから、細かいことはわからないんですよ。なんでそうなったかまでは、この時点では想像もつかない。津波の水も見てませんしね。だから、あとはもう〝事実だけ〟ですよね。起動して、今まで動いていたDGの電源が全部飛びました、というわけです。まさか、と思いました」

なぜそんな事態になったのか。吉田にも、まったくわからなかったのである。

「この時点で、テレビで津波情報は流れていましたが、そんなに大きいものが来るとは、気象庁からも出ていないわけです。僕は、もしかしたら、津波が来て、（四円盤の）非常用の海水ポンプのモーターに水がかかることがあるかもしれないと、考えていました。また、引き潮になった時に水がなくなりますから、どうすればいいのか、そのへんの手順を考えないといけないと、思ってたんですよ。それで、津波対応として、いろんなポンプの起動手順や停止手順だとか、そういうものをもういっぺん確認しておくように指示を出していました。それでも、大きくても五、六メーターのものを考えてのことです。まさか、あんな十何メーターもの大津波が来るとは思っていませんでした」

しかし、やがて原因が津波であったことがわかってくる。まさしく、想像もしない事態だった。

「全電源がダメになったということは、原因がなんであれ、電源をまったく使えないという前提でものを考えなければいけなくなったということです。これはもう、今まで考えていたこととは全然、違うステージに入ったわけです」

この時、吉田は、不思議なほど冷静だった。これまでトラブル対応で、本店で勤務している時も、現場にいる時も、さまざまな場面で緊急対応をしてきた経験が吉田にはあった。

いつの間にか吉田には、何かが起こった時に、〝最悪の事態〟を想定する習性が身についていた。吉田の頭の中は、この時点ですでに「チェルノブイリ事故」の事態に発展する可能性まで突きぬけていた。すなわち、「東日本はえらいことになる」という思いである。

（全電源喪失か……。これは、最悪の事態になるかもしれない）

吉田は、そう考えていた。

「頭の中はパニック状態になっているはずなんです。不思議なんですが、チェルノブイリ状態になるかもしれないと思いながらも、もう一方で、冷静になんとかせんといかんな、と対策を考えていました。やらなければならないことが、頭の中で回転し始めました」

時間が経つにつれ、吉田のもとには次々と情報が入り始めた。

「いろんな情報が入って来るわけですよ。津波の情報が入ってくるし、中操が真っ暗になってしまったとか、電源が落ちているから、計器の指示も見えないだとか、そういう現場の情報がどんどん、どんどん来るわけです。ですから、大変だと思ってる以上に、現実に起こっていることの報告がもう波のように押し寄せてきたわけです。私は、それを聞いて指示をしなければならなかったですね」

復旧班に向かって、吉田はこう叫んでいた。

「電源は、ねぇのか。なんとかしろ」

とにかく、まずは電源の復旧だった。電源さえあれば安全システムは作動し、プラント（原子炉）を安全に停止させることができる。送電線による外部電源、ディーゼル発電機やバッテリーによる内部電源がすべて失われた状況では、電源車を使って電気を送るしかない。吉田は本店へ電源車の手配を要請するとともに、復旧班へ指示している。

「とりあえず復旧班でできることを考えてくれ」

吉田は、そんなことを指示しながら、「次」のことを考えていた。

消防車の手配である。原子炉を電気で冷やすことができなければ、直接、水で冷やすしかない。水なら海にいくらでもある。では、その水をどうやって運ぶか。

「とにかく水で冷やすほかはない。では、もし、水を入れられなかったら、どうなるんだろうと。それはもうずっと、その時から思っていましたね。私は水をプラントに入れるには、消防車しかない、と思いました。海からの距離がありすぎて、消防車のホースが届かなければ、消防車を〝つなげばいいじゃないか〟と。そう考えました」

多くの専門家が驚くのは、この早い段階で吉田が、消防車の手配までおこなわせたことである。

「私は、ずっと原子力の補修とか、発電の運営をするような仕事をしてきたもんですから、山ほどトラブル処理をさせられてきたんですよね。入社して以来、ずいぶんやらされました。その中で培われてきたんじゃないかと思いますが、ないものねだりしても、ないものはないんで仕方がない。その中でやるしかないという、一種の開き直りみたいなのができていたと思います。できることを今、やるしかないわけですから、知恵を出してできることをやる、それなら、いったい何が必要なのか、という発想をするようになっていました」

しかし、三台あった福島第一原発の消防車は津波のために動けなくなり、稼働可能なのは、たまたま高台にあった「一台」しかなかった。

吉田は、それがわかった午後五時過ぎには、消防車の手配を要請している。ただちに自衛隊に伝えられ、福島第一原発に消防車が向かうことになるのだが、吉田が手配した消防車の存在が事故の拡大をぎりぎりで止めることになることを、この時点では誰も知らない。

吉田は、大阪の出身で、こてこての関西人である。この時のことをこう回想する。

「大阪弁でいえば、どないすんねん、という感じです。いい加減にしてくれよ、なんで俺の時にこんなこと起こらないかんねん、と。現場からどんどん報告が上がってくる中で、次に打つ手を考えながら、どないすんねん、と思っていました」

吉田の頭の中は、これはやばいぞという部分と、さまざまな対策のためにフル回転して次々と指示を出す部分の、不思議な〝二層構造〟になっていたのである。

「あの日は、緊対室の椅子に座ってテレビ会議や、さまざまな対応をおこなって、まったく動けなかったですねえ。どうでしょうね。ほとんど、その日はションベン、タバコも行けてねぇんじゃなかったかな」

吉田は、緊迫の一日目をそう表現した。

定められた基本方針

一方、一、二号機の中操にいる伊沢は、中操内の人間を集めた。一号機側の非常灯だけがかろうじて薄ぼんやりとついているだけである。おそらく、その非常灯の電源だけが津波の被害を免れていたのだろう。

「みんな聞いてくれ」

伊沢は、運転員にこう告げた。

「現場では何が起こってるかわからない。これから、現場に行く時のルールを改めて徹底する」

厳しい表情で、伊沢はつづけた。

「現場に向かう時は必ず、私の許可の上で、制限時間は〝二時間〟とする。そして単独行動ではなく、必ずペア、すなわち二人で行動すること。これを守ってもらう。二時間経って帰ってこなければ救出に向かう。たとえ、目的地に着かなくても、時間を見て、二時間を超えるようだったら、その時点で戻れ。それから、何時に出発したか、そして戻ったかを、必ずホワイトボードに書くこと」

連絡手段もない中での行動を、伊沢はそう規定した。

「いいか。わかったな」

その時、みなの口が一斉に開いた。

「了解」

「わかりましたっ」

伊沢は、こう語る。

「津波があって、電源を全部失い、なおかつページング（構内放送）も利かない状態でした。現場に行っても、中操との通信手段は完全になくなっている。こういう約束事を決めておかないと、それぞれの安全と操作の進捗《しんちょく》状況がこちらで把握できないと思ったんです。私の判断で、最初にそういうことを運転員に伝えました」

この基本原則は、これからつづく原子炉との格闘の中で、頑固に守られることになる。それは、操作と共に運転員の生命を守る立場にある当直長・伊沢ならではの判断だった。

「地震後、それから津波後、これから何度も運転員たちを現場に向かわせないといけません。行って、帰って来るだけ、何もしなくても一時間近くはかかります。それプラス三十分だったら、確認や作業などが何もできません。その作業の時間で、私自身がぎりぎり待てるのが一時間だと思いました」

それは、これまでの伊沢の経験則以外の何ものでもなかった。

「あわせて二時間です。そして、行き帰りのルートを事前に決めて、ここのルートでこう行きます、と決めたら、それ以外のルートは、絶対に行ってはいけない、ということも同時に言いました」

地震発生から一時間。大津波の襲来という非常事態に、福島第一原発一、二号機中央制御室では、基本的な行動方針が、こうして決められた。

駆けつける当直長

この時、大地震の発生に伴って、非番の当直長たちが、ただちに自分のいる中操に駆けつけようとしていたことを伊沢はまだ知らない。

それは、日頃から決められているマニュアルではない。事故があった際、原子炉の制御のために「駆けつける」という行為は、彼ら原子力発電の現場で仕事をする人間たちにとっては、習性のようなものだったかもしれない。
一、二号機の当直長の一人である平野勝昭（五六）も、地震発生後、自宅から福島第一原発一、二号機の中操に向かっている。
平野は、地震が発生した時、福島第一原発から十キロほど離れた双葉町の自宅にいた。この日、平野は午前中に決まっていた病院での大腸の内視鏡検査のために、休みをもらっていたのである。

実は、この日の当直長勤務は、本来は平野が担当だった。当直の班は、A班からE班までの五班に分かれていて、それぞれ当直長がいる。

五人の当直長の中で、最も年長者が平野である。A班の当直長が平野で、伊沢はD班である。

平野は内視鏡検査と重なったために、この日の当直長を伊沢に代わってもらい、昼までに検査を終えて自宅に戻り、身体を休めていた。

「地震が起こった最初は、いつもの地震だと思ったんですが、揺れがだんだん大きくなって、台所の食器棚から食器がどんどん外に飛び出し、パリンパリンと割れ、私は縁側から庭に出ました。うちは四人家族なんですが、女房も、息子と娘も、働いていますから、その時、家の中には私一人しかいませんでした。まるで船がすごい荒波に揺られたような、立っていられない状態だったので、これは、完全に（原子炉が）スクラムしていると思いました。すぐに（職場に）行かなければならない、と思いました」

この日は、本来なら平野が当直長である。

「これは、伊沢が大変だ」

平野は四年後輩にあたる伊沢の顔を思い浮かべ、ただちに出勤する準備を始めた。平野は居ても立ってもいられなかったのだ。地震直後はまだ携帯のメールが通じたため、まず家族の安否を確かめた。

「娘は東京のほうにいたんですけど、だいぶ揺れて、どうしたらいいのかっていうような問い合わせがありましたんで、とりあえず近くの安全な場所に移動しろと伝えました。女房からは返信がなかったので、まず女房の勤務しているところに寄って会社に行こうと思い、車で自宅を出たんです」

しかし、地震によるとてつもない被害がすぐ平野の目に飛び込んできた。

「道路が隆起《りゅうき》したり、割れたり、陥没したりしていました。道路が沈んでいるんで、段差ができて、川にかかっている橋の橋桁《はしげた》が上がった形になって、車が通れない状態になっていた。いつも使うメインの道路の六号線も一部通れなくなっていました。女房の勤め先までは、四、五キロしかありませんが、信号も（停電で）落ちていますから、なかなか着きませんでした」

平野は仕方なく海側から迂回《うかい》する道を取ろうとする。地元では「浜街道」と呼ばれる道だ。しかし、途中に通行止めのバリケードがあって、ここへも行けなかった。仮にそのまま海の方に行っていたら津波に巻き込まれた可能性もあり、そこは、幸運に恵まれたと言える。

「Uターンして、また元の場所に戻って、双葉町の駅の前の旧国道を通りまして、やっと女房の職場に行きました。途中、電柱が斜めになっていたり、道路がひび割れてマンホールのところが盛り上がっていたり、逆に沈んでいたり、あるいは、家が二、三軒、つぶれているのも目に入りました。女房は、自宅に戻ろうとしたけど、できなかった、と言っていました。私が自宅に帰ることができるルートを教えて、〝おまえは戻って、うちの対応をしろ。俺は会社に行く〟と伝えました」

この時は、まだプラントが最悪の状態になりつつあることなど想像もしていない。

平野はそこまで深刻には考えていなかった。

再び六号線を経由して、やっと平野が福島第一原発の正門ゲートに着いたのは、もう薄暗くなった午後四時半頃のことだ。自宅を出てから一時間以上が経過していた。

この時、すでに大津波が襲来したあとであるにもかかわらず、そのことを平野はまったく知らなかった。

「正門が近づいてくるにつれ、（原発から）出てくる協力企業の人たちの車の渋滞が起こっていました。逆に、（原発に）向かっている車は、この時点では、私の車しかいなかったと思います」

正門に着くと、やはり出ていく車で一杯だった。だが、中に入ろうとしているのは、平野の車だけだ。いつもの入構証を見せて、平野の車は入っていった。

正門から入って六百メートルほど真っすぐ走ると「ふれあい交差点」と呼ばれる十字路がある。ここを海側に右折すると、あとは、まっすぐ海に向かっていけばいい。海の手前に目指す原子炉建屋などが並ぶエリアがある。十円盤である。いつも車を停める駐車場に平野は車を走らせた。

異変に気づいたのは、その時だ。

「なんだ、あれは……」

海に向かって、ゆるやかな坂をまっすぐ下っていた平野の前に、突然、〝湖〟のようなものが広がった。

それは一面、泥水の湖だった。にわかには信じがたい光景だった。平野は、海がそのまま陸地まで〝上がって〟きているかのような錯覚に陥った。

スピードをゆるめた平野の車は、事務本館前を過ぎ、泥水がつくった〝湖〟のぎりぎりのところまでやって来た。平野は車から降り、立ち尽くした。

その泥の湖の中に没した「道」を塞《ふさ》ぐ、丸くて巨大な〝何か〟があった。

（これは……）

平野は言葉を呑《の》みこんだ。〝何か〟の正体は、タンクである。海沿いにあったはずの巨大な重油タンクが、こんなところまで押し上げられていたのだ。

高さ九メートル、直径十二メートルの円筒形の重油タンクは、重油をおよそ800トンも収めることができる巨大なものだ。四円盤に二つ設置されている。その重油タンクが百五十メートル以上も流され、道を塞いでいたのである。

それだけではない。

同じように津波に流されたと思われる車がひっくり返ったり、建物にひっかかったりして、無残な姿をさらしている。そのうちの一つが、クラクションを鳴り響かせていた。

誰ひとり人影のない中で、クラクションが鳴りつづけている。それは、目の前の異様な光景を余計、薄気味悪いものにしていた。

平野が最も驚いたのは、〝漁船〟である。

流されて来た重油タンクの手前に、なんと漁船までうち上げられていた。実際には、漁船ではなく、東電が使用している測量や放射能関係の調査船だったかもしれない。

いずれにしても、こんなところまで海に浮かぶ「船」が流されてきている意味が、平野にはわかった。

(津波だ……)

これは、プラントがやられている——。それは、この地が考えられないような規模の大津波に襲われたことを示していた。その時、初めて「津波」の襲来という事態が、頭の中で像を結んだのである。

(一刻も早く行かなければ……)

目的地に行くには、この泥水の湖を渡っていかなければならない。平野は覚悟をして、そこに足を踏み入れた。

平野はこの時、黒のダウンジャケットに下は綿パン、そしてスニーカーという姿である。

「水は、十センチか十五センチぐらいあったでしょうか。長靴なら大丈夫だけども、スニーカーですから、水が靴の中に入ってきました。びしょびしょになりながら歩いていくと、タンクの手前で大きな魚が一匹、白い腹を出して死んでいました。なんという魚かわかりませんが、大きさは三十センチほどありました」

いつも見慣れた場所が、想像もできない姿に変貌《へんぼう》していた。材木や鉄、フェンスなど、瓦礫《がれき》が流され、目の前でぐちゃぐちゃなゴミの塊となっていた。平野は、いやでも事態の深刻さを頭に刻むほかなかった。

「自分が渡っているところが、津波のあとの〝たまり水〟であることがわかりました。でも、たまりというより、ほとんど（十円盤の）全域を覆っている感じでした。私にはこの段階で、まだ電源がやられてるというのは、わかっていません。しかし、こんな状態ですから、冷却用に使っているポンプ類がダメになっていることは覚悟しました。おそらく水をかぶって、もう使えないだろうなって……」

それは、原子力プラントにとって、極めて厳しい事態である。

（これは長い闘いになる）

平野は、自分にそう言い聞かせた。

「手も足も出ません」

「平野さんっ、来てくれたんですか！」

やっとサービス建屋に辿《たど》り着き、二階にある暗闇の中操に入っていった平野は、対応に追われる伊沢のうしろから「おう、どうだ？」と声をかけた。

振り返った伊沢は、そこに平野がいたことに、思わずそんな声を上げた。

平野は白髪まじりで、中肉中背だ。気のいい中年男そのものの風貌《ふうぼう》をしている。その平野が、伊沢の目の前に立っていた。

希望の見えない闘いを展開していかなければならない伊沢にとって、それは、百万の味方がやってきたのと同じ思いだっただろう。

「びっくりしました。私がパネルのところに立って、確認作業をしていた時にうしろから声をかけられたんです。振り向いたら、平野さんが立っていた。来てくれたことがわかって、思わず〝平野さんっ！〟て叫んでいました。一号機側に非常灯がほのかについていましたが、ほとんど真っ暗に近いですからね。そんなところに平野さんがわざわざ来てくれた。嬉《うれ》しかったです」

たまたま内視鏡検査のために当直長を伊沢に代わってもらっていた平野は、「なんとしても行かなければならない」という執念で、やっとここまで辿り着いたのである。のちに、ほかの当直長も続々駆けつけて来るが、平野は、真っ先に現われた。だが、事態の深刻さに、平野の表情は、すぐに険しくなった。

「いま、どういう状況だ」

平野の問いに、パネルの方に向き直りながら、伊沢はこう答えた。

「いやあ、もう、手も足も出ません」

「そうか……」

いかに深刻な状況にあるかは、原子炉のベテラン当直長なら、すぐわかる。目の前のパネルには、一切のランプ表示も、メーター表示も「なかった」のである。

「スクラムは成功してディーゼルも起動しました。一応そこまでは通常通りでしたが、その後、電源が一斉になくなったんです」

伊沢は、状況をそう説明した。

もとより平野は「外」の有様を知っている。重油タンクや船が、あそこまで流されているのである。「電源が一斉になくなった」ことは、容易に想像ができた。

「一号機では、イソコンが今どういう状況になってるのかわかりません。(原子炉の)

水位も圧力も何も見られない状態です」

伊沢の語る状況は、まさに絶望的だった。「手も足も出ません」という表現は、決して大袈裟《おおげさ》ではなかったのである。

イソコン（IC）とは、非常用復水器（Isolation Condenser）のことである。原子炉建屋の上部についていて、電源喪失の状態でも、原子炉内の冷却に、ある程度は力を発揮してくれる。

これは、BWR（Boiling Water Reactor）型、いわゆる沸騰水型原子炉と呼ばれる軽水炉の初期の型だけについているものだ。福島第一原発の一号機は、前述のように昭和四十六（一九七一）年三月にGE社によって完成されたものであり、そのため、これだけにイソコンの機能がついている。

しかし、そのイソコンの状況すら、「わからなくなっている」というのである。

イソコンは、四つの弁の開閉によって運転・停止をおこなうが、弁の制御・駆動をおこなうディーゼル発電機の交流電源とバッテリーによる直流電源が両方とも失われている。

しかも、その原因が津波による浸水である。水をかぶった順番によっては、四つの弁それぞれが「開いている」のか、「閉じている」のかもわからず、さらには「中途半端に閉じている」可能性すらあった。

平野は、想像を絶する状況であることを思い知った。

頼みの制御盤の表示も消えているなかで、伊沢は余震が続き、津波が再び来るかもしれない暗闇の現場に、部下を出さざるを得なかったのである。

イソコンの状態がわからないのは、緊対室で指揮を執る吉田所長も同じだ。イソコンが仮に動いていないなら、なおさら冷却、すなわち水を入れることが重要だった。

のちに各種事故調の報告書やマスコミの報道で、あたかも、このイソコンがきちんと稼働していれば、事故が防げたかのような論が流布されることになる。

吉田は、そのことについて、事故から一年四か月が経過した二〇一二年七月、筆者にこう語っている。

「部下たちは、目隠しをされて油圧も何もかも失った飛行機のコックピットの中にいるようなものでした。そんな中で飛行機をどうやって着陸させるか。私たちは、弁がどういう状態で〝電源が落ちた〟のかもわからないわけですからね。確かなのは、冷却のために水をぶち込むことしかなかったということです。電源復旧の道を探る一方で、私たちはひたすらそこを目指したわけです」

彼らの闘いは、ただ〝一点〟に向かって突き進んでいたのである。

第四章　突　入

「ラインをつくれ」

伊沢は、平野を今度は二号機側に案内して、こう語った。

「二号機も津波の直前まではＲＣＩＣ（原子炉隔離時冷却系 Reaction Core Isolation Cooling system）を回していたんだけども、今どうなってるかわかりません。電気が落ちてるので、その状況を確かめる術《すべ》がありません」

平野には、とにかく「水を入れなくてはならない」ということだけはわかった。冷やすための電源がない――それが、すべて使えないとなれば、電源を必要としない消火用のポンプを流用して、水を「入れる」しかない。

「私は、もうそのことしか思い浮かばなかったですね。そのためには、消火ポンプで（原子炉に）水を入れるラインづくりをしなくちゃいけない。私が最初に思い浮かんだのは、〝給水系〟から消火ポンプで水を入れるラインです。それで、とりあえず、まず給水系のバルブを開けないと、水を入れられないという話をしたんです。その後、ほどなく、ＡＭ設備（アクシデントマネージメント設備）のラインもあるということに気がつきまして、そっちのラインナップにも夕方から入っていく。最初に、その消火ポンプが健全かどうか、それを確認していこう、と。もう、電源を使わないで水を入れるのはこういう方法しかないんで、これはどうか、と伊沢君に伝えました」

だが、専門家たちが考えることは同じだ。この時点で伊沢たちは、平野が言う、その水流を確保するラインづくりにすでに着手していた。

午後四時五十五分、すなわち大津波襲来から一時間十五分後には、現場の状況を確認するために、最初の部隊が原子炉建屋に向かっている。この時点では、放射線用の防護マスクは、まだつけていない。しかし、第一陣は原子炉建屋に突入する前に引き返した。メンバーの一人によれば、

「この時、津波で水浸しになっていましたから適切なサーベイメータ（放射能測定

器）がなかったんです。それで、人や物の表面の汚染状況を測定するGM管式サーベイメータ（Geiger-Mueller survey meter）を代用して持っていきました。原子炉建屋に入るところは二重扉になっていて、外と遮断されています。ひとつを開けて中に入り、それを完全に閉めないともう一方の扉が開かない形になっている。でも、もうその扉の前に来た段階で、持っていったその検査器が〝振り切れて〟しまったんです」

すでに原子炉建屋には、放射能が漏れている可能性があった。一行は、この事実の報告と対処のために、一度、中操に戻っている。

すべての作業は、「津波」との睨《にら》み合いの中でおこなわれていた。サービス建屋の上に若い運転員を配置し、海を監視させるのである。大津波は、海の水位がぐっと下がったあとでやって来る。それを監視させ、もし、水位が下がったら、ただちに引き返すことになっていた。だが、水位が下がる前に、すでに放射線の検知によって、最初の突入は断念せざるを得なかったのである。

そして、二回目の部隊が向かったのは、午後五時十九分である。この時、平野は自身がその作業に入っている。

「私も行きました。もう私服は脱いで、〝B服〟と呼ぶ青いつなぎの作業着に着替えていきました。この段階では、放射性物質が直接皮膚に付くのを防ぐためのタイベックはまだ着ていなかったです。三人で行きました」

この作業が、これからの注水作業に決定的な役割を果たすことになるのである。平野ら三人は、中操から階段を降り、まず地下に向かった。原子炉建屋とタービン建屋の間には、運転員たちが「松の廊下」と呼ぶ幅およそ四メートル、長さおよそ五十メートルに及ぶ通路がある。そのさらに下の階には、「竹の廊下」と呼ばれる通路もある。

その広さと長さが、播州赤穂《あこう》藩主の浅野内匠頭《たくみのかみ》が江戸城内で起こした刃傷《にんじょう》沙汰の廊下を想起させることから付いた通称である。

松の廊下の手前から、地下に入っていった。その時、平野は、また魚の死骸《しがい》を発見している。さっき外で見た魚よりも、ひとまわり大きなものだった。

「今度のは五十センチぐらいありました。たぶんスズキだったと思います。一匹だけです。やはり白い腹を見せて死んでいました」

放射線管理区域の建屋の中で死んでいる魚は、いかにこの地が異常な状態になっているかを物語っている。その横を三人は無言で降りて行った。津波の泥水がまだ残っていた。あちこちに津波に押し流された瓦礫《がれき》や砂、土なども残っている。

真っ暗な中で、頼りは懐中電灯だけである。言葉にこそ出さないが、いつ津波が来るかわからない。恐怖がなかったと言えば、嘘になるだろう。

「もうPHSが使えなくなっていました。だから、海がガーッと下がった時は、それを知らせるために、(誰かが)走って追いかけてくることになっていました。地下には、やはり津波の水があちこちたまっていましたね」

やがて、三人は消火ポンプ室に辿《たど》り着いた。五メートル四方ほどの部屋である。この中に、コンクリートの架台に載ったエンジンとポンプがあった。エンジンを起動するセルモーターの電源は、ポンプの横にある小型バッテリーだ。外の電源はいらない。

「中に入って消火ポンプの操作盤にあるスイッチを入れました。動くことを確認して、そのあとで止めました。動かしつづけると、燃料を使っちゃいますからね。まだ炉に入れるラインができてないので、その時点で止めたんです。動くことは確認できたので、ラインができたら、また起動させることにしました」

こうして、およそ三十分をかけて、消火ポンプ室の確認作業は終わった。三人が中操に帰ってきた時は、午後六時近くになっていた。

覚悟を決めさせた〝一文字ハンドル〟

戻って来た平野たちが、水流のラインをつくるために動き始めるのは、間もなくである。午後六時半を過ぎ、今度は、実際に原子炉にポンプから水を入れるためのラインをつくりに入った。

普段なら中操でスイッチを入れればいいだけだが、電気がすべて落ちているため、手動でおこなうのである。向かったのは、大友、平野および現場をよく知る当直副長の加藤克己（四六）らを中心としたメンバーである。平野によれば、

「全部で五人で向かいました。手で開けなくてはいけないバルブは、五か所ほどありました。この時は、もうタイベックに全面マスクの状態です。線量は、まだそんなには上がっていなかったと思いますが、念のために着けていきました」

このあと午後十一時以降は、線量が高くなり、原子炉建屋に入ることを吉田所長から禁じられている。この時点で「水流を確保するライン」を彼らがつくっていたことは、のちに最も重要な意味を持つ。

仮に、これが確保できていなかったら、原子炉を「水で冷やす」という行為自体が

不可能であり、原子炉冷却の方法は閉ざされていたことになる。彼らベテランたちの素早い判断と行動は、それからの対処を決定づける最も大きな役割を果たすことになるのである。

「アクシデントマネージメントで、このラインをつくらなくてはいけないというのは、いち早く現場ではわかっていた、ということでしょう」

と、原子炉の専門家は解説する。

「そのラインは、非常炉心冷却系の注入ラインにつながっているものです。格納容器があって、その外に二メートルほどの遮蔽《しゃへい》のコンクリートの壁があり、それを突き抜けて入る配管が何本か通っています。要はその中に原子炉がありますから、この配管が消火用ポンプからつながるようにラインを組んでいったわけです」

この処置は緊対室からの指示ではなく、現場の判断によるものである。大友、平野といったベテランが当直長の伊沢を囲んで対策を練る中で出てきたものだ。

当直副長の加藤は、大友が注入系のベントのラインナップの図面を持ってきて話を進めていったことを記憶している。

「とにかく、早い段階でこれをやらないと駄目だ、ということを大友さんがおっしゃったと思います。そして、図面も持ってきたんです。それを見ていて、私も間違いなくそうだなという意識になりました。大友さんが中心になって、何人かでこの相談をやったと思います」

図面をもとにして具体的に、どことどこのバルブを開けるべきかという細かい話が詰められたのである。これはその後、繰り返されていく「一番危険なところに行く」という作業の中の最初のものだった。

この時、当直長の伊沢は、自らそこに行くと表明したが、それを「止められる」という出来事があった。

「伊沢君は、ここで指揮を執れ。私が行く」

伊沢が申し出た時に、即座にそう言ったのは大友で、それに、

「私が行きます」

「俺も行こう」

という加藤と平野の言葉が重なったのである。

それは、メンバー構成がそのまま自然に決まっていく〝決定的〟なものとなった。伊沢は当直長であり、本来なら当直長は自ら現場に行く立場ではなく、指揮を執るべき人間である。また、加藤は当直副長だ。あくまで、これは現場作業であり、加藤の頭には、当直班の副長は自分であり、自分の仕事だという考えがある。当然、誰かが

行くなら、自分が行かなければならない、と思っていた。

すでに、三十分前には、GM管式サーベイメータが振り切れるほどの放射線が検知されている。果たして、原子炉に「水」が供給されているかどうかがわからないままおこなう手探りの作業だ。恐怖心は、相当なものだったと思われる。そんな中でのメンバー決定には、やはりそれぞれの思いが込められていたに違いない。

平野は、その時の心境をこう語る。

「やはり当然、一号、まあ、二号もそうなんですけど、炉に水が供給されてるかどうかわからない状況で、いつメルトダウンが起きてもおかしくないなというような中で作業していますので、正直、恐怖心はありました」

のちにわかるが、一号機は、実際に午後七時ぐらいから燃料が壊れ始めている。状況がつかめないとはいえ、線量が少しずつ上がっていることはわかっていた。そんな暗闇の中で場所の確認をおこない、バルブの番号を読み上げながら作業をするのである。

大友は、こう述懐する。

「線量が高いということがあったので、やっぱり、われわれロートルチームがまずは行くということで、若い人は残して行きました。〝バルブチェックリスト〟で、バルブがどのあたりにあるかという位置を確認してから向かいました」

普段なら空調機をはじめ、さまざまな機械が動いていて騒々しいが、電気が落ちているため、そこは、真っ暗なうえに何の音もしない、恐ろしいほどの静寂に包まれた空間となっていた。

一行は、懐中電灯を持ちながら黙々と進んだ。やがて、目の前に、リアクタービル（原子炉建屋）が現われた。

「目的地に向かっていくという意識しか私にはなかったので、ほかのものは目に入らなかったですね」

と、大友。同行した副長の加藤もこう語る。

「入る時は、二重扉を開けて、閉めるんですけど、これが〝一文字ハンドル〟なんです。鉄の棒があって、黒い取っ手がついている。これを、横からタテにする。その時、ガチャーンと大きな音がするんですが、これが覚悟を決めさせたというか、なんというか、やらなければいけない、という気持ちを決めさせてくれたような気がします」

二重扉を入った場所は、およそ六十メートルほどの高さがある原子炉建屋の一階だ。目の前には、縦三十二メートル、横十八メートルの大きな一号機の原子炉を収めた格納容器があった。音もない暗闇の中に、原子炉の格納容器が「壁」のように迫っている。

「格納容器は、コンクリートの壁です。でも、こっちは、バルブを開けるための作業に行っていますから、格納容器の壁を意識して目に留めたかというと、それはなかったと思います。むしろ、その壁の外にある機器の配置とか、そういう構造のほうが頭にありますので……」

彼らは、扉を入って右側にあった階段を黙って降りていった。最初のバルブは二つだ。一つは架台にのぼって、もう一つは、窮屈な姿勢で手を伸ばして操作する形をとった。

電気があれば中操でスイッチを入れて動かせる電動弁である。これを原子炉建屋まで運転員が行って、現場で直接、ハンドルをまわして開けていくのである。

それは、時間との勝負でもあり、放射線に対する恐怖との闘いでもあった。

「現場に入るときは（放射線を）意識しました。それなりの覚悟というか、勇気はいりますが、もう中に入ってしまえば、あとはやるしかないという気持ちでした」

大友はそう語る。加藤によると、

「バルブが開く度合を表わす〝バルブ開度〟というのがありまして、これが指示盤に0パーセントから100パーセントまでついている。本当に開いているのかどうかを、この指示盤で確認できます。今回は、すべて手動ですから、開度計の保護カバーを開けて、いちいち確認をしながら作業をおこないました。丸ハンドルで、非常に重かったですね。それぞれのバルブが、配管の大きさやサイズによって違います。最初のものは、人間の顔ぐらいのものだったと思います」

果たしてそれが目的のバルブなのかどうか、番号を確認し、そしてまわす方向も確認しながらの作業である。

「弁番号365！」

「弁番号365、了解！」

お互い全面マスクである。大声を上げなければ、聞こえない。それぞれが、できるかぎりの声を出しながらの作業となった。

バルブの横には、ラッチレバー（手動操作切換えレバー）がついている。それをギアに噛《か》ませて、ハンドルを両手でまわすのである。

「25A、開しました！」

「25A、開《かい》、了解！」

ひとつひとつ、彼らは淡々と作業をつづけた。それは、時間との闘いであると同時に、正確さも問われるものだった。

「携帯用のサーベイメータも持っていたんですけど、懐中電灯を持っていたり、作業には力もいりますから、スイッチを切っていました。かわりに、個人線量計のAPD（Alarm Personal Dosimeter）で判断しようというので、これを持っていき、APDを気にしながら操作した記憶があります」

バルブは、次第に大きくなっていく。二か所目、三か所目、四か所目……だんだんと恐怖が増していく。原子炉の中心に近づいているのだから無理もなかった。

コアスプレイ（CS＝非常用炉心冷却系の一つ）と呼ばれる系統にある最後の注入弁は、原子炉建屋の二階部分に二か所に分かれてあった。床から三メートル近くの高さで、猿梯子《さるばしご》を登った狭いグレーチング（注＝鉄を格子状に組んだ網）の上である。

大きさも相当なものだった。バルブのハンドルは、直径六十センチはあった。まず二階に上がり、そこからさらに猿梯子で数メートル上がったところに目的のバルブがあった。

二人がかりでまわさなければ、とても無理だった。暑さでマスクに汗がしたたった。マスクの目の部分に汗がたまり、誰もがマスクを外したい衝動に駆られていた。

最後のこの弁を「開」にした時、午後八時近くになっていた。中操を出て、すでに一時間以上が経過していた。この作業は前述のように、のちのち決定的な「意味」を持つことになる。

およそ一時間後には、一号機の燃料が壊れ、線量がどんどん上昇してくる。午後十一時には、原子炉建屋に入れるレベルではなくなり、「立入禁止」になっている。まだ原子炉建屋に入ることのできる時間帯に、すでに「水」を入れるラインを確保し、その準備をすべて終えていたのである。

原子炉への水のラインが開いていたことにより、ここを通じてすべての水が入っていくことになる。もし、これができていなければ、「冷却」がまったくできなかったのである。

「危険は感じていましたけど、やはり誰かがやらないといけなかったわけです。われわれ運転員には、やるべき使命があるんで、これは当然のことだったと思います」

平野には、今も迷いがない。彼らを支えていたのは、運転員としての強烈な「使命感」にほかならなかった。

第五章　避難する地元民

元大熊町長の回想

「バリバリバリバリ……」

それは、信じられない〝音〟だった。この世のものとも思えない、身の毛がよだつような音に、高校生の孫の叫び声が重なった。

「津波だっ！」

津波？　大熊町の元町長、七十九歳の志賀秀朗と、妻・恒子（七七）も、その言葉が信じられなかった。

志賀の家は、海面から十五メートルほどの地に建っている。海からの距離は三百メートルほどしかないが、いくつかの段差を経て十五メートルの高さを持つ家の敷地は、津波を「心配したこと」など一度もない。

位置は、福島第一原発から数百メートル南である。原発の「最も近くに住む」地元民こそ、志賀とその家族なのだ。福島第一原発に致命的な打撃をもたらした巨大津波は、原発の〝隣人〟である志賀家にも牙《きば》を剝《む》いて襲いかかった。

志賀の耳に、聞いたこともないゾッとする音と、「津波だっ!」という孫の叫び声が轟《とどろ》いたのは、避難しようと次男の嫁が運転する車にまさに乗り込もうとする時だった。

車が急発進した時にうしろを振り返った恒子の目に、驚愕《きょうがく》の光景が飛び込んできた。家屋の海側に生えている松の木より高い黒い波が、自分たちに向かって押し寄せていたのである。

「危ない!」

車から三十メートルほどまで迫ってきた津波を振り切って、次男の嫁が運転する車はなんとか脱出に成功する。防災無線が「津波の危険」を伝えていたかもしれない。しかし、海岸から十五メートルも高いところに建つ志賀家である。津波とは無関係なはずだ。

本当に避難しなければならないとは、思ってもみなかったのである。

「津波がたとえ来てもね。まさか、家までは来ないだろうと。そういう考えだった」

志賀元町長はそう語る。

「その頃、うちの嫁と孫が富岡町のほうへ行ってたから、地震でたまげて帰ってきていた。そこに津波が来たわけだ」

嫁と孫が地震で自宅に帰ってきていたこと——それが、志賀夫妻の命を救った。ぎりぎりのところで、志賀家は津波の難を逃れることができた。

だが、隣の家では二人が津波で命を落とし、さらにその隣は家ごと津波に流された。志賀の家も床上一メートル三十センチまで海水が押し寄せている。老夫婦二人だけで家に残っていたら、あるいは逃げ遅れていたかもしれない。

志賀は昭和六（一九三一）年十月に生まれた。福島県双葉郡熊町村《くままち》（注＝現在の大熊町）の夫沢《おっとざわ》である。彼ほど福島第一原発のあるこの地の変遷を知る人物はおそらくいないだろう。

志賀はこの地がただの原野だった頃、そして戦時中に造成されて陸軍の飛行場になった時期、さらには戦後に同地が塩田になった時も、そして福島第一原発がつくられ、近代的な施設が立ち並ぶ地に変貌《へんぼう》したすべてを目撃し、そして、それらに直接かかわってきた人物なのである。

昭和二十九年に結婚して以来、ここから離れたことがない恒子夫人がこう振り返る。

「あんな音、いままで聞いたことながったな。こう、バリバリバリと、なんか割れるような凄《すご》い音。ほんで、車にみんなで乗ったのよ。家から出て、振り向いたら津波来てるのはぁ。すんごい高い、まわりの木なんか見えねぇぐらい高い波で……。黒っぽい、茶色の泥水っていうかな。怖い。なんとも言えねがった。隣の家の人は津波で亡くなったの。またその向こうの家は、人は亡くなんねげんと、家はころっとなくなっちゃった。流されたのよ。車のエンジンがかからなかったら、終わりだったな」

車がエンストしていたら、志賀家からも犠牲者が出ていたかもしれない。嫁が運転するアクセル全開の車のおかげで、志賀たちは命を拾った。

志賀は三十年以上前におこなった手術で視神経が傷つけられ、数年前からは、白内障もあってほとんど失明に近い状態となっている。人が目の前にいても、うっすらと影らしきものを感じるだけで、相手を視覚で捉《とら》えることができない。

そのため、志賀自身はこの津波を見ていない。家を離れる時、おそろしい津波だけでなく、なつかしい故郷の姿そのものを目に焼きつけることができなかった。

福島第一原発の敷地からわずか数百メートルの地に建つ自宅に志賀家が戻るには、気の遠くなるような長い年月が必要だろう。いわきで疎開生活を送る志賀一家にとって、その決死の脱出劇が、愛するわが家への長き別れとなった。

旧家である志賀家には、土塀《どべい》がある。この土塀が津波の勢いを削《そ》いでくれた、と夫人は言う。

「家の囲いのとこではぁ、津波は止まったみたい。囲いが昔の土塀で少し高くなってっから、そこがずいぶん津波を止めてくれたのよ。門柱は、津波にやられましたがね。水は床上一メートル三十センチまで来たけんど、仏様は高いところにあるから、位牌《いはい》は大丈夫だった。家の戸を閉めて飛びだしたから、ガラスは壊れたけど、ものは流れはしなかったたな」

放射能汚染での避難勧告が出る直前、志賀家の次男が家のようすを見に行った時、庭に魚が打ち上げられていたのを目撃した。

「次男と孫が行ってみたら、何十センチもある大きなボラが津波に乗って来て、庭にあがってたって。なんで持って来《こ》ねがった？って言ったけっと」

同じ大熊町内にあるその次男の家で志賀夫妻は、孫たちと共にその夜を過ごすことになる。

「電気も水も何もない。何も食わねぇで一晩過ごしてな。次の朝かな、なんかみんな十キロ圏内の人は避難してくださいっていうのな。ここさ危険だから、みんな役場に集合して、って、役場の人たちが何人かで言って歩ってんのよ。拡声器とか使わないよ。町の職員か消防かなんか歩いて知らせたのよ。ガヤガヤ、ガヤガヤって言ってたから、なんだんべなんてこっちも言ってね。そしたら、〝避難命令が出ている。バス迎えに来《く》っから、みんな役場に集まってください〟って。それ聞いて、みんなぞろぞろ行くから、じゃあ、行ってみっかなんて言って、私たちも役場に行ったんだな」

大熊町の町民は、大熊町役場と大熊中学校、そして大熊町総合スポーツセンターの計三か所のいずれかに集まるよう指示され、三月十二日朝、集合している。志賀家は、役場に向かった。バスには乗りきれんかったな、と志賀が言う。

「バスは八台ぐらい来たんだが、乗りきれんかったな。私ら役場に二時間ぐらいいたかな。寒くてな。もとのわしの部下の役場の職員が来たから、俺はこんな寒いところにいれねぇから、息子の車で避難すっとって言ったら、ダメだって言うわけなんですよ。それが最初の基本的な考えだったんでしょう。だけども、いま行って聞いて来ますからっていうことで、本部だかなんか、事務所へ行って聞いてきてくれた。それで、いいそうですということになった」

気をつけて行ってください——大熊町の若い職員にそう告げられた志賀家は、次男の運転するワゴン車に七、八人が乗って、大熊町を脱出する。すでに朝十時になろうとしていた。

着の身着のままで、先祖の位牌も置いたまま故郷を離れた志賀にとって、避難生活がまさかこれほどの長期にわたるとは夢にも思わなかった。

「最初、十キロ圏内からの避難と言っていたので、どうせ行くんだら、まず弟が婿養子に行っている葛尾《かつらお》村まで行くべって言って、そこに行った。そこで二泊半、いたかねえ。そうしたら、避難の区域がだんだん拡大してきてね。葛尾村は三十キロ圏内には入んだな。だからそこからも避難したわけだ」

目の不自由な志賀は体育館での避難生活は、大きな負担になる。福島から娘の住む川崎、横浜で世話になりながら、いわきのアパートに落ち着くことができたのは、震災から三か月あまりが経過した六月下旬のことだ。

そして二〇一一年十月、志賀は避難先のアパートで傘寿《さんじゅ》(八十歳)を迎えた。震災の日に津波に追われて家を出て以来、志賀は一度も家に帰っていない。

震災五か月後の八月に妻が一時帰宅した時、家の中でさえ線量計が「46」という高い数値を示し、何ひとつ「持ち出す」ことも許されなかった。

「ご先祖さまに家を守ってもらっている」

志賀は、位牌が家を守ってくれている、と思っている。父親の三十三回忌も、同じ八月、避難先のアパートで位牌もないまま、菩提寺《ぼだいじ》のご住職を招いてお経をあげてもらって済ませた。

仮住まいの身では、いかんともしがたいのである。しかし、志賀は故郷である夫沢には、いつか必ず帰りたいと思っている。

「私は、あそこで生まれて、育っている。町内のどこでも、特に海岸付近なんかは、すみずみまで頭に入っています。うちは古いからね、墓地も二か所にあるんですよ。家から数百メートルのところです。国が本気になってね、除染を早くやって、帰ることができるようにして欲しい。あそこは、発電所ができて、だんだん変わってきたでしょう。仕事のなかった大熊町も、だんだん豊かになっていったんだ。その頃の風景をやっぱり思い出すんですよ」

それだけに、すべてを変えてしまったあの大津波と、大きな放射能漏れを起こした原発のことが悔しくてならないのだ。

「あの原発に吉田さんという所長がいたでしょう。東電の人が、あの人が所長でなかったら、社員は動かなかったべっていうのを私はこの耳で聞きました。あの人はよかったらしいんだね。私が、もし立場が代わって、これに対処する側にいたら、私も必ず原子炉建屋に入って一生懸命やっただろうね。地元というか、故郷を守るわけだからね」

視覚を失っている志賀には、家を離れる時に故郷の姿を目に焼きつけることができなかったし、今後、帰ったとしても、やはり見ることはできないだろう。だが、志賀はなんとしても、生まれ育った故郷に帰ろうと思っている。

「私は帰りますよ。何年経ってもね。国と東電には、それを絶対に実現して欲しいね」

八十歳となった志賀は、そうしみじみと語った。

地元記者が見た光景

志賀の住む大熊町の南に隣接し、福島第一原発からおよそ十キロの位置にあるのが、福島県双葉郡富岡町である。

富岡町南部には福島第二原発があり、町の中心部は、福島第一と第二の二つの原発に挟まれる位置にある。

大熊町同様、ここでも住民は全員、避難を余儀なくされた。

福島県で最大の部数を誇る地元紙「福島民報」の富岡支局長、神野《かみの》誠（四二）は三月十一日午後、支局の掃除をして、ごみ袋を十個も車に詰め込んで富岡町のごみ焼却場に向かっていた。一週間ほど前に本社への異動の内示を受け、その準備をおこなっていたのである。

この日、神野の愛車1500CCの日産ティーダには、トランクばかりか助手席や後部座席までごみ袋が〝満載〟され、やっと焼却場入口にある事務所前までやって来た。

凄《すさ》まじい地震が神野を襲ったのは、その時だった。

「強烈な揺れでした。車が横にすべり、それから、ひっくり返りそうになりました。なんだ、これは……と、私はハンドルを握ったまま右のドアをあけ、そのドアに右足を突っ張って、なんとか車がひっくり返るのをこらえました。焼却場の事務所から人が飛び出してきましたが、女性は立って出てこれず、這《は》って出てきました。揺れは、それほど強かったですね」

富岡支局は、支局長一人だけのいわば通信部のような支局である。一般の民家が支局であり、自身の住居でもある。妻と三歳の娘も一緒に住んでいる。玄関の横に土足のまま入れる支局の事務所があり、職・住が〝合体〟しているのだ。

しかし、この時、幸いに妻と娘は福島市に帰っており、神野はここ数日、通常の仕事に加え、支局の掃除や整理におおわらわだったのである。

そんな中で突然、襲ってきたとてつもない大地震――揺れの大きさからかなりの被害が出ていることは間違いない。ごみを焼却場に放り込んだ神野は、ただちに支局にとって返そうとした。

だが、支局への道は、ほんのさっき通った時とは、すっかり姿を変えていた。道路は地割れし、片側車線が完全に陥没している場所もある。あちこちで隆起も起こっていた。それは、凄まじい力で大地が〝動いた〟ことを物語っている。その上、ラジオは「大津波警報」の発令を告げていた。

とにかく支局に帰らなければならない。片方の車線が陥没した箇所では、車の重みで残った片側も陥没するのではないかと、ゆっくりとそこを通過した。

時間は刻々と過ぎていく。あちこち迂回《うかい》を繰り返しながら神野はやっと支局まで帰ってきた。

福島民報富岡支局は、富岡町中央一丁目にある。富岡駅から北西に約一・五キロほどで、町の中心部に近い。

神野は、必要な機材を揃え、さっそく〝取材〟を開始した。

こういう場合は、まず警察に行くのが基本だ。双葉警察署は、富岡町中央二丁目にあり、支局から三百メートルあまり東にある。

「避難してください！　危ないですから避難してください！」

だが、神野が署に着いた時、三階建ての茶色の建物の前で係官がそう叫んでいた。築四十年以上が経過している双葉警察署の建物は余震がつづき、大津波警報が発令されている中、「危険だ」というのである。

「高台に逃げてください！」

顔見知りの署員がそう大声をあげている。小さな町の警察署である。神野にとっては、署員のほぼ全員が顔見知りといってもいいだろう。

緊迫した表情で叫ぶ署員の姿を見て、神野はただちに行き先を変更した。富岡町が、役場に隣接している「富岡町文化交流センター」に災害対策本部を置いたと聞いたからである。通称「学びの森」と呼ばれ、中には図書館や大ホール、歴史民俗資料館、生涯学習館などを備えた大きな複合施設だ。

「ここには、非常用のディーゼル発電機があり、停電中でも電気を確保できるのです。一階に図書館や事務室があり、二階はホールや会議室があり、相当、大きな建物です」

神野はそう述懐する。

双葉署から北に一キロもいけば、富岡町文化交流センターはある。新聞記者として、さまざまな情報が入手可能な場所だった。とにかく情報をきちんと入手して整理し、本社に伝えなければならなかった。

神野が車を運転してセンターに入った時は、地震からどれほど時間が経過していただろうか。二階建ての大きな施設の二階部分がすでに慌ただしく「災害対策本部」として動いていた。そこに入っていくと、すでに遠藤勝也町長以下、主だった幹部たちの姿が見えた。消防団や警察の人間もいた。

ここで神野は耳を疑うようなことを聞いた。

「曲田《まがた》団地に〝船〟が上がっている」

曲田団地に船が？　富岡町の曲田団地とは、富岡町の仏浜《ほとけはま》海岸に近い住宅地である。仏浜海岸は、美しい海岸線がつづく浜通りでも、特にきれいな砂浜で、以前は海水浴場として地元の人々に親しまれてきた。いわきから常磐線で北上してくると、富岡駅に着く直前に右手の海岸側に広がる地区だ。そこに船が「上がっている」というのである。

「まさか……」

神野は、この時まで大津波が襲ってきたことを知らない。焼却場から迂回を繰り返しながらやっと支局に戻り、双葉署に駆けつけ、そのあと災害対策本部にやって来ている。しかも、地震からまだ一時間程度しか経っていないのである。

その間に巨大な津波が富岡町の海岸部を襲っていたというのだ。しかも、船が団地まで上がってきているとなれば、被害の大きさは想像もできない。

のちに神野は、曲田団地に近い富岡駅もプラットホームの屋根を残して、駅舎をはじめ、さまざまなものが根こそぎ津波に持っていかれたことを知る。

町民は津波から無事避難できたのか、また家々はどうなっているのか。

愕然《がくぜん》としながら、「津波の被害を調べなければ」という記者としての習性が神野にアクションを起こさせていた。

こういう事態が勃発《ぼっぱつ》した時に備えて、神野には、あらかじめ決めていた〝撮影ポイント〟があった。福島第二原発を南に見て、海岸線も一望できる富岡川にかかる橋の上である。

記者には、取材だけでなくカメラマンとしての役割もある。ひとり何役もこなしていく地方紙の支局長は、写真撮影も重要な任務だ。被害の実態を取材すると同時に、日の明るいうちに地震と津波の被害をカメラに収めなければならなかった。

神野は迂回をくり返しながら、その浜街道に近い撮影スポットに向かった。だが、そこに辿《たど》り着くまでの光景は、神野の車を何度もストップさせた。

遠藤町長宅は、蔵を残して跡かたもなくなっていた。もともと農家だっただけに敷地は広かったが、津波が家屋を根こそぎ持ち去っていたのだ。また、いつも馴染《なじ》みの双葉署のパトカーが田んぼに水没して、ボディの半分から上をかろうじて〝外〟に出していた。

道路は泥と瓦礫《がれき》で惨憺《さんたん》たるありさまとなり、流されて来た看板や材木、機材などがあちこちに散乱していた。それは、思考を停止させるほどの光景の連続だった。

やっと撮影スポットの間近まで来た神野は、ここで警察に阻止されそうになった。

「危険だ。この先は行くな！」

警官はそう叫んでいた。

「すみません！　無理はしませんので！」

神野は、謝りながら一気に橋の上まで来た。目の前の富岡川を泥水が逆流していた。凄まじい勢いの津波がまだつづいていたのだ。

神野は夢中でシャッターを切った。それは、「泥の世界」にほかならなかった。土手や木々が、土色だけの泥の風景の中に申し訳なさそうに〝顔〟を出すだけである。目の前の光景が神野には、信じられなかった。シャッターを押しながら、撮影をしていること自体が「現実のもの」とは思えなかったのだ。

昔の写真のようなセピア色の風景が目の前にあった。ほとんどは泥の中に水没し、圧倒的な水の力を神野に見せつけていた。

午後四時を過ぎていた。一・五キロほど先には、福島第二原発が見える。そこまでに建物らしい建物はほとんど見られなかった。点々と電信柱が立っているだけだ。あとは一面、水の世界だった。これから、うす暗くなっていくだろう。

その時、急に雪が降り始めた。あっという間に、それは横なぐりの雪になった。冷たく痛いような寒気が神野の頬を叩《たた》く。

「天変地異というのは、こういうものなのか……」

神野は空を見上げながらそう思った。目の前の富岡川の濁流と天候の急変は、この地が未曾有《みぞう》の災害に見舞われている事実を神野にあらためて突きつけていた。

だが、天候の急変は、それだけに終わらなかった。

「間もなく、雪がピタッと止まったんです。すると、山側から海に向かって、薄い煙のような雲がものすごいスピードで流れていきました。薄い雲なのに、色はこれまで見たこともないような濃いものでした。目の前の富岡川では、上流に向かう波と、上流から海へ帰ってくる流れがぶつかって、ザザザーという大きな気味の悪い音がしていました。なにか現実ではないような、不思議な感覚になっていました」

第六章　緊迫のテレビ会議

吉田が発した怒声

「ヨウ素はどうするんだ！　はっきりしてくれっ」

免震重要棟の緊対室に座る吉田の怒声が響いた。その声は、テレビ会議の画面を通じて、およそ二百五十キロ離れた東京・内幸町の東電本店に居並ぶ幹部たちを驚かせた。

地震発生以来、十時間が過ぎ、現場の「線量増加」という現象が、幹部たちを〝焦り〟の中に包み込んでいた。

放射線量が上がるというのは、原子炉から放射能が「漏れている」ということを示している。このまま上がりつづければ、原子炉建屋に近づくこともできなくなる。そうなれば、もはや原子炉は制御不能だ。

その前に、なんとか事態収束の道筋をつけなければならない。

吉田は、日頃から歯に衣着せぬ言動で知られている。身体も大きく、酒も強く、部下たちと盃《さかずき》を酌み交わす昔タイプのビジネスマンだ。そのうえ技術者だけに、理論や理念に忠実で、上司にも一歩も引かない。

テレビ会議で、本店にずけずけ物を言うのは、吉田の真骨頂だ。その吉田が最初に〝爆発〟したのは、日付が変わって十二日となった夜中のことである。

「吉田さんにしては、我慢してるな」

事故発生以来、声を荒らげることなく冷静に対応している画像の向こうの吉田の姿を、日頃の吉田を知る東電本店の人間は「意外に」見ていた。だが、その吉田が事故以来、初めて〝怒声〟を発したのである。吉田が、いよいよ〝本領〟を発揮しはじめたことになる。

「こっちでは、四十歳未満には飲ませるけど、それ以外は飲ませないとか言ってるが、それでいいんですか?」

テレビ会議で本店に向かって吉田はそう質問した。しかし、本店からは曖昧《あいまい》な答えしか返ってこなかった。

「おい、はっきりしてくれ！」

立てつづけに吉田がそう発言すると、本店の担当者たちが凍りついたのである。放射線量が刻一刻と高くなる中、吉田は部下たちをその現場に行かさなければならない立場にある。

ヨウ素剤とは、原子力災害が起こった時の放射線障害の予防薬である。この錠剤を飲むことによって放射線障害を予防しながら作業をすることができる。

その用法は、原子力安全委員会によって、定められている。そこには、「安定ヨウ素剤の服用は、40歳未満の者を対象とする」と書かれている。その理由は、「40歳以上では、放射線被ばくにより誘発される甲状腺《こうじようせん》発癌のリスクが認められないことから服用対象者とはしない」と記述されているのだ。これに基づき、福島第一原発ではこの時、

「若い人は一錠飲みなさい。四十歳以上の者は飲まなくてもいい」

という指示がなされていた。これに吉田が疑問を呈したのである。

吉田は、即時の判断を必要としていた。

「十一日の夜から放射線量が上がってきて、現場に行く人間にヨウ素剤を飲ませることになりました。で、うちの放管（放射線管理）に聞くと、そのように言ったので、なぜ四十歳以上の者は飲まなくていいのか、と私が聞いたわけです。しかし、非常に曖昧だったので、〝それは、誰に聞いたんだ？〟と私がさらに聞いたんです。すると、〝本店がそう言っている〟と。さらには、〝安全委員会の指針でもそうなっている〟と言うわけです。しかし、放射線量が上がっている時に、現場に行く人間に飲む人と飲まない人がいる、というのは、おかしいと思ったんですよ」

　たしかに四十歳という「線引き」の根拠が希薄だった。

「みんなが同じように行ってるんですから、私としては〝それはねえだろう〟と思ったんです。一方で、ヨウ素剤というのは、副作用として甲状腺異常があとで起こる可能性もありますから、私が〝そこをはっきりしてくれ〟と言ったわけです。しかし、本店の担当の部門がなかなかはっきりしない。実は、その時に、安全委員会と揉《も》めていたらしいんだが、そのために、はっきりと〝こうしろ〟とは言わないんです。しかし、こっちは、今すぐ放射能まみれの現場に人間を出さなきゃならない。それなのに曖昧なまま時間が過ぎていた。それで私が厳しい口調になったわけです」

　本店にしてみれば、原子力安全委員会からの返事が来ないうちは、ことが安全に関するだけに勝手には返答できない。原子力安全委員会の意向と関係なく返事をすると、厄介なことになる、という判断があったに違いない。そこが吉田には、優柔不断と映ったのである。

結局、ヨウ素剤は、四十歳未満は全員、四十歳以上は、本人の意思を確認のうえ服用させることになるが、この出来事は、現場を預かる吉田と本店との最初の「温度差」を表わすものになる。

すでにこの段階で、吉田の頭は、「いかにして水を注入して原子炉を冷やすか」、そして「いかに格納容器を爆発させないか」に移っていた。

すなわち「ベント」である。

「一番重要なことは、原子炉をいかに冷やし、さらには、格納容器を破壊させないためにどうするか、ということです。とにかく水を注入しないといけないんですが、ディーゼルのポンプもまともに動くような状態でなければ、さらには、水を注入する道具もねえ、という状況です。ではどうするかと模索する中で、消防車でやろうとか、そういう代替案を次々と現場で発想していったわけです」

注水のために「消防車」をつなげ

「水を注入する方法は、全部現場で考えていきました」

　そう吉田は語る。

「水を入れるために消防車を使って、まず、近くにある防火水槽に入っている真水でやる。海水を入れるという案に対しては、海水のレベルと建屋のレベルが十メートルも違うんですから、この差を持ち上げるポンプがない。消防車じゃ吸い上げられないから、では、どうするんだ？　といった具合に考えていきました。すると、三号機の〝逆洗弁《ぎゃくせんべん》ピット〟という巨大なプールに、たまたま津波で押し寄せた海水が溜《た》まっていたので、それをまず入れよう、となりました。こういうことは全部現場で、あれだ、いや、あれを使うしかねえな、とやってるわけです」

　逆洗弁ピットは、深さが六・六メートル、縦九メートル、横六十六メートルの巨大なプールである。各号機にある逆洗弁ピットのうち、偶然、三号機だけに津波による海水が大量に溜まっていた。

　消防車ならば所内の「自衛消防隊」にある。原理からいえば、消防車というのは、

水を汲《く》んで、さらには「出せる」ものだ。それなら、まずそこの水を入れればいいじゃないか」

「防火水槽は、火事の時に水をかけるための水槽だから、まずそこの水を入れればいいじゃないか」

「巨大な逆洗弁ピットに大量の津波の海水が溜まっている。あれを使えばいい」

現場は次々と、そう発想していった。

ところが、逆洗弁ピットに近づくには、津波で散乱したおびただしい量の瓦礫《がれき》やゴミをまず取り除かなければならない。

それらの作業のために、大量の作業員が必要だ。しかも、原子炉建屋など重要な施設のまわりは、テロ対策のために厳重な柵《さく》で囲ってある。この柵を壊して、作業に必要な「道」を通すことが第一だった。

進路を確保し、重機を動かし、さらには、消防車の動く道をつくるという作業が暗闇の中、猛然とおこなわれていった。

言うまでもなく、これもまた津波の再襲来や放射線に対する恐怖との闘いでもある。

これらの作業によって、最初の水が原子炉に注入されるのは、明け方の四時頃のことである。それは、大友、平野、加藤らが決死の覚悟でバルブを開けていたラインから入ったものだった。

津波から十二時間余が経過し、ついに原子炉に水が注入されるのである。

吉田は、こう語る。

「海水注入なんて、誰でもすぐできると思っているかもしれませんが、そんなことはないんですよ。それを簡単にできるかのようにおっしゃる方もいますが、そういう話を聞くと、憤《いきどお》りを感じますね。現場が、どんな気持ちで水を見つけ、そして進路を確保してやっているのか、そういうことをまったくわからないまま、想像もしないまま、話していますからね。頭で考えるよりも、時間はいくらでもかかるわけです」

しかし、福島第一原発の消防車は、三台のうち二台が津波で打撃を受け、まともに動けるのは「一台」しかなかった。消防車の確保――それが、喫緊の課題となっていた。

第七章　現地対策本部

騒然とする対策本部

漆黒の闇の中に、真っ白い雪をかぶった無数の樹々が見えてきた。それは、雪の中から樹が「顔を出している」と表現した方が正しいかもしれない。

眼下に見える山は、標高千メートルを超えている。厳寒の福島の山々に降り積もった雪の白さと、吸い込まれるような闇夜の暗さが見事なコントラストを描いていた。

ほかの一切のものを封じこんでしまうほどのヘリコプターの音が、経済産業省の池田元久副大臣（七〇）の耳を支配していた。

三月十一日夜十時過ぎ。ヘリから眼下に広がる深い山々を見ながら、池田は「やっと着いた」という思いに捉われていた。

「福島第一原発で、原災法一五条に規定する特定事象が発生」

午後四時四十五分から開かれた経済産業省の「緊急災害対策本部会議」。その場で、原子力災害現地対策本部長を命ぜられた池田は、ただちに〝現地〟に向かった。

経済産業省は、原子力事業者を所管し、指導監督する立場にある。その原発が未曾《みぞ》有《う》の危機に見舞われていた。政府を代表して経済産業省が現地対策本部をリードし、さまざまな対策を立てなければならなかった。池田は、その本部長として現地を目指したのである。

池田が霞が関の経済産業省を出たのは、午後五時だ。黒木慎一審議官を伴って、用意された車でいったん上野方面に向かったが、渋滞ですぐに動けなくなった。大地震は、首都・東京にも震度5強の揺れをもたらし、交通機関がマヒし、道路は大渋滞となり、身動きがとれなくなっていたのである。

一刻も早く現地入りしなければならない池田は、ここで自衛隊の協力を得て、市ヶ谷の防衛省からヘリに乗って福島に入ることにした。

それから、まる五時間を経て、福島第一原発から西に四十キロあまり離れた川内村《かわうち》と田村市にまたがる大滝根《おおたきね》山の頂上にある航空自衛隊・大滝根山分屯《ぶんとん》基地に、池田はやっと降り立つことができたのである。

「自衛隊の大滝根山のレーダーサイトに到着したのは、もう午後十時を過ぎてからです。寒かったですよ。そこから自衛隊の車に乗って、雪が降り積もった山を降り、大熊町に向かいました。道路は隆起してるところや、亀裂が入ってるところもあるし、傾いている家もありました。どこも、電気が完全に消えていて真っ暗で、人影はまったく見えませんでした」

現地入りした池田は、被害の甚大さに身を引きしめた。

停電のために完全に光がなくなった町は、恐ろしいほど静まりかえっていた。そんな中を、池田を乗せた車は、大熊町にあるオフサイトセンターに向かった。

オフサイトセンターは、原子力災害が起こった時に対策の拠点となる施設だ。福島第一原発から、わずか五キロの位置にある。だが、着いてみたら、そこは真っ暗だった。

「オフサイトセンターのディーゼルエンジンが故障して稼働してなかったんです。そのため電気がつかないというんで、私たちは、オフサイトセンターの隣に立っている福島県原子力センターの建物に入りました。夜の十二時前です。連絡手段は、衛星電話が一本だけでした。すぐ東京へ連絡を取り、早速、仕事を開始しました」

池田はまず状況を把握するため、福島第一原発に詰めていた保安検査官の報告を聞いている。

保安検査官は、オフサイトセンターの立ち上げをおこなう者以外は、本来なら原発に残って監視と状況把握に努めなければならないはずの政府の担当官である。だが、のちに問題になるが、その政府の保安検査官が原発を離れ、監視は「放棄」されることになる。

この時、保安検査官から池田が聞いた報告の内容は、愕然《がくぜん》とするものばかりだった。原子炉のあらゆる数値、すなわち温度、圧力、水位……等々、すべてが「計測不能」だというのである。

「これはどうだ」「これも調べてくれ」

池田は、そんな言葉を保安検査官に発しつづけた。

肝心の原子炉をコントロールする中操が電源をまったく失い、そもそも計測しようにも、その方法がなかったのだから、状況が不明なのはあたりまえである。

池田はこの時、中操の運転員たちが小型の発電機を持ち込み、知りたい計器にその時だけバッテリーをつないで、かろうじて数値を確認するやり方しかできない状況になっていることを知らなかった。

「前のめりになるな」

ばたばたと状況把握に努めていた午前一時過ぎ、池田のもとに東京から連絡が入った。

「海江田大臣が午前三時からベント実施について記者会見を開きます」

池田は思わず問い返した。

「ベント？」

ベントとは、原子炉の格納容器の中の〝圧〟を外に「逃がす」ことだ。

格納容器が安全の限界を超えて高温・高圧状態になった時、容器が爆発して放射能が飛散することを防ぐために、ベントをおこなわなければならないことは池田も知っている。だが、原子炉の中の〝圧〟を逃がすということは、周辺地域に「放射能汚染をもたらす」ことである。

ことは、住民の安全に関わることだ。池田は、事態の想像を超えた深刻さをあらためて認識した。

「原子炉の格納容器が爆発すれば、放射性物質が飛散して放射能汚染でひどいことになる。これを抑えきれなかったら大変だ。〝過去の事故〟以上のものになるかもしれない」

池田の頭には、この時、チェルノブイリ事故のことがよぎっている。

放射能の「大量飛散」という事態を回避するために、大気に一定量の放射能を「放出」する——この行為は、日本はもちろん、世界でも本格的におこなわれたことはない。最悪の事態を回避するためとはいえ、状況は、そこまで切羽詰まっているのである。

「本当にやるのか」

もし、やるなら、しっかりとした裏づけのもとにやらなければならない。その時の思いを池田はこう振り返った。

「ベントはやらずに済ませれば一番いい。しかし、格納容器を爆発させないためには、ベントをやらなきゃいけない。ならば、ベントをやらざるを得ないという状況をしっかり確認しなければいけないと思いましたね」

現地対策本部にいたスタッフに池田は自分の意見を伝えた。現地対策本部には、内《うち》堀《ぼり》雅雄・福島県副知事や一緒に来た黒木審議官、そして原子力安全委員会の職員らがいた。

「私が意見を言うと、彼らは、こういう状況では、ベントは定石《じょうせき》だって言いましたね。私は、わかった、定石であったとしても、こと住民の安否に関わることだから、きちんとした裏づけのデータを持って、それでやるべきだと言ったんです。それで、そのデータを聞いたけれども、やっぱりハッキリしないわけだ。それじゃあダメだって、私が言ってね」

池田は、東電の班長を呼んで、データ収集を指示した。

「現時点ではベントは決まってないけれども、格納容器の圧力が800キロパスカルになったら弁を開くというわけです。ただし、私は、ベントの判断は一義的には事業者の判断になるということを忘れるな、と思いました。要するに東京電力の判断。のちになって官邸の過剰介入とか、いろいろ言われますが、組織運営の鉄則からすれば、政府と東電は違うんです。ベントは東電がやることであって、政府じゃない。それをいろいろカバーしたり、相談に乗って指示したりするのが政府です。それをはき違えるな、と思いました。私も長いこと政治に携わってきて、そこに違和感を覚えたわけです。だって、ベントは事業者がやるべきことですから」

この時、池田は、経産省の松永和夫事務次官に電話を入れている。衛星電話が一本しかなく、それも、たまにしかつながらない。池田の指揮する現地対策本部は、情報連絡手段が極めて限られた環境におかれていた。

「電話はしょっちゅうつながるわけじゃないけれど、松永次官に電話して、いまプラントのデータの把握に努めていることを伝えたんですよ。それと一緒に、大事なことは、政府がベントをやると前のめりになってるから、それはおかしいということを言ったんです。政府がベントのことであまり前に出ちゃうと、東電の責任が薄くなってしまう。だから、ベントは、あくまで一義的に事業者の判断でおこなうべきなんだと、言ったんです」

東電班長から池田のもとにデータについて連絡が入ってきたのは、午前二時半になる頃だった。

「その報告が私のもとにやっと来た。一号機の格納容器の圧力上昇の数字などです。かなり上昇していました。800キロパスカルを超えてきましてね。想定している設計圧力の二倍近くになってきたわけだ。危険で爆発する可能性があることが、データとして読み取れたので、私が最終了解者ではありませんが、私はこれで了解したんです」

もともと一号機の格納容器の設計圧力は、427キロパスカルである。その圧力をはるかに超える600キロパスカルが計測され、その後も上がりつづけた。そして840キロパスカルにまで達したのである。実際に爆発に至れば、放射性物質が飛散する。取り返しがつかない放射能汚染になるのである。

「もう三時は過ぎてますよ！」

東京で海江田万里経済産業大臣が、東京電力の小森明生常務を伴って記者会見に臨んだのは午前三時六分のことだった。

「福島第一原発において、格納容器内の圧力が高まっているので、ベント弁を開いて内部の圧力を放出するという報告を事業者である東京電力から受けたところでありまず」

海江田はそう宣言すると、小森が引き取った。

「安全性を確保するために、国、原子力安全委員会、保安院……等、規制当局の判断を仰ぎまして、地域の皆様に大変ご心配をお掛けしますが、格納容器から圧力を少し出すということをやろうと考えた次第です」

圧力を少し出す？　これは、放射能を外へ出すということではないか。記者たちの緊張が高まった。

小森は、とりあえず格納容器内の気体を水にくぐらせてから放出する「ウェットウェル・ベント」をやるつもりだが、状況次第では、水をくぐらせずに外気に放出する「ドライウェル・ベント」をやるかもしれない、と説明する。しかし、極めて技術的、専門的な話を記者たちが理解できるはずはなかった。

記者たちの関心は、ただ一つである。

「それは、いつやるんですか」

そんな質問が飛ぶと、小森はこう答えた。

「三時ぐらいを目安に進めるようにと、現場には指示しています」

三時は、すでに過ぎている。記者の声がすかさず飛ぶ。

「もう三時は過ぎてますよ!」

「いや、目安が三時ということです。それから準備を進めていくということですので、(自分が)戻って手順を確認してみます」

「住民には、もう知らされているんですか?」

「並行してやっております。戻りまして、これも確認します」

たたみかける記者たちに、小森はそう答えた。緊迫しているわりには、どこか現実ではない出来事であるような印象を記者たちは持った。

だが、ベントという聞き慣れない言葉とはいえ、放射能を含むものが大気に放出されることは間違いない。

「事態は想像以上に深刻だ」

会見に出席した記者たちは、それぞれがそのことを胸に刻んだ。

海江田大臣と小森常務の記者会見について、池田はこう語る。

「東電は安全性を確保するために規制当局の判断を仰ぎながら、少し(圧力を)出す、ということでしたが、やはり、ここに東電の経営姿勢が凝縮して現われていたわけです。規制当局の判断に従って、少し出すんだ、ということですからね。これは、やはり私が言うように東電が責任を持ってやるべきことでしょう。しかし、東電というのは、そういう会社なんですよ。当事者なのに当事者意識が薄いと言っていい。それをそのままにして、政府が先に出すぎたように見えましたね」

この時、隣のオフサイトセンターのディーゼル発電機の修理が完了し、やっと動き始めている。午前三時十七分、池田たち現地対策本部の面々は、原子力センターから隣のオフサイトセンターに移っている。

事態は、猛然と〝世界初〟の本格的ベントに突き進んでいた。

班目委員長の助言

ベントの必要性を官邸で説き続けたのは、原子力安全委員会の班目《まだらめ》春樹委員長（六三）である。原子力の安全確保に関する政策や、原子力における緊急事態が発生した場合に、首相や経済産業大臣等に対して意見し、助言する立場にある。

事業者を直接、規制したりすることはできないものの、事故が起こった場合に政府の方針を文字通り、左右する人物である。

地震からおよそ四時間後の午後七時、官邸で原子力災害対策本部会合が開かれ、「原子力災害対策本部」が立ち上げられた。本部長に菅直人首相、副本部長に海江田経済産業相が就任し、いよいよ原発事故への対策が講じられていく。

七時十八分には、原子力緊急事態宣言が発動された。班目は、重要な助言をする立場として、これに参加した。

「最初の会合の後、私はいったん内閣府（旧総理府庁舎）の中にある原子力安全委員会に帰ってきたんです。ここに午後八時から九時ぐらいまで一時間ぐらいいたと思います。その頃までに津波がすごいとか、被害の大きさがどんどんわかってきていました。しかし、私としてはこの時点で、〝直流電源〟はあるだろうと思っているんですよ」

総理に進言する役割を負う班目のもとに、正確な情報がこの時点で「まだ来ていない」というのは驚きだ。枝野幸男官房長官が原子力災害対策特別措置法に基づき、「原子力緊急事態宣言」を発令したことを記者会見で発表したのは、午後八時前のことだ。

班目はこう語る。

「私は直流電源って、どれぐらい持つかな、八時間は持つはずだから、津波が来たのが三時半ぐらいなので、その八時間後ということで、夜中の十一時半とか、そのへんが勝負だなと思っていたんです」

班目の頭では、この時点で、電源車も行ってきちんとつなげば大丈夫だという考えがあった。

「電源車をつなげば、直流電源は、少なくとも充電できるようになるから、一息つくし、交流電源が回復すれば、ポンプをはじめ冷やすためのものがいろいろ回復してきますから、なんとかなると思っていました」

ところが、そこに驚愕《きょうがく》の情報が保安院から飛び込んできた。午後九時前のことだ。

「その時、二号機のＲＣＩＣが止まっているという話を聞いて、私は跳び上がったんです。八時間は持つと思っていた電池が、もうこの午後九時の時点で切れてしまったんだと思ったわけです。それはまあ、八時間持つと思っていたけれども、五時間かそこらで切れることはあるかもしれないな、と思いました」

それでもまだ、班目の認識はその程度だった。

「原子炉には安全弁がついてますから、炉心の中から安全弁がピコピコ吹いて、どんどん蒸気で出ていっちゃいますよね。水がだんだんなくなっていくわけです。原子炉の蒸気によってタービンをまわすわけですが、その力を利用して外から水を炉心に放り込むのがＲＣＩＣなんです」

それが〝アウト〟になっているということはどういうことなのか。

「その時に私はこう考えたんです。その装置といえども、制御するためには直流電源、すなわちバッテリーがいるだろうと。その制御するためのバッテリーがなくなってしまって、ＲＣＩＣが動かなくなったんだと思いました。仮に、前後して注水が止まったら、だいたい二時間かそこらで水位がちょうど燃料ぐらいのところまで来て、さらにその一時間後、すなわち三時間とか四時間経ってしまえば、燃料が壊れて、最後は炉心が溶けてしまうことになります。だから、この時点で、本当にあと二時間とか三時間の勝負だと思いましたね」

炉心がやばくなるのは、十二時頃か――。これは、その頃までの勝負だ、と班目は思った。「ちょうど九時前後だったか、この頃、福島県が二キロ圏内の避難指示を出したらしいという連絡が入り、直後に官邸に来てくださいと言われました」

午後八時五十分、福島県対策本部は、福島第一原発一号機から半径二キロの住人に避難指示を出している。

官邸に行くと、班目は危機管理センター内にある中二階の小部屋に案内された。ソファがあり、真ん中にテーブルがある。十人も入ったら、いっぱいになってしまう程度の部屋である。

すでに、海江田経産大臣ほか、保安院の平岡英治・原子力安全・保安院次長、東京電力の武黒一郎フェロー、川俣晋《すすむ》・原子力・品質安全部長らが集まっていた。そこには固定電話が二本、引かれていた。

固定電話の一本は、東電の武黒一郎（六四）が本店との連絡で握りっ放しで、もう一本は政治家が使っていた。この部屋には枝野官房長官や細野豪志、福山哲郎、寺田学ら政治家も入れかわり立ちかわり出入りするようになるが、あくまで電話が「情報収集」のための基本ツールとなっていた。

「班目さん」

その時、海江田が声をかけた。

「東電のほうから、自衛隊で何かを運んで欲しいとか、住民の避難をお願いします、とかいろいろ言われています。しかし、いち民間企業から言われても、政府決定はできないので、あなたの口から助言を伺いたいと思います」

丁寧な口調で、海江田は、班目にそう言った。住民への避難指示の範囲を、これからどうするのか、状況は緊迫している。しかし、班目には、現場の状況がわかっているわけではない。いわば〝情報断絶状態〟に置かれている。

政府に助言する立場にある原子力安全委員長の情報の少なさと、そこへの連絡手段のお粗末さは、すでにこの時点で露呈されていたのである。

住民への避難指示の範囲をどこまで広げるか。事態はそこまで逼迫《ひっぱく》していた。班目は、その場にいる東電の武黒フェローにこう聞いている。

「武黒さん、もうそこまで緊急事態になっているのね」

だが、武黒にも、詳細なデータはない。そもそも現場では全電源が落ちているのだから、武黒が細かな現状把握をしようにもできなかったのである。武黒と班目はここで意見交換をおこなうが、残念ながら、武黒は、正確な情報を班目に伝えることはできなかった。

この時、班目の頭にあったのは、「三キロ」という数字だった。

「IAEA（国際原子力機関）が提案しているPAZ（Precautionary Action Zone）という予防的措置範囲のことで、まだ放射性物質は出ていないんだけども、予防的にパッと逃げてもらう範囲をあらかじめ決めておいて、なんか大変だとなったら、まずその人たちに逃げてもらうものです。これを原子力安全委員会でも決めようとしていたんですが、IAEAは、それを〝三キロから五キロ〟としていました。私は、放射性物質が出ているかどうかはわからないまま、念のために三キロ圏内の避難がいいのではないかと、その時、言ったんだと思います」

福島第一原発一号機から半径三キロ圏内の住民に対する避難指示と、半径十キロ圏内の住民に対する屋内退避指示が出されたのは、午後九時二十三分のことだ。

しかし、あくまでそれは「念のため」だった。そして、さらに班目は、「仮に」ということを前提にして、海江田に対してこう進言している。

「圧力容器の〝圧〟を下げるとすると、今度は、格納容器の〝圧〟が上がってしまいます。圧を逃がして、フィード・アンド・ブリード（feed and bleed）をおこなわざるを得ません。もちろん、これは、住民の避難が大前提になります」

フィード・アンド・ブリード？　聞き慣れない言葉に政治家たちが戸惑った。

「要するに、どういうことだ？」

政治家たちは、班目に聞き返した。フィード・アンド・ブリードとは、原子炉に事故が発生した時、原子炉に注水しながらベント弁から蒸気を逃がして「熱を取り除く方法」のことである。極めて専門的な用語だが、原子炉にとって、応急の除熱措置としては一般的なものだ。

「要するに、圧力を下げて、消防自動車でも何でもいいから使って、水を入れるしかないということです」

フィードとは「餌《えさ》を与える」という意味であり、ブリードは「血が流れる」という意味だ。すなわち、原子炉に水（餌）をぶち込んで、中の蒸気（血）を流す、というわけである。

だが、ベント弁から中の蒸気を外へ逃がすわけだから、当然、周辺には、放射能汚染が起こることになる。

「プラントの本当の状況は、武黒さんにもわからないんです。しかし、本当にＲＣＩＣも止まっているというのなら、非常事態であることに違いはない。ならば、誰しも考えることは、原子炉の圧力を抜いて、水を消防自動車か何かで入れるしかない。もうそれしかないと私は思いました。武黒さんも賛成だったと思いますよ」

事態が深刻さを増しているのは確かだった。いずれにしても状況が悪化し、住民の避難が広がっていくとなれば、これは、政治家にとって大きな決断が必要になってくる。

「わかりました」

海江田は、緊張した面持ちで班目にそう答えた。班目が言う。

「私と武黒さんは、お互いデータのないまま、判断や意見を求められています。もし、そうだとしたらこれしか方法がないよねと言ったら、武黒さんもそうですねと答えていました。二人の間では、意見は一致していましたね」

「ベントが必要です」

この時、初めて班目は、「ベント」という言葉を口にしている。日本で初めて、いや、本格的なものは、世界でも初めてというベントについて、言及したのは班目が最初だった。

「今では、日本国中、ベントという言葉を知らない人がいないくらいになりましたが、私は、初めてこの時に〝ベントが絶対に必要になりますよ〟と言いました。そして、武黒さんの賛成を得ながら、こういう操作が必要になります、と私はベントの手順を説明しました」

だが、この時点では、まだ最悪の事態になるとは、誰も考えていない。

「私は、この午後九時の段階では、燃料は壊れていないと思っているんですね。だから、まずは〝念のため〟と言いながら説明していますから、聞く側もまだ、ベントと言っても仰天はしていないかもしれません。ただし、ベントは絶対に必要で、急いでくださいとは言った記憶があります。ベントをしなければ圧力は抜けませんからね。消防自動車では、70気圧の中に水は入りません。圧力容器の中が70気圧あれば、とにかく〝圧〟を抜かなければだめなんです」

避難は絶対必要、そしてベントも急がなければならない。班目は、武黒が電話にかじりついて本店とやりあっている横で、そう政治家たちに告げたのである。

それから状況は悪化の一途を辿《たど》った。

「断片的に情報が入ってきますが、事態がひどくなっていることだけは、はっきりわかりました。ケーブルが足りないとか、あるいは、ケーブルは届いたんだけど、つなぎ込めないとか、プラグが合わないからつながらないとか、エーッ？　という情報ばかりでした」

この時、班目はハッとした。

「ケーブルが足りないという情報を聞いて、ひょっとして……と思ったんです。というのは、いくらなんでも電源車からつなぎ込むだけだったら、ケーブルはある程度の長さがあれば十分です。しかし、それが足りないと言っているということは、ひょっとして、配電盤もやられているのか、と思ったんです」

班目は、かなり早い段階で非常用ディーゼルが水没しているのを認識している。しかし、建物の奥深くにある「配電盤」まですべてやられているかどうかは、わかっていなかった。

「でも、ケーブルが足りないとか言っているという情報を受けて、一体どういう作業をしているんだろうと思った時に、あっ、ひょっとして配電盤が全部水没してダメになって、バルブ一つ開けるにも、バルブのところまでいちいちケーブルを持っていっているのかもしれない、と思ったんです。これは大変なことです。そうなると、いくらケーブルがあっても足りるはずはないんです」

これは、配電盤も全部やられているのか――。班目は顔色を失った。

「武黒さんのほうは、福島第一の勤務経験が長いから、どこに何があるかは知っています。だけど配電盤のメタクラが本当に水没したのかどうかとか、そんな情報までは武黒さんといえどもわかっていなかった。いろいろなことが疑問になるんだけれども、自分で納得できる答えが見つからない。武黒さんとも何か言うんだけど、お互い何か納得できない、そんな感じだったことを覚えています」

さらに班目を驚かせたのは、格納容器の圧力が上昇していったことである。

「一番やばいと思ったのが、一号機の格納容器の圧力が、設計圧力の一・五倍になってますと聞いた時ですかね」

この時、班目は咄嗟《とっさ》にこう口にしている。

「いや、一・五倍ぐらいなら、まだもつはずです」

だが、一号機の格納容器の圧力はやがて「二倍」に達する。

「それが、私にとってはウーッて考えてしまった瞬間です。あっ、もう燃料、溶けたのかな、と思いました。官邸の中二階の小部屋にいた人間で、その意味がわかるのは、武黒さんと私だけだったと思います」

それは、一号機の格納容器の圧力が、燃料が溶けない限りは「そうはならない数値」に達したことを意味している。班目にとって、いよいよ厳しい状態に突入したことを心に銘記した瞬間だった。原子炉がついに危機的状況に陥ったことを悟った時、班目はどう思ったのか。

「なんかね、身体がカーッとしてくる感じになったことを覚えています。身体全体が熱くなるような感じ、というか……。自分がそうなったってしょうがないけれど、力が入ってくる。そんな感じになりました」

この時、班目の頭の中は、不思議な状態に陥っていた。大変な事態になっていることは間違いない。しかし、それを把握するための情報があまりに限られている。プラントは一体、どうなっているのか、ということが知りたくてたまらないのである。

「頭の中は、クエッションマークだらけですよ。ちょっと難しい話ですが、たとえば二号機と三号機だと、RCICで水をジャンジャン送り込む。その送り込んだ水が蒸発して、水蒸気になって、水蒸気の圧力でパンパンになっていく。このイメージならわかるんですけど、一号機の場合は、ICです。これには、非常用コンデンサというのがついている。仮に非常用コンデンサが動いているんだったら、そもそも冷えるはずだし、きっと動いてないに違いない。動いてないとなると空焚《からだ》きになっているはずだ。しかし、空焚きになっただけで、なんでそんなに圧力が上がるんだとか、いろいろ考えているわけです」

頭の中がクエッションマークだらけというのはそういうことです、と班目は言う。

「しかし、いろんなことを知りたくてしょうがないけれど、それができないんです。自分でどういう物理現象なんだろうということをいろいろ考えるんだけど、納得できない。でも、とにかく大変なことになっていることだけは間違いない、ということなんです」

判断するための材料が不足する中で、それでも班目は、一号機が〝空焚き〟になってることは、もう間違いないと考えていた。

「もう放射能が出ているかもしれない。しかし、格納容器がありますからね。この中でなんとか閉じこもっているんだろう、と考えています。格納容器の圧力が、設計圧力の一・五倍ぐらいならもってくれるよねと思っているわけです。やはり、人間、正常性バイアスというか、いい方向に考えたいものだから、必死にそう思ってます。実際に、格納容器は設計圧力の二倍以上持つんですよ。そういう実験もありますからね。しかし、それはあくまで〝常温なら〟という条件です。温度が上がってますからね。それをどう考えるかということもありました」

時間は、午前〇時を過ぎていた。事態は、深刻さを増していた。

「少なくとも圧力容器の中では燃料が溶けている。私は、放射性物質が沢山出てきていると、この時はもう思っているわけです。一番説明がつくシナリオは何かなと考えました。その頃はもう、とにかく〝ベントを急げ〟と言っています。午後九時頃に言っていたのと同じ言葉ですが、意味がまったく違うわけです。格納容器の破裂だけは防がなければならない。切迫感が全然違います。私は、じゃあ、どうしたらいいんだというふうに政治家に必ず聞かれるんですよ。〝ベントを急ぐしかないです〟と答えるほかなかったですね」

この時、菅首相は午前〇時十五分からアメリカのオバマ大統領と電話会談をおこなっている。中二階の小部屋では、海江田や枝野、細野、寺田といった政治家たちと班目や武黒との議論が繰り返されていた。途中から、オバマ大統領との電話会談を終えた菅も加わった。

「格納容器の圧力が異常上昇！」

東電からそんな知らせが入ったのは、午前一時近くのことだ。

「ベントを急ぐしかありません」

班目がそう主張している時、当の福島第一原発の一号機、二号機当直長、伊沢らは、すでにベントの準備を着々と進めていたのである。

第八章　「俺が行く」

頭に浮かんだ故郷の風景

一号機、二号機の中操は、緊迫の度を刻一刻と強めていた。中操には、時間が経つにつれ、各当直長が駆けつけている。午後五時過ぎに到着した平野を筆頭に、午後七時、午後十時になっても、まだ〝応援部隊〟が集まっていた。

本来の勤務交代時間である午後九時には、当直長だけでなく、交代要員の班員が全員集合している。この時点で、中操には、およそ三十名が集合していた。

だが、線量は無情にも上昇をつづけている。真っ暗な中で、しかも数値をいちいちバッテリーで電気を通してから確認するという気の遠くなる作業がおこなわれていた。

午前〇時を過ぎる頃から、ついに一号機の格納容器の圧力は、600キロパスカルを超えてきていた。設計圧力の一・五倍である。

「ベントしかない」

プロ集団である当直長たちには、そのことがわかっていた。

夕方以降、計器類の復旧をつづけながら、それと並行して伊沢ら当直長を中心に格納容器の「ベント」には、どのバルブを開ければいいのか、バルブチェックリストを用いた確認作業がおこなわれていた。

どうベントをおこなうか。どのバルブを開けるのか。それは誰が行くのか。

電源がない以上、いずれにしてもこれを手動でおこなわなければならないのである。

そのためには、線量が増加している「現場」へ誰かが行かなければならなかった。

地震から約八時間が経過した三月十一日午後十一時時点で、一号機の原子炉建屋の北側二重扉の前で、高い放射線量が計測され、吉田所長によって原子炉建屋への「入域禁止」の指令が出されていた。一方で、緊対室からは、

「ベントするのに必要な手順、場所等々をあらかじめ確認しておいてくれ」

そんな指令も出されていた。いつでもベントに入れるように、との準備指令である。

いよいよ日付が変わった午前〇時頃には、

「ベントをやれるようにメンバーを決めておいてくれ」

という指令が来ていた。ベントのことを緊対室が言及する前から、伊沢ら中操の面々は、黙々と準備をおこなっている。「ベントの必要があるかもしれない」という思いは、やがて「ベントは不可避だ」という確信に変わっていった。

しかし、いざ「人選」をしておけ、という指示は、伊沢にとって特別なものだった。

「この指令を受けてからのことは忘れられません」

伊沢はそう振り返った。

「われわれが非常時の手順を追いかけていけば、ベントというのは当然出てくるわけです。ここまで行き着いたら、必ず、ベントが必要になってくるのは、私たちにはわかっています。しかし、ベントを実際にやらなければならないと考えた時は、自分の家族、自分の住んでる地域、いろいろな景色が本当に頭の中に浮かんできました。その頃は、すでに自分自身については覚悟を決めていましたが、目の前にいる運転員は絶対に生かして帰す、絶対に命は賭《か》けさせないということを私は決めていました。そんな中で、人選の指令が来たので、あの時のことは今も忘れられないですね」

「俺が行きます」

伊沢はいよいよベントの人選をしなければならなかった。

中操内も次第に線量が上がっている。当直長席から右側、すなわち一号機側の線量が高かった。疲労が増していた運転員たちは、椅子に座った者、床に座り込んだ者、あるいは身体を横たえ、寝込んだままの者……さまざまだった。

「測ってみると床のあたりより上のほうの線量が高いので、なるべく姿勢を低くしておけと言いました。若い人は車座になって膝《ひざ》を抱えて座ってるのが多かったですね。あとはもう、そこまではいいやって感じで椅子に座っているのもいました。当直長クラスと副長は、ほとんど立ったまま話していましたね」

当直長席の前のスペースに当直長や副長クラスのベテランたちが集まった。比較的若い運転員たちは、うしろの方に座っている。灯《あ》かりが壁際までは届いていないため、暗い中操内では、遠くにいる者の顔は見えない。

時計は、間もなく午前三時を指そうとしていた。全員を見渡した伊沢が口を開いた。

「みんな、聞いてくれ」

息を吸い込んだ伊沢は、こう言った。

「緊対からゴーサインが出た場合には、ベントに行く。そのメンバーを選びたいと思う」

一同に緊張が走った。

「申し訳ないけれども、若い人は行かせられない。そのうえで自分は行けるという者は、まず手を挙げてくれ」

線量の高いところに、若い人間を行かせるわけにはいかない。そのことだけは、伊沢は決めていた。

静寂が中操内を支配した。全員が伊沢の顔を見て、視線をそらさない。この時、伊沢の顔は、こわばっていたかもしれない。

「この頃は、原子炉の状態が、普通じゃないというのがやっぱりわかっていますからね。そこに人を行かせるわけです。しかも、ベントというのは、われわれ運転員にしてみれば、最後の手段に近い。そこに私の命令で人を行かせるということですから、唇を噛《か》みしめるような感じで、ゆっくり、一語、一語、話したように思います」

伊沢はそう述懐する。大きな声ではなく、語り聞かせるような口調で、伊沢はそう一同に告げたのである。

五秒、十秒……誰も言葉を発しない。そこにいる誰もが自分が言うべき「言葉」を探していたのである。一瞬の間があいた。沈黙を破ったのは、伊沢自身だった。

「俺がまず現場に行く。一緒に行ってくれる人間はいるか」

そう伊沢が言った時、伊沢の左斜め後方にいた大友が口を開いた。

「現場には私が行く。伊沢君、君はここにいなきゃ駄目だよ」

すかさず右後方にいた平野が言葉を重ねた。

「そうだ、おまえは残って指揮を執ってくれ。私が行く」

二人の先輩当直長がそう言った瞬間、若手が声を上げた。

「僕が行きます」

「私も行けます」

若い連中が沈黙をやぶって次々と手を挙げた。それは、あたかも重苦しい空気を破るための〝堰《せき》〟が切れたかのようだった。

中操内は、薄ぼんやりしている。灯かりは、サービス建屋入口に持ち込まれた小型発電機につながれた二、三本の蛍光灯だけだ。伊沢には、手を挙げてくれた運転員たちの表情がよく見えない。それでも、伊沢には、それは驚き以外のなにものでもなかった。

「私からすれば、手を挙げてくれたのが、若いクラスですからね。そんな人数は必要ないのに、人数以上に手が挙がりました。まだ三十そこそこの中堅クラスです。ビックリしました」

伊沢は言葉が出なかった。申し訳ないけれども、若い人には行かせられない、とあらかじめ言ったにもかかわらず、中堅どころが次々と志願してくれたのである。

無性にありがたかった。伊沢は驚きと共に、日頃、仕事を一緒にしている仲間のことが誇らしく思えたのだ。

「実はその時、私はもう楽になりたかったんです。現場に行って、楽になりたかった。現場の状況がわからないまま、事態がどんどん悪化していく中で、私は人を現場に派遣していたわけです。心苦しかったというか、もう、自分だけがここに残って、ほんとに申し訳ないという気持ちでした。やっぱり最後は、自分がとにかく現場に行きたかった。そういう心境だったんです。おまえは、最後まで残って指揮を執れ、と言われ、そして、そのあとで若い人たちまで声を上げてくれた時は、頭が空っぽになりました……」

伊沢に最後まで君が指揮を執れ、と言った平野の考えは一貫していた。

「免震棟（緊対室）とのやりとりができる電話回線は一本しかないんで、すべてのやりとりは伊沢君がやっています。なんといっても彼がトータル的にプラントの状況を一番把握しているわけです。指揮を執る人間は替わらないほうがいいなと思いました。私は、最初に中操に入ってきた時から、自分は現場のほうをメインにやろうと思っていましたから、伊沢君にそう言ったわけです」

誰が原子炉建屋に突入するのか――。

極限の場で、それぞれの人間としての思いが交錯していた。伊沢の胸には、先輩当直長や若い運転員たちへの申し訳なさとありがたさが迫っていた。

しかし、やはり、現場で操作する弁の位置もわかっていて、なおかつ年齢の高いベテランの方がいい。

伊沢はホワイトボードに、名乗り出てくれた当直長と比較的年齢と職責が高い人間の名前を年齢順に書き出した。平野、大友、遠藤、紺野……といった当直長クラスと中堅の名前が書かれていった。

全部で十名ほどの名前だったと伊沢は記憶している。

「最初、名前をバーッと書き出して、あとペアリングをどうするか、話し合いました。それで、では、こういうペアにしようという形で決めていったんです」

目的のバルブは「二つ」あった。MO弁と呼ばれる原子炉建屋の二階にある電動のバルブと、原子炉の圧力上昇を抑える水冷装置であるサプレッション・チェンバー（圧力抑制室 suppression chamber）の上についているAO弁（空気作動弁）と呼ばれるバルブである。

「俺が行こう」

「そこは、自分がいい」

伊沢のまわりを当直長たちが囲み、メンバーはあっという間に決まった。

決まったのは、当直長四人、副長二人の計六人だ。それ以外の名前は、ホワイトボードから消えた。

「あそこの場所だったら自分はよくわかっているよという人、それに体力的に厳しいと予想されるところには少し若い人間がついて行くようにしようとか、そういう形で決めました。それと、行くところが二か所ありますから、本来は、ツーペアしか要らないんですけれども、もしもの時に救出隊も必要だし、現場でいざ何かが起きた時に、第三次というか、次が行くようにと、三ペアを決めたんです」

メンバーの組み合わせが決まったあとは、行く「順番」である。

「私がまずリアクターに入ろう」

その時も、大友が真っ先に口火を切った。大友は水を入れるラインをつくる時、事前調査をあわせて二度、リアクタービル（原子炉建屋）に入っている。今度は、三度目の突入である。大友と行くのは、これまた志願した当直副長の大井川《おおいがわ》努（四七）だった。

そして、これまたあっという間に順番が決まっていった。当直長たちが自らそう言って決めていったのである。大友・大井川組は原子炉建屋の二階のMO弁を、そして遠藤・紺野組が圧力抑制室の上にあるAO弁を開けにいく――。

一号機に二回、二号機に二回、さらにラック（原子炉の圧力や格納容器の圧力が見られる計器）を見に行き、すでに現場に計五、六回行っている平野は、バックアップのための「三組目」にまわった。

小型発電機につながれた蛍光灯が、緊迫の中で相談する当直長たちの顔を薄く照らし出していた。

重装備の上で

人間である以上、線量が高くなっている建屋の中に踏み込むことに躊躇《ちゅうちょ》や逡巡《しゅんじゅん》があるのは当然だろう。だが、その恐怖を彼らは〝何か〟によって克服した。

それが使命感なのか、責任感なのか、それとも、家族と故郷を守ろうとする強い思いなのか、彼らはその〝何か〟を語らない。

いや、彼ら自身がそれが何だったのか、わからないかもしれない。しかし、それぞれが、それぞれの〝何か〟によって、恐怖に打ち勝ったのは確かだった。

残って指揮を執ることを先輩当直長たちに説得された伊沢は、今度は彼ら「死」を覚悟して突入する男たちに、できるだけの装備をさせるのが任務となった。

「なんとしても、多くの装備をしてあげたい」

伊沢は痛切にそう思った。いったいどんな装備で行ってもらうのか。それが最も重要なことだった。仮に、必要な装備がない場合は、緊対室から「持ってきて」もらわなければならない。さまざまな要求が緊対室に出されていった。

なかでも重視したのが、全面マスクに加えて、「セルフ・エアセット」と耐火服である。これは、消防隊員が、炎の中に飛び込む姿を想像してもらえればわかりやすい。放射能の付着を防ぐタイベックを着て、その上に銀色の耐火服を装着し、空気はマスクに空気ボンベから流されるのである。

全面マスク、空気ボンベ、耐火服、線量計……さまざまなものが免震重要棟から補充されていった。運転員たちは、すでに何回も現場に入っているために、そのとき使用したマスクや線量計は汚染してしまっている。同じ全面マスクであっても、そのたびに〝新しいもの〟でなければならないのだ。

「一回現場に行ったら、空気ボンベがなくなってしまうんですよ。三十分ぐらいしか、もちませんからね。だから、私たちはこれもあれもと、次々、持って来てくれという要求を緊対に出しました」

伊沢はそう語る。

準備は、着々と整えられていった。だが、なかなか〝GOサイン〟は出なかった。住民の避難が確認されていないのだから、それは当然だった。線量が高まりつづける中で、中操は、来たるべきベントへの「突入」に緊張感が増していく。

しかし、この時、彼らは、福島第一原発へ菅首相がやって来ることで、緊対室が慌ただしくそれへの対応を余儀なくされていることをまったく知らなかった。

第九章　われを忘れた官邸

「なぜ総理が来るんだ？」

「菅首相が来ます」

「なに？」

なぜ来るんだ？　現地対策本部長の池田元久は耳を疑った。

三月十二日の未明、四時頃のことだった。福島第一原発から五キロしか離れていない双葉郡大熊町のオフサイトセンターで、池田は、スタッフにもう一度聞き返した。

一国の総理が、原子力事故のさなかに、その「現場」にやって来る。

池田自身が現地に到着し、オフサイトセンターが立ち上がってから、まだ何時間も経っていない。そんな段階に総理がやって来るとは、どういうことなのか。

「これだけの地震と津波で死者・行方不明者が大勢出ている状態です。現に事故が進行しているさなかです。私が霞が関を出る前に、すでにテレビにも映し出されていましたが、あの津波の濁流は凄《すご》かった。瓦礫《がれき》の下で救出を待っている人たちの生存率は七十二時間で急激に下がっていきますから、最初の七十二時間は最大限、救出活動に全力を挙げるというのが世界の常識です。それなのに、総理が原発にやって来るという意味がわかりませんでした」

それは、国民の生命・財産を守らなくてはいけない国家のリーダーが、〝一つの部分〟だけに目を奪われていることを物語っている。

「とにかく今やるべきことは、人命救助だと思いました。そこに全力を挙げるべきだということです。それからもう一点は、福島に総理が来て、そこで指揮を執ればいいですが、現地は、地上系の連絡手段をはじめ、全部ダウンしちゃってるわけだからね。通信状態は、極めて劣悪であるわけです。そこへ来ても、指揮は執れませんよ。だから原発事故についても官邸にいた方がいいわけです。大局観を持つべきです。物事の軽重について常識的な判断が必要だったということです」

大局に立てば人名救助が最優先であり、もちろん原発事故は重要だが、それならば、余計に官邸にとどまって指揮を執るべきだと池田は思ったのである。

「もし、どうしても来るというなら、一国の総理ですので、安全というのは最も大事ですから、危険な状態にある福島第一にいくのではなく、五キロ離れたこのオフサイトセンターに来るべきだと言いましたが、結局、その意見は総理まで届かなかったようです」

東電の副社長、武藤栄（六〇）は、この時、池田と共にオフサイトセンターにいた。武藤は、地震が発生して一時間も経たない午後三時半に本店を出発、東電が契約している江東区新木場にあるヘリポートから、福島に向かっている。

事故が起きた場合は、地元の自治体への対応など、現地にはさまざまな仕事がある。とにかく副社長である自分がまずオフサイトセンターに行かなければならない。武藤は、そう考えていた。

だが、武藤の福島入りは困難を極めた。民間のヘリは、日没になれば飛ぶことが規制されるため、その前に現地入りしなければならない。しかし、三時半に本店を出た武藤は、地震による都内の大渋滞に巻き込まれ、車が立ち往生したのだ。そのため、武藤は途中で車を降り、「走って」いる。

この時、埋立地の江東区内で液状化した道路で武藤は砂の中に嵌《は》まってしまった。身長百八十六センチという長身の武藤が、液状化による砂に膝《ひざ》の上まで嵌まって動けなくなったのだ。人に助けてもらって砂の中を脱け出し、下半身を泥だらけにしながら、二度もヒッチハイクをして、やっとの思いで新木場のヘリポートに到着している。

武藤を乗せたヘリが離陸したのが午後五時十二分、福島県双葉郡富岡町の福島第二原発の敷地に着陸したのは午後六時二十九分のことだった。

福島第二原発で増田尚宏所長と会い、その後、第一原発に向かった武藤は、地震と津波で壊滅的な打撃を受けている富岡町を迂回《うかい》を繰り返しながら通過し、午後八時半、やっと大熊町と双葉町にまたがる福島第一原発に到着した。

東京大学の工学部を出て一九七四年に東電に入社した武藤は、吉田の五期先輩にあたる。しかし、吉田は東工大の大学院を出て入社しているため、年齢的には三歳しか違わない。同じ時期に福島第一原発に互いに単身赴任していたこともあり、二人は極めて親しい。

「私は緊対室に入っていって、席に座っていろいろやっている吉田に〝おうっ〟と声をかけ、そのまま吉田の隣に座っていろいろ状況を聞きました。電源が全部ダメだということ、それからプラントの状況も聞きました。中操との連絡もなかなかままならないような状況でしたから、吉田の表情も険しかったですよ」

ここで、まだオフサイトセンターが立ち上がっていないことを聞いた武藤は、先に地元まわりをすることを決め、午後十一時半過ぎに福島第一原発を出て、大熊町の役場に向かい、十二日未明に、オフサイトセンターに入っている。

武藤が、現地対策本部長の池田と共にオフサイトセンターで活動を始めたのは、それからのことだ。そして間もなく、東京から「総理が福島第一原発に向かう」というニュースが飛び込んで来たのである。

池田だけでなく、武藤もその情報に驚いた。

「その時、池田さんが、〝首相というのは一国に一人しかいない特別な人なんだ。その人をこういう時点で、そんなところに連れて来るというのはよくないんだ〟と、おっしゃいましてね。私に、なんとか福島第一原発には行かさないように調整しますから、とおっしゃったことを覚えています。私としては、総理がわざわざ来られるなら、副社長としてお詫《わ》びと、状況の説明をしなきゃいかんと思っておりました」

この頃、東京の首相官邸では、総理の現地入りに向かって、ばたばたと事態が進行していた。

原子力安全委員長の班目春樹が突然、官邸スタッフから、「総理が福島第一原発に行くことになりました。安全委員長もついていってください」という要請を受けたのは、午前五時頃のことだ。

突然の呼び出しに班目はとまどったという。

「あれは、出発の一時間ぐらい前でしたか、いきなり言われて、びっくりしました。なんで私が行くのか、理由がわかりませんでした。だって私は消防自動車の運転ができるわけじゃないし、現地のことは現地の人が一番わかっていることだからね。それに、そもそも菅首相はなんで行くの？　って、それもありますから」

班目は、官邸スタッフにすぐ問い直している。

「なんで私が行くんですか？」

スタッフは、こう答えた。

「とにかく現地に着くまでの間に、総理がもうちょっと詳しいことを聞きたいから、そのためについていってください」

ああ、そうなのかと、班目は思った。総理が自分に詳しいことを聞きたがっている。それなら行くのは当然だった。そもそも、それまで班目は、菅とこの事故について、直接にはほとんど話し合っていない。

伝言ゲームのように「誰か」が、自分の意見を総理に伝えていただけだ。直接、話を聞きたいなら、総理に助言をする立場として、「同行する」のは仕方がないと思ったのである。

班目は、まず菅に同行して官邸の三階の記者団がいるところに行っている。記者会見で、菅はこれから「現地に向かう」旨を記者たちに告げた。その中で、

「原子力の専門家にちゃんとついていってもらいますから」

と、わざわざ述べている。班目のことである。あれよあれよ、とコトは進んでいた。まだ事故が起こってほとんど菅と言葉を交わしていない班目は、不思議な感覚で、菅が記者たちに向かって語る言葉を聞いていた。

「総理、全権委任してください！」

会見の場である三階に向かう途中、危機管理センターの廊下で枝野官房長官が菅に向かってそう大声で叫んだシーンを班目は記憶している。

総理は、震災の緊急対策本部の責任者でもあると共に、あらゆる組織のトップに立っている。その人物が官邸を留守にするのだから、残る側の枝野が「全権委任」を頼んだのは、当然だった。

「わかった」

菅は枝野に短くそう答えた。

官邸には、記者たちが立ち入れないエリアがあちこちにある。危機管理センターも、屋上に上がるエレベーターもそうだ。記者会見を終えた菅は、厳しい表情を崩さないまま、そのエレベーターに乗り込んだ。

吉田所長の困惑

菅首相が自ら乗り込んでくることを知った最前線の吉田たちも困惑した。汚染された中で闘っている現場へ、一国のリーダーがやって来るというのである。もし本当に来るなら、それなりの「覚悟」と「準備」の上でやって来てもらわなければならない。汚染を防ぐためには、きちんとした方策が講じられなくてはならないのだ。

「最初に菅首相がやってこられるという話が出てきたのは、朝の五時頃だったと思いますよ。実際に来ると伝えられたのは、かなり直前になってからだと思います。現場にどうやってヘリコプターを駐《と》めるか、あるいは、着陸してから免震重要棟までどういう経路を通るかという段取りも必要なのですが、そういうのが決まったのは、飛び立つ直前だったと思います」

吉田は、そう振り返った。

「ヘリコプターが駐まるのは免震重要棟の西側にあるグラウンドです。山側にヘリを駐めて、ここから免震重要棟まで総理を運ぶということです。しかし、ここで私と本店との間で、ちょっとした喧嘩《けんか》があったんです」

それは、総理一行が使う全面マスク（防護マスク）をめぐって、である。

放射能汚染の中にやって来る総理一行に、所長の吉田としては、きちんとしたマスクなど、一定の装備をしてもらわなければならなかった。だが、現場には、そのための装備の余裕がなかったのである。

「こっちは、現場で必死で復旧の作業をつづけています。現場に行く人間がマスクを使用すると、それが汚染されてしまって、また新たなものが必要になる。つまり、予備など、とてもないんです。すべてがフル回転していますからね」

吉田はそう語る。そこへ「復旧」とは無関係な人間がやってくる。それに貴重な装備を分ける余裕がなかったのである。

「そこで、私がテレビ会議で〝本店で用意してくれ〟と言ったんです。しかし、本店は〝現場でやってください〟と言う。現場はもう数がなくて、取り換えたりしてやりくりしている。とても余裕などない、と訴えましてね。まして、向こうは総理一人で来るわけじゃないですからね。それでも、本店が〝現場でやれ〟というから、〝ふざけんじゃねえ〟と、大喧嘩になりました」

本店にないのならば、「工夫しろ」「探せばどこかにあるだろう」という頭が吉田にはある。必死で事態に対応している緊急時対策本部としては、〝総理ご一行様〟を迎えるために現場の作業に必要なものまで割くわけにはいかなかったのである。

「こっちは、現場が一番重要ですから、その時は、ベントをいち早くするにはどうしたらいいか知恵を絞れ、とみんなで動いているさなかです。今どういう状況かを現場から聞いて、どこがネックになっているかとか、その解決に忙殺されているわけです。菅さんが来るから、迎えたり、案内するのは保安班がやります。ベントの準備とは、別の班です。私は、チームが違うから、その辺で、滞りのないようにやってくれと言いました」

ベントの準備をはじめ、さまざまな手段を講じている吉田にとって、総理一行を迎えることに頭をまわす余裕は正直、なかったに違いない。

「いや、復旧班の班長に指示して、しっかり報告しながらやるように言っていますから、支障を来たさないようにはやっています。しかし、もう、一行を来させないといけない状況だということだったんで、それは仕方がないと思っていました」

吉田は、同時に、彼らが入ってくることにより、最前線基地の免震重要棟の中が汚染されてしまったら元も子もない、と思っていた。

「一行が汚染されると彼らが〝線源〟になるわけですから、免震棟に入ってこられると困るんですね。しかし、それは〝しゃあねえ〟と腹をくくりました。たぶん、菅さん自身が、自分が汚染されるという意識がないんだと思うんですよ。そういうことが全くわかってなかったと思うんですね。一刻も早く免震重要棟に入って状況を聞きたい、というんで入ってきてますから、ある意味、不作為なんですよね。そういう点では、もっと専門家が菅さんにいろいろ言って欲しかったな、と思いますね」

ヘリコプターの中で

総工費七百億円を投じて建設された地上五階、地下一階の首相官邸の屋上には、ヘリポートが設置されている。官邸前にある池も水を抜けば、非常用ヘリポートになるが、通常はこの屋上のヘリポートが使用される。

官邸三階での記者会見がほんの数分で終わると、一行は慌ただしく屋上に上がった。ヘリコプターは要人輸送ヘリ「スーパーピューマ」だ。上部がシルバー、下部がグレーというスマートな色彩の機体に「陸上自衛隊」と黒字で書かれている。

菅直人首相を乗せた「スーパーピューマ」が、福島第一原発を目指して爆音と共に舞い上がったのは、二〇一一年三月十二日早朝六時十四分である。

スーパーピューマは、かつて東京サミットの時に先進国の首脳を運んだことでも知られている。機内には、操縦席の後方に真ん中の通路を挟んで両脇に座席がある。一度に運べる人数は、十人ほどだ。

ヘリコプターの中は、ぴりぴりとした緊張感に覆われていた。菅首相の苛立《いらだ》ちが凄《すさ》まじく、昨夜来、多くの部下や官邸スタッフを萎縮《いしゅく》させていた。

進行方向に向かって左側に菅首相、向かい合う形で寺田学・首相補佐官、通路を挟んで菅首相と並んで座ったのは、班目である。

「三月だから寒かったですよ。まだ当時は長袖《ながそで》の下着に、上はワイシャツですよね。その上に私は、原子力安全委員会のジャンパーを着ていました。ヘリには、進行方向に向かって左側に菅さんが座り、通路を隔てて右側に私が座りました。菅さんと私が通路を真ん中にして隣り合う形です。菅さんの前には、補佐官の寺田さんが座ったように思います。二人ずつ向かい合って座りました。後部にも、人が乗り込みましたので、十人近くは乗っていたと思います」

菅の表情は厳しかった。昨夜来、〝イラ菅〟と称される本領を発揮し、部下たちを怒鳴りまくっていた。その険しさは、ヘリに乗り込んでも変わらなかった。

班目は、まず事態の深刻さを頭に入れてもらおうと、菅に説明を始めようとした。そもそも総理に詳しい説明をするために同行させられているのである。

「私は、いくらなんでも菅さんに対して、核爆発の危険はないなんて、そんな初歩から説明をやるわけにはいかないので、まず一番問題なのは、崩壊熱であって……と、そこから話そうとしたんです。こういう事態では、崩壊熱というのがいかにものすごいものであって、水をかけないで放っておくと、本当にチャイナ・シンドロームになりますよ、ということを私はまず言おうとしたんです。普通の人に説明しようと思ったら、そこから始めますからね。でも、そういうことを言おうとしたら、そんなことはわかっているという感じで、〝俺の質問だけに答えてくれ〟と、ピシャッと言われました」

俺の質問だけに答えてくれ――。有無を言わせぬその菅の言葉に、班目は押し黙った。班目が伝えようとした懸念の数々は封じられ、せっかくの専門家との直接の対話が、単に菅の質問に対して「答えるだけ」になってしまったのである。

そして、菅の質問が始まった。

「一号機と二号機、三号機は、どう違うんだ」

と菅が問う。基礎的な質問だった。班目はこう答えた。

「出力が違います。一号機は46万キロワット、二、三号機は78万キロワットで、まったく異なります。一号機はBWR－3型で、二、三号機はBWR－4型です。一号機の方はICという非常用コンデンサで冷やしますが、二、三号機はRCICで注水して冷やしています」

ICの方が自然循環だから信頼性が高いはずなんですが、どうしてこういう事態になっているんでしょうか、と班目はつけ加えた。

「なんで一号機はICなのに、二号機はRCICなんだ」

さらに菅が質問した。

「出力が大きくなってしまうと、ICみたいな自然循環では十分冷やせないので、タービンを使って水を放り込むような方法に変えたんだと思います」

班目は答えながら、菅が原子力の知識をある程度、持っていることを感じた。

「核燃料が溶けるとどうなるのか」

菅は、質問をつづけた。

「溶けるときにジルカロイという被覆管は金属ですから、金属と水が高温になると、反応して水素ができます」

「いまどうなってるんだ」

「もう格納容器まで出てきていると思います」

「水素が出てきたら爆発しちゃうじゃないか」

「いや、水素が格納容器まで出てきても、格納容器の中は窒素に置換されているから、そこでは酸素がないから爆発しないんですよ。それでベントをすれば、煙突のてっぺんで初めて空気に触れることになるので、そこで燃えるだけです」

班目はそう答えた。それは、極めて技術的で専門的なやりとりだった。水素が出てきたら爆発するじゃないかというのは、素人からすぐに出てくる質問ではない。菅は、そのあたりの知識をもともと持っていたのである。

首相との一問一答を、班目がはっきり覚えている。

「順番を追って、そういうやりとりをしました。聞かれる範囲で私はそう答えました」

しかし、この時のやりとりで、ある一か所だけが取り出され、それが巷間《こうかん》、流布されることになる。それは、「爆発はしません」という部分だ。

班目は、あくまで菅との水素に関する会話で、「格納容器は爆発しません」という意味で言っている。格納容器が爆発したら、それは想像するのも恐ろしい事態である。

実際には、全くレベルの違う話をしていたのだが、原子炉建屋が爆発したことで、班目はあとで厳しい非難を浴びることになる。

やがて、現地が近づいてくる。

「東工大には、原子力の専門家はいないのか」

菅は、今度は唐突に意外な質問をした。一瞬、班目は、意味をはかりかねた。一国の総理が、東工大に原子力の専門家がいないのか、と聞くのが不思議だったのだ。

しかし、班目は、菅首相本人が東工大の出身であったことに思い至る。

「ああ、この人、東工大出身だったかと、そのとき思ったんです。それで、私は二人の東工大出身者を推薦しました。一人は、東京電力出身の人でしたが……。私は、〝そのほかにも何人もいますよ〟と答えました」

この非常事態に内閣官房参与として、東工大時代の仲間やOBが、菅によって官邸に呼ばれた話はあまりに有名だ。極めて愛校心が強いのか、それとも、母校出身者以外は信用できないのか、菅首相の特殊な思考が窺《うかが》える。

「あれは、なんだ」

その時、菅が班目にまた問うてきた。

ヘリは海の上を飛んでいる。班目が、菅の背中側にある窓から外を見ると、発電所の煙突が目に入った。福島県双葉郡広野町にある東京電力の火力発電所だ。福島第一原発から南におよそ二十キロのところにある。

「総理の肩越しに広野火力発電所が見えたので、〝あれは、広野火力発電所です〟と答えました。私には、総理の左の肩のうしろに外の光景がずっと見えていました。いわきのあたりから、ああこれはもう、いわきの上空だな、ああ、これ、広野火力だなと思いながら、総理と話しておりますので、すぐにわかりました。ここには何回も来てますからね。広野火力が見えると、もう福島第一原発は、すぐです。間もなく福島第一原発が見えてきました」

それぞれが、どんな思いでその光景を見たのだろうか。ただ、それは、のちに原子炉建屋の上部が水素爆発によって吹き飛んだ無残な姿ではない。まだ、白く、整然とした建物が、緑の中に並んでいた。海の蒼《あお》さと、敷地とその周囲の濃い緑の木々が印象的だった。

だが、ヘリが着陸地点のグラウンドに降りるべく近づいていくと、津波の傷痕《きずあと》がそれぞれの目に飛び込んできた。原子炉建屋をはじめ、重油タンクや建屋が立ち並ぶ海側に近いエリアは、瓦礫《がれき》の中にあった。それは、凄まじい津波の威力を無言で彼らに伝えるものだった。

だが、余計な感傷に浸っている場合ではなかった。この中で、現に今も命を賭《か》けた復旧への闘いが繰り広げられているのである。

ヘリが着陸して、さあ降りようとした班目は、ここでむっとすることがあった。

「まず総理だけが降りますから、すぐには降りないでください」

一行は、すぐにはヘリから降りることを許されなかったのだ。菅首相が現地に視察に来たことを「撮影」するためだった。原発の危急存亡の闘いのさなかに、「まず撮影を」という神経に班目は驚いたのである。

「なんでベントをやらないんだ！」

一行を迎えたのは、現地対策本部長の池田元久、福島県の内堀雅雄副知事、東電副社長の武藤栄、池田と共に現地入りしている経済産業省審議官の黒木慎一らである。

彼らは福島第一原発のグラウンドでヘリコプターの到着を待っていた。

五キロ離れた大熊町のオフサイトセンターから車でやって来た池田たちは、近づくヘリを無言で見つめていた。彼らは、〝汚染〟の中に「立っていた」のである。

武藤は当初、先に免震重要棟に行って、夜中に進行していた事態を吉田から聞いた上で菅首相を迎えようと思っていた。

「それで、まず免震重要棟へ行ったんですよ。ところが、もうすでにまわりに放射能が出ていたために免震棟の入口で、中に入る人間を、一人ひとりサーベィ（放射能測定）していたんです。えらい行列ができてましてね。割り込むという方法もあったんだけど、そこに並んでいると、これは時間がなくなるなと思ったので、そこでUターンをしました。時間もあまりなかったので、グラウンドに直接行って菅さんのヘリコプターを待っていたんです」

この時、武藤は、免震棟入口でサーベイをやっている責任者の関矢勝《せきや》（五二）と言葉を交わしている。関矢は、新潟の柏崎刈羽原発の放射線安全グループマネージャーである。

放射線管理のエキスパートである関矢は、二年前まで福島第一原発に勤務していた。新潟の柏崎刈羽原発では、大地震の発生を受けてただちに応援部隊の福島への派遣を決め、関矢らは夜中に福島第一原発に到着し、線量の上がり始める免震重要棟の放射線管理を、ただちにスタートさせていた。スタッフは福島第一と柏崎刈羽両原発の放射線管理部門のメンバーたちである。

「どうやって（ここへ）総理を連れてくればいいんだ」

武藤に聞かれた関矢は、こう答えた。

「バスをここに横づけにしてもらって、タンタンっと、すぐ入ってください」

被曝《ひばく》量をできるだけ少なくするには、それしか方法がなかったのである。

「実は、その前に菅首相の乗ったヘリコプターが降りるグラウンドの〝バックグラウンドを測ってくれないか〞と頼まれていました。これは、グラウンドに汚染があるかないか、どの程度のものなのか、あらかじめ測っておいてくれないかということです。総理が自分の靴で歩かれてくるわけですから、汚染があるかないかを測っておくということでしたが、私がその結果を聞く前に、もう総理一行のほうが先に着いてしまったんです」

関矢は、そう振り返った。事故への対策で追われている現地が準備を整える前に、すでに総理一行は、到着してしまったのである。東京から一時間弱で飛んで来る陸自のヘリのスピードをまざまざと見せつけるものだった。

武藤はこの時、グラウンドから吉田に連絡を入れている。

「昨夜からの状況を聞けないまま、つまり吉田に会えないまま、私はグラウンドに来ているわけです。私が一番乗りでしたね。それで吉田と電話で話をしようと思ったんだけど、携帯がもう通じなかったんですよ。そこに警備のガードマンの車があったので、それについているトランシーバーを貸してもらったんです。このトランシーバーどこに通じるの？　って聞いたら、緊対に通じますと言うから、吉田を呼んでもらって、いまグラウンドにいるんだけど、これから総理を連れて行くから、会議室をとっといてねっていうことを言いました。吉田は、〝わかりました〟と言っていました」

もはや、武藤は、昨夜来の詳細な状況を聞かずに菅首相と会うしかなかった。やがて池田や黒木らもグラウンドに到着。間もなく菅を乗せたヘリも着陸した。

険しい表情を崩さない菅首相は、ヘリから降りて彼らの前に来た。

「私を見て、総理は〝よっ〟という感じで言葉を出したような気がします」

と、池田が語る。だが、武藤が菅に挨拶《あいさつ》した時から、光景は一変した。

「東京電力の武藤でございます。ご苦労様でございます」

そう挨拶をした武藤に、菅は、いきなり声を上げた。

「なんでベントをやらないんだ！」

（えっ？）

驚いたのは、武藤だけではない。挨拶もないまま、いきなり菅が声を上げたことで、周囲の人間が仰天したのだ。

菅は、激昂《げっこう》していた。やっと怒りをぶつける対象が「目の前に現われた」ということだったのかもしれない。

「なんでベントをやらないんだ！」

百九十センチ近い武藤に向かって、菅は汚染された福島第一原発のグラウンドで、そう第一声を上げたのである。

すぐ隣に立っていた池田は、江田五月がつくった政策集団「シリウス」の副代表を務めた二十年近く前から菅とはつき合いがある。〝イラ菅〟と言われる菅がこれまで何度か怒鳴った場面も見ている。しかし、さすがにヘリから降りて、いきなり武藤に向かって怒りの声を上げるとは思わなかった。

「あとは、そのままバスに乗り込みました。総理は、運転席のうしろの二列目に東電の武藤さんと並んで座ったんです。私は、進行方向に向かって通路を隔てて左隣に座りました。総理のうしろには班目さんに座ってもらいました。席を指定したのは、私です。しかし、総理の怒りは並ではなかったですね」

通路を挟んで左隣に座っている池田に、菅の言葉は聞き取れなかった。

「激昂してマシンガンのように武藤さんに何か言っていた。しかし、口調が激しくて、何を言っているか、全然、聞き取れなかったですね」

池田は、バスの中の菅首相のようすをそう語る。うしろの席にいた班目にも、菅が何を言っているか、わからなかった。

「私も聞き取れなかった。東電の武藤さんに向かって、厳しい口調でなにか言っていましたが、私には内容がわかりませんでした」

菅首相の態度は、ヘリコプターの中とは明らかに違っていた。現地に到着し、気分が昂揚《こうよう》したのかもしれない。

武藤は、こう回想する。

「いきなり、なんでベントをやらないんだとおっしゃって、あとは、なんで早くやらないんだ、いつになったらできるんだ、なんでできないんだ、という繰り返しでした。何が問題なんだ、ということばかりおっしゃっていたように記憶しています。聞くという感じではなく、おまえら何やってるんだって怒鳴りつける感じでした」

バスは三分ほどで免震重要棟に着き、玄関前に横づけされた。あらかじめバスをどこにつけるかを武藤は関矢と打ち合わせている。できるだけ入口に近く、ほんの二、三メートルのところにバスが着いた。

免震棟の玄関の自動ドアは、二重になっている。まず外側のドアが開き、五坪ほどのスペースに入り、外のドアが閉まってから内側のドアが開くようになっており、汚染が起こった場合に、できるだけ外の空気を入れないようになっている。

だが、この二重ドアが前日の激震によってずれて曲がってしまい、電気こそ通っているものの、手動でしか開け閉めができない状態になっていた。

ドアの管理を担当している関矢は、ここに二人ずつ担当員を置き、掛け声と共に手で開け閉めをさせるようにしていた。

そこに菅首相らがやって来たのだ。総理を案内してきたのは、バスの中で怒鳴られていた武藤である。大柄な武藤は一行の中で頭一つ出ている。

その武藤を先頭に、手で開けられた外側のドアから、菅、池田、班目、黒木ら十数人が一斉に二重ドアの真ん中のスペースに走り込んだ。

全員が入ったことを確認した関矢は、「よし、開けろ」と合図し、今度は内側のドアを開けて、一行を招き入れた。

免震棟の玄関フロアには、奥に向かって幅およそ二メートルの廊下がまっすぐ裏に抜けている。階段は玄関を入って左にあるが、関矢はまず、その奥の廊下に入ってもらおうとした。そこには、放射能を測定するサーベイ要員がいる。ここで汚染をチェックしてから階段を上がってもらわなければならない。

険しい表情の菅は、「おはようございます」という関矢の声に何も答えなかった。

「靴を脱いでください。靴を手に持ってください」

関矢は、そう一行に向かって言った。そして、

「奥にサーベイ要員がいるので、あそこでまず汚染検査を受けてください」

そう続けた。一行が汚染検査を受けるため奥に向かおうとした時、いきなり怒声が響いた。

「なんで俺がここに来たと思ってるんだ！　こんなことやってる時間なんかないんだ！」

フロア中に響く声だった。声の主は、菅首相その人である。汚染検査を受けさせられること自体が気に障ったのかもしれない。

汚染検査をしているような時間はない。俺がなぜ来たと思っているんだ――フロアに大勢いた作業から帰ってきた人間がその声に驚いた。

「これはまずい、と思いました。廊下沿いに、いっぱい作業員がいて、中には上半身裸の人もいたんですよ」

この時、菅のすぐ近くにいた池田はこう語る。

「現場で作業を終えて帰ってきて（検査を受けるべく）待っている作業員の前で、〝なんで俺がここに来たと思ってるんだ！〟って怒鳴ったんです。一国の総理が、作業を

やっている人たちにねぎらいの言葉ではなく、そういう言葉を発したわけでね。これは、まずい、と思いました」

菅の剣幕に周囲はたじろいだ。これ以上の汚染検査は無理だ。

「靴をこちらに置いて、これに履きかえてください」

すかさず関矢が、一行に〝青靴〟と呼ばれる免震棟内での靴に履きかえてもらうようお願いした。一行は、それに従って、靴を無言で履きかえた。

武藤が案内して一行は、そのまま免震棟入口左の階段から二階に向かった。

菅首相VS吉田昌郎

階段を上がって廊下を右に行き、一番奥の右側の会議室に一行は入っていった。中には会議用のテーブルが真ん中に置かれていた。が、全員が入ると一杯になるぐらいの小さめの部屋だった。

奥の右端に菅が座った。池田や班目、黒木らも、それぞれ横の席についた。菅と向かい合う形で座ったのは、武藤である。だが、吉田はまだ来ていなかった。

「ベントをなんで早くやらないんだ」

吉田が入って来るまでに、ほんの一分くらいの時間があいた。その間にも、菅は武藤にまだそう迫っていた。菅は、武藤が何かを答えた時、

「そんなこと聞きに来たんじゃない！」

と厳しく言い放った。この時、ちょうど吉田が部屋に入ってきた。緊対室で吉田はまわりに、

「首相と会ってくるが、もし異常があれば、構わず来てくれ」

と伝えていた。現場とのやりとりで、少し時間が遅れたのである。

「発電所の所長の吉田でございます」

吉田は、そう挨拶した。菅首相と吉田昌郎。二人が、初めて相まみえた。

菅は東工大理学部応用物理学科を昭和四十五年に卒業している。昭和五十二年に東工大の四年を終えて大学院に進んだ吉田とは、大学の期でいえば、菅が七期先輩にあたる。

それまで武藤に向かって話していた菅は、武藤の隣に座った吉田を見て、開口一番、こう言った。

「どういうことになってるんだ」

周囲にいた人間には、武藤に対する糾弾がそのまま吉田に「移った」ように見えた。

しかし、吉田は、こう菅に答えた。

「全電源が喪失した状態で、ベントの方をいろいろやってますけども、なかなか現場は思うようにいかない状況です」

具体的に吉田は状況を説明しようとした。すかさず菅が問う。

「なんでそんなことになるんだ」

菅の怒りがつづいていることは、間違いなかった。

「それは、こういうことです」

吉田は、用意していた図面を広げた。

「ここをご覧ください」

吉田は、その図面を菅に示しながら、こう言った。

「津波によって、このエリアが水没しました。建屋の中に水が入って来たので、電源がなくなってしまったんです。ポンプやモーターも地下にありますので、全部水浸しで、機能しない状態になり、現在もそれがつづいています」

始まった吉田の詳細な説明に、菅は耳を傾けた。

「炉心を冷却するECSが、ほとんど働かない状態で、辛うじていくつかだけが生きてるというのが現状です」

深刻な事態を総理に理解してもらうべく、吉田は説明をつづける。

「そんなことは、想定してないのか」

吉田の話を聞きながら、菅はそういう質問をした。菅がピリピリしているために、まわりが言葉を差しはさめない状態になっていることを、吉田はこの時、雰囲気から察した。

吉田は、想定を超えた大津波が、海から十メートルの高さにある重要施設を襲ったことをもう一度説明した。吉田は日頃から上司に向かってもずけずけとものを言うタイプである。この場でも、菅に対して、きちんと説明をおこなった。

二人のようすを見ていた現地対策本部長の池田は、こう語る。

「東電というのは、〝御殿女中〟的な体質の人間が多いと思っていたけど、吉田さんというのは、そういう人たちとは違う印象を持ちました。非常に個人としての考えがしっかりした男のように思えました」

同席していた班目は、こんな印象を持った。

「最初、菅さんに聞かれていた武藤さんが一生懸命、話そうとしたんですが、〝そんなこと聞きに来たんじゃない!〟と、菅さんが怒ったんです。そのあとを（部屋に入ってきた）吉田さんが引き取ったと思うんですよ。それから、菅さんと吉田さんとのやりとりになったと思います。菅さんは吉田さんの言うことは、きちんと聞いていましたね」

菅は、武藤に何度もぶつけた同じ質問を吉田に発した。

「ベントはどうなってるんだ」

吉田が答える。

「ずっとチャレンジをしております。しかし、電源がないため電動弁があかないもんですから、大変難しい状態がつづいています。バルブを手であけるべく、現場ではいま作業をおこなっております」

建屋の中には放射線があり、真っ暗な中で〝手動〟による作業が必要になっていることを、菅も事前に知っていただろう。その具体的な説明を吉田がおこなったことになる。

「とにかく早くベントをしてくれ」

菅は、そう要求した。もとより吉田と部下たちは、そのためにさまざまな準備と作業を断続的におこなっている。だが、この段階では、そもそも、すべての住民の避難がまだ「確認」されていないのである。

「もちろん、努力をしております。決死隊をつくってやっておりますので」

吉田がそう語ると、菅はやっと少し落ち着いたようだった。一瞬、菅を取り巻いていた緊張の空気が緩んだように思えた。

その時、池田に同行してこの場にいた経済産業省の黒木審議官が、

「総理。これをお願いします」

そう言いながら、すかさず書類を差し出した。

福島第二原発に対しても「原子力緊急事態宣言」を発することと、「三キロ圏内」の住民に避難の指示をすることについて、総理の決裁を求めたのだ。それは、一瞬の〝間《ま》〟を捉《とら》えたものだった。

「これでいい」

菅は書類を見て、決裁をおこなった。

池田が述懐する。

「それは、第二原発もおかしくなって、避難命令を出さなきゃいけないというんで、総理の決裁を取ってくれという要請が東京からあったんですよ。総理が東京にいればすぐ取れるんだけど、総理がこっちに来たんで、僕に任されたわけだ。現地対策本部長の僕に任されたということは、実際には黒木審議官がやるということです。それで、黒木審議官が決裁の文書を持ったままヘリでやってくる総理を迎えたわけです。しか

し、総理が激昂しているから、黒木審議官がなかなかこれを持ち出せなかった。本来は、決裁をもらうのは、バスの中でも、どこでもよかったんだけどね。逆に言えば、その時間分、避難指示が〝遅れた〟ということになるね」

池田は、吉田が「決死隊」という言葉を使ってベントについて語ったから、総理が少し落ち着いたと見ている。つまり、そのために「決裁」がとれたということである。

「やっぱり吉田という人は、堂々としていたね。臆《おく》することなく、総理にものを言ったから、総理も彼の言うことを聞いたんだろうね。その彼が〝決死隊〟という言葉まで使ったんで、総理は気押されて、少し落ち着いたと思うんだね」

総理一行が会議室を出たのは、午前七時四十二分のことだ。菅と吉田は、およそ二十分にわたってやりとりをおこなったことになる。

放射線のある真っ暗な建屋の中に「手動」でバルブを開けにいくのがベントの作業である。放射線の現場に「突入する」ことによって初めてベントがおこなわれることが「決死隊」という言葉で理解でき、菅はほっとしたのかもしれない。

会議室を出て一階への階段を降りる時、菅は池田の背中に手を置いて、

「がんばって」

と、声をかけている。いくらかは、気分が落ち着いたようだ。しかし、池田は、そ

のあと首相補佐官の寺田学にこう声をかけている。

「寺田君、総理を落ち着かせろよ」

寺田は菅グループに所属するまだ三十四歳の若い衆議院議員だ。菅の命により、首相補佐官を務めている。内閣の一員でもある池田は、激昂する総理を落ち着かせることをこの若き後輩に託したのである。

総理一行を乗せたヘリは、早朝の寒さでエンジンがなかなか始動しなかった。池田、内堀、武藤たちは、そのまま汚染されたグラウンドに立ってヘリの離陸を待った。総理一行が福島第一原発から震災現場を視察するために宮城方面に飛び立っていったのは、午前八時四分のことだった。

菅前首相の回想

菅は、のちに「現場を混乱させた」として、この訪問について厳しい非難を受けた。事故から一年七か月が経過した二〇一二年十月、菅は筆者にこう語った。

「東電はあの時、窓口として武黒氏（注＝東京電力の武黒一郎フェロー）を官邸に送ってきていた。武黒氏は東電の副社長原子力・立地本部長まで務めた原子力の専門家、プロでしょう。だから来ている。当然、こちらは、原発の状況についていろいろ聞く。しかし、彼は、説明ができないんですよ。一方で、ある段階で、このままいくと格納容器の圧力が上昇して爆発する危険がある、そのためにベントをおこないたい、そう説明し、了承を求めてきた。だから、わかった、となったわけです。しかし、自らベントをやると言ってるのに、それが進まない。その理由を聞いても答えられない。それは、彼自身が情報を伝えられていなくて、情報そのものがないんだ。本店はわかっているはずなのに、なんで、武黒氏のところに伝えないのか。説明がなきゃさ、〝おい、どうなってる〟っていうのは、当たり前じゃないの。だから、(現地で)武藤氏に会った時に、直接、どうなってんだ？　って聞いたわけなんです。だから、ごく自然なんですよ、私からすると」

その菅首相が納得するようにきちんと説明できたのは、吉田所長が初めてだったという。

「そう、吉田さんには、私はあの時、初めて会いました。なかなかガッツのある感じで、会う時までは、大学(東工大)の同窓ということも知らなかった。吉田所長の言うことは、非常にはっきりしてたよ。〝やろうと思って、こうやってこうやってやってます〟と。短時間だけど、少なくとも、こうやってこうやって、やろうとしてます、とね。それでいいじゃないの。それ以上専門的なことは、こっちは、わかるわけがない。それまでに、そういう説明をする者が、誰もいなかった。私としては、それで納得できたから、よかったと思って、帰ったわけだ」

菅首相にとって、自分が納得する説明のできる人間が「現地」に行くまで現われなかったということになる。

「ベントのことにしろ、原発の現状のことにしろ、東電がですね、こうしたい、ということがまずあって、それを、例えば、あの時点で言えば、原子力安全委員会の班目委員長に助言を受ける、ということになってましたから、常に何かを決める時には、私は意見を聞くわけです。それと、本来は保安院も、当然ながら原災本部の事務局ですから、そこの専門家というか、わかっている人間がいれば、意見を聞くわけです。だから、こっちは常に意見を聞いていたわけです。何か、私がわかっていて、こうしろ、ああしろ、と言ったのは、事実上、全くありませんよ。もし、あの時点で、住民の避難が確認されてないからベントができないというんだったら、そういう理由を言えばいいじゃないですか。線量が高くて、なかなか作業が難しいんだとか、操作のマニュアルがどうしただとか、何らかの説明があるならともかく、そういうものが全然なかったんだ。それ以上のことは、こっちはわからないんだからね。だから(現地へ）行ったわけですよ」

菅首相にとっては、あの福島第一原発への訪問は、「当然」だったということになる。だが、武黒フェローは、菅首相自身に、あるいは福山哲郎官房副長官に、手動によるベントの難しさと、線量の増加のために時間がかかっていることを伝えている。やはり、菅首相の福島第一原発への訪問の根底には、東京電力への拭《ぬぐ》いがたい不信感がもともとあったのではないか。

「東電からきちんとした説明がなかっただけなんですよ。ベントだって一時の時点でやると言っていたのに三時になっても進んでいない。武藤氏だって、頭の中でわかってるかも知れないけど、むにゃむにゃ言って、何も説明しないんだもの。もし、不信というなら、そういう意味なんだよ。だって、あの時点でトップ二人（勝俣恒久会長と清水正孝社長）が、（旅行で）いないいんだからね。こっちは、何らかの判断ができないのか、と思ってね。武藤氏にしても、プロなら、自分が正しいと思うことがあったら、私にきちんとプロとしての意見を言うべきだったと思う」

菅は、あの混乱の中での訪問をそう振り返った。

第十章　やって来た自衛隊

原発暴発を止めた消防車

福島第一原発のある双葉郡大熊町から西に約六十キロ離れた郡山《こおりやま》市には、陸上自衛隊第六師団隷下《れいか》の第六特科連隊が駐屯している。

郡山駐屯地の自衛隊員の95パーセントは、地元・福島県出身者だ。浜通りはもちろん、福島県全体から隊員が集まった〝郷土部隊〟である。

「消防車派遣の準備をせよ」

その第六特科連隊にこれまで経験したことのない命令が下りてきたのは、地震から三時間ほどが経過した三月十一日夕刻のことである。

「消防車？」

「なぜ消防車なんだ？」

陸上自衛隊の各駐屯地には、火事に備えて消防車が通常、一台ずつ配備されている。基本的には駐屯地内の火事に対応するためであり、時に近隣地域での火事に出動することもある。だが、これまでの災害派遣で「消防車」が出動要請された経験はない。

幹部たちは、この命令を不思議に思った。

史上最悪の原発事故になりつつあったこの段階で、消防車による冷却活動という吉田昌郎所長の発案は、自衛隊が持つ消防車への「出動要請」という形で、はやくも郡山駐屯地に届いていたのである。そして、消防車と共に電源車も向かうことになった。自衛隊は、大地震が発生した時は、自動的に「第三種非常勤務態勢」に入ることになっている。

第三種非常勤務態勢は、自衛隊の災害派遣規則で定められており、「自分の担当する地域で震度6強以上の地震が起きた場合は自動的に登庁する」というものだ。

すでに、午後二時四十六分の地震発生、そしてその後の大津波によって、災害派遣に向けて慌ただしく動いていた郡山駐屯地。そこに吉田所長の発案による、「消防車」

の派遣という要請が届いたのだ。

第六特科連隊の本部中隊で消防班に所属する渡辺秀勝・陸曹長(四六)に、ただちにその命令は伝えられた。

もちろん渡辺には、原発での活動であることはわかっている。それは、ある種の「覚悟」をもたらすものでもあった。

「福島駐屯地にも消防車があり、そこと合流した上で福島第一原発に向かうということになりました」

自衛隊の現場で叩《たた》き上げてきた精悍《せいかん》さと、優しい目の光を持つ渡辺は、事故から一年余を経て、過酷な闘いとなったその任務を振り返った。

準備を整えて出発命令を待っていた渡辺以下、十三名の消防隊員が正式な命令を受けたのは、夜十一時のことである。まず電源車と共に六名が福島第一原発に向かって出発した。一方、渡辺らは、一度、福島駐屯地に向かい、ここで消防車を一台加えて、「二台」で第一原発の現場に向かうのだ。

渡辺は、猪苗代湖の南、湖南の生まれだ。高校生の一人娘を持つ父親でもある。出発前、渡辺は、妻と一人娘に携帯で短いメールを送っている。妻には、

「これから原発に向かう。何日かかるかわからない。あとは頼んだ」

一人娘には、

「お父さんは行ってくる。何かあったらおばあさんの世話になりなさい。連絡がなければ、大丈夫ということだから」

そんなメールを送った。二人からは、

「大丈夫？」

「お父さん、がんばって！」

というメールが返ってきた。ひとたび大きな災害が起これば、自衛隊員はいつ家に帰ることができるのかわからない。それが自衛隊に身を置く者の宿命であり、家族もそのことは承知している。

だが、原発に向かうとなれば、これまでの災害派遣とは違う意味を持つ。放射能への漠然たる不安を家族が感じるのは無理もない。出発にあたって渡辺が、これまでの災害派遣とは違う思いを抱いたのは当然だっただろう。

原発の被害状況が刻々と悪化の一途を辿《たど》っていることを知らない渡辺ら郡山駐屯地消防隊の七名が、福島駐屯地の消防隊五名を加えて、総勢十二名となって福島第一原発に向かったのは、日付が変わって三月十二日午前二時半のことである。

この二台の消防車が、原子炉の冷却のために決定的な役割を果たすことになるなどとは、当の渡辺たちは、知る由もなかった。

暗闇の中、国道一一四号線を彼らは、東に向かった。国道はあちこちに割れ目が生じ、隆起した場所や土砂崩れがあり、通行不能の箇所がいくつもあった。そのたびに一行は、迂回《うかい》を余儀なくされた。渡辺は、迂回した回数だけで五、六回はあったと記憶する。

途中、避難する住民たちの車とすれ違いながら、渡辺たちは原発に近づいていった。真っ暗な夜の闇が次第に明けていく。東に向かう渡辺たちは、薄く、霞《かす》みがかった明るさを見せ始めた太平洋に向かって進んでいた。

「もうすぐ夜が明ける」

渡辺がそう思ってから、どのくらいの時間が経っただろうか。渡辺はその時、これまでに見たこともない風景を見た。

朝日である。それも、〝真っ赤な〟朝日だった。

「赤い夕焼けなら、これまでも何度も見ています。しかし、朝日でそんなに真っ赤なものは、私は見たことがなかった。初めてです。本当にきれいで、真っ赤な太陽でした。それが、私たちが向かっている真っ正面から昇ってきたんです。ああ、地震や津波でこれほどの犠牲者が出ていることを知らないで、真っ赤な朝日が顔を出して来たんだと、その時、感じました」

それは、渡辺にとって、いつまでも忘れられない光景となった。

間もなく目的地、福島第一原発の正門が現われた。時計は、朝七時をまわっていた。

この敷地内で日本を揺るがす大変な事態が進行していることなど想像もできないほど、そこは静寂に包まれていた。

「自衛隊です。要請に応じて消防車と共に参りました」

「お待ちください。すぐ連絡します」

間もなく案内役の東電の社員が迎えにやってきた。

「自衛隊さん、ご苦労さまです。わざわざ来ていただいて……」

渡辺たちも、そして迎える側も、福島の人間である。独特のイントネーションの福島弁での挨拶《あいさつ》が終わると、さっそく渡辺は、こうつづけた。

「なんでも、やらせてもらいます。まず何をすればいいですか？」

東電の案内役は、原子炉の冷却活動への協力と、免震重要棟への水の供給など、やって欲しいことがヤマほどあることを告げた。

だが、渡辺たちはそこで足止めを食らった。不幸なことにちょうどその時間帯に、ヘリコプターで菅首相が福島第一原発に乗り込んで来たのだ。

渡辺たちは、ここで一時間半ほど、時間を費やすことになる。

始まった注水活動

「自衛隊、郡山駐屯地消防隊、七名到着しました」

「同じく福島駐屯地消防隊、五名到着しました」

渡辺曹長ら十二名が、やっと待機が終わって、免震重要棟に入ることができたのは、菅首相一行が去って、朝八時半を過ぎてからのことである。免震棟の一階フロアは、タイベックを着ている人間や、東電の青い作業服を着ている人間で混雑していた。数十名はいただろう。

渡辺たちは、玄関を入って右側の小さな部屋に案内され、そこで作業の説明を受けた。

「大変ご苦労さまです。とりあえず、今後の作業の説明をしますので、こちらにお願いします」

幹部の一人が二階の緊対室から降りてきて、挨拶をした。以後、渡辺たちは、

「自衛隊さん、自衛隊さん」

と呼ばれることになる。渡辺が驚いたのは、

「食糧とか荷物があるんで、ちょっと車に戻れますか」

と聞いたら、

「外は汚染があるので、もう出ることはできません。単独行動もダメです」

と言われたことである。出たり入ったりすると、それだけ放射能が免震棟に入ってくるという理由で、渡辺たちは車に戻ることを「止められた」のである。放射能汚染の真っ只中《ただなか》に来たことをいやでも思い知らされた瞬間だった。

自衛隊の迷彩服のまま、二階の緊対室に入った時、一瞬、驚きの視線を向けられたことを渡辺は記憶している。

「えっ、なんで自衛隊がいるんだ」

おそらく、そんなことを感じたのではないか、と渡辺は想像する。まだ地震の翌朝である。その段階で、迷彩服の自衛隊員が目の前に現われたことで、最前線の指揮本部である緊対室の面々は、事態の深刻さをあらためて心に刻んだに違いない。

すぐさま、渡辺は緊対室のあちこちから挨拶を受けた。

「自衛隊さん、ご苦労さまです」「お疲れさまです」「ありがとうございます」

さまざまな挨拶が、渡辺に飛んできた。あるいは、「これでなんとかなる」という

希望を抱いた人間もいたかもしれない。

ふたたび一階の部屋に戻った渡辺たちは、まずタイベックの着用法を習った。

「これを着てください。手袋はこれをつけてください。これでセットになってますから」

放射能から自分の身体を守りながらの過酷な作業が待っていることを渡辺は感じた。

「一号機への注水・冷却活動をお願いします。東電の人間が現場で説明しますので、それに従ってください。先導しますので、消防車でついて来てください」

渡辺たちは休む間もなく、九時頃からさっそく支援活動に入った。要請されたのは、一号機への注水活動である。

「防護マスクをつけて、放射能を遮断するような黄色い服を着て、免震棟を出ていきました。海の方に向かうと、瓦礫《がれき》がすごかったですね。道路が通れない状況だったので、瓦礫を片づけながら一号機のほうに前進しました。車がひっくり返ったり、崩れていたり、頭のほうからつき立ってるような感じでした。貯水槽に瓦礫がかぶさっていて、水が補給できず、別の貯水槽を探すのに苦労したと東電の方が言ってました。でっかい重油タンクが道を塞《ふさ》ぎ、通れないところもありました。やっと現場まで行き、要請された通り、福島の消防車と私たち郡山の消防車、そして東電の消防車をつないで注水活動に入りました」

それは、四号機側の貯水槽から福島駐屯地の消防車が水をとり、ホースをつないで郡山駐屯地の消防車のタンクに入れ、さらにホースをつないで、東電の消防車のタンクに入れ、そこから一号機に固定して、注水していくというものだった。原子炉冷却のための唯一の手段である「注水」を、三台の消防車のリレーによって実現したのである。

言うまでもなく、その水が入るラインは、大友、平野ら中操の人間の決死の作業によって「開けられた」ものである。

「防護マスクをしてますんで、大きな声を出しても、聞こえないんですよ。ですから、手信号で作業をおこないました。東電の防護マスクは、すごく見やすくて、空気も吸いやすいし、軽くて、普段、私たちが使っているものより、よかったですね」

手信号は、すべてを表わすことができる。たとえば、親指を立てて、腕を上げたら「圧、上げ」である。

「ホース上げろ」「撒《ま》け」「圧を上げろ」など、渡辺たちは、すべて手信号でおこなった。

午前九時頃からの活動は、断続的に午後二時頃までつづいた。

渡辺たちは、持参した食事を取りにもどることができない。二階の緊対室に上がって食事をもらい、交代で食事をとった。緊対室は、緊張に包まれていた。

「テレビ会議のスクリーンがある横で食事をしている人もいるし、廊下や階段、あるいはそのまわりでは、ぐったりして寝ている人もいました。本当にぐったり、という感じで倒れていた人の姿が印象的ですね。東電の青っぽい作業着を着たまま、何も掛けない状態で、床でそのまま身体を横にしていました。私たちは、外の作業から帰ってきた時は、外で着ていたものを一袋にまとめて、東電の方に渡しました。玄関のところで、線量を測られて、異常なしになってから、上にあがっていくんです。免震棟の中では自前の自衛隊の作業服に着替えていて、また次に〝行くぞ〟となったら、新しい東電のタイベックに着替えて出発する。それを午後二時頃まで、三、四回、繰り返しました」

作業は、危険との境界線上でおこなわれていた。

「当時は、あまり危険がわからなかったんですけど、装備していた線量計を持って窓の近くに行くと、線量が上がるんですよね。単位がわからないんですが、たとえば、部屋のまん中で数値が１００だったのが、窓際に行くと１８０とかに上がるんですよ。これは、外では何かが起こっているんじゃないか、ということを感じましたよね。数値が四ケタくらいの時もありましたよ。おい、2、300上がってるぞ、ということもありましたから。それで、隊員に対して〝窓際には、あんまり近づくな〟と、注意を与えたことがありました」

当然、作業に出ていく時も注意を喚起した。

「防護マスクや服装も、ぎゅっと隙間なしで、しっかり塞ぎました。ガムテープも使いましたよ。外部から空気が入らないように、緊張感を持って装備をやりました。自分たちが給水作業を遂行することによって、一号機が冷却されて災害を防げるんだ、ということを感じてましたね。一週間であろうが、二週間であろうが、この活動は続く、と思ってました」

彼らは、冷却のためになによりも必要とされていた消防車を届けた上に、瓦礫の撤去から始まり、初期の注水活動を全面的に支えたのである。

第十一章　原子炉建屋への突入

ついに出た〝GOサイン〟

「ベント操作は、午前九時開始を目標にせよ」

総理一行と面会を終えて緊対室に戻った吉田所長は、午前八時三分、ただちに中操にそう指示した。

一時間後にベントを実施する——いよいよ時刻が決まった。それまで大友ら〝突入組〟は、ひたすら装備を進めると共に、イメージトレーニングを繰り返していた。

一睡もせず、朝を迎えているのに誰ひとり眠気さえ感じていない。ぎりぎりの状況で対応に追われてきた中操の面々は、疲労や眠気を感知する身体の機能が失われていたのだろう。これが、もともと人間が持っているアドレナリンの作用かもしれなかった。

免震棟から運んでくる装備品だけでなく、運転員たちは、サービス建屋に散乱するもののなかから機材を収集していた。耐火服やセルフ・エアセット、警報機能付き個人線量計(APD＝Alarm Pocket Dosimeter)、サーベイメータ、全面マスクなど、だんだん準備を整えながら、彼らは原子炉建屋に突入するイメージトレーニングをおこなっていたのである。

線量の高い場所に行く場合、そこにいる時間をできるだけ「短く」しなければならない。線量の増加ぶりから見て、すでに炉心が損傷している可能性は高い。

作業をできるだけ短時間でおこなうためには、現場のようすを思い浮かべ、操作の手順や弁の位置を頭に入れて作業をイメージすることが大切だ。彼らは待機している時間に、各々が目をつぶり、それを繰り返していたのである。

午前六時五十分には、海江田経済産業相から法令に基づく「ベント実施命令」が伝えられた。あとは、住民の避難確認を待つばかりになっていたのである。

午前九時二分、避難が遅れていた大熊町内の一部の住民の避難がやっと「確認」された。そして二分後、緊対室から指示が発せられた。

「一号機のベントをやってください」

伊沢はその連絡を受けて、険しい表情で命令を発した。

「緊対から指示が出た。ベントの操作をやってくれ」

重装備をつけたまま〝ＧＯ〟の合図を待っていた大友と大井川は、「了解」と言った。二人は、タイベックの上に、鎧《よろい》のような銀色の耐火服をまとい、さらに大きな空気ボンベまで背負うのである。宇宙遊泳する宇宙飛行士にも負けないような重装備だった。

非常時には「１００ミリシーベルト」まで浴びてもいいという緊急措置に従って、身につけていくＡＰＤもあらかじめ警報を「80ミリシーベルト」にセットされている。さらに放射線を測りながら進むために、重さが一キロもある箱型のポータブル線量計（電離箱式サーベイメータ）も用意された。

だが、酸素を消費してしまうので、背負った空気ボンベのスイッチだけは、ぎりぎりまでオンにしていなかった。伊沢の指示を受けて二人は、セルフ・エアセットの〝最後〟のスイッチを入れた。

空気ボンベは、作業などの運動をしている時には、十五分から二十分ほどしかもたない。その時間内に〝すべて〟を終わらせなければならないのである。

二人は、淡々と中操を出て行った。

（頼む。無事、帰って来てくれ……）

伊沢は、心の中で祈った。炉心損傷が起こっているとしたら、果たしてどの程度進んでいるのか。予想はつかなかった。見送れば、中操に残った者ができることは、無事を祈ることだけだった。

中操は、沈黙に支配された。誰も言葉を発しない。大友と大井川が、無事、任務を果たして帰ってこられるかどうか。ただ、それればかり考えていた。

そこにバルブはあった

大友と大井川は、中操のあるサービス建屋の廊下を東に歩き、階段を降りていった。

一階に降りた二人は、サービス建屋から原子炉建屋とタービン建屋の間にある通称「松の廊下」と呼ばれる通路に出た。そこから原子炉建屋の南側の入口にあたる二重扉までは、さほど距離はない。それでも、中操からは二百メートルほど歩く。

大友は、これが三度目の突入である。

時間を経るごとに放射線量は増え、炉心損傷の可能性が高いことは、頭の中ではわかっている。そのために、突入する「自分」という人間は同じなのに、身につける「装備」がまったく異なってきているのだ。

深刻化する事態を、なにより大友がまとった装備の変化が物語っていた。息苦しいような緊張感のなか、二人は二重扉から原子炉建屋に入っていった。

二人は、まず階段で二階に上がった。少し歩いて懐中電灯をあてると、巨大な格納容器の壁の一部が暗闇の中に浮かび上がった。

格納容器はフラスコの形状をしており、上が細く、下が太い。高さが三十二メートルもあり、これが五階建ての原子炉建屋の中にすっぽりと納まっているのである。格納容器の周囲は下部の一番大きい部分で直径十八メートルもある。

しかし、巨大なこの格納容器は、近づいてもただコンクリートの壁に見えるだけである。これが破壊された時は、運転員たちの闘いが「敗北」したことを表わしている。放射能の飛散だけは、なんとしても防がなければならなかった。

故郷福島ばかりか、日本が立ち直ることさえできなくなるかもしれないそんな事態だけは、どんなことをしても回避しなければならないのである。

原子炉建屋の二階部分にいる二人は、熱交換器の横を階段で上がっていった。暗闇のなかでは、手に持った懐中電灯だけが頼りである。足元を照らしながら階段を上がると、辛うじて通路が見えた。

その先に猿梯子《さるばしご》があった。目的のバルブはこれを上がった先のさらに一段上にある。猿梯子には、転落防止のために〝背かご〟がついている。これが、空気ボンベを背負っている二人には、邪魔になる。いわば鉄でできた〝籠《かご》〟の中を登るようなものだ。がたがたとあてないように用心しつつ、二人が上がっていく。勤務経験の長い大友には、この猿梯子のこともよくわかっている。あらかじめイメージトレーニングした通りの道程だった。

「バルブは、猿梯子で上がったところに狭い踊り場というか鉄板製の足場があり、その横にグレーチングの通路があって、そこを少し左に行き、そこについている階段状のステップを上がったところにあるんです」

グレーチングの通路は、人間の肩幅ほどで、四、五十センチほどのものである。二人は、かがみながら進んだ。漆黒の闇の中でも、手すりがついているから、さすがに落下することはないだろう。だが、重装備だけに懐中電灯を持って狭い場所を歩くのは難しい。

先を歩くのは、大井川だ。大井川は、手に線量を測る電離箱式サーベイメータを持っている。よけいに動きにくかっただろう。

目的のバルブの番号を書いたメモを持っているのは、大友だ。二人は、そのバルブ番号を反芻《はんすう》しながら歩いていた。息切れしていることも、二人は気がつかない。目的のバルブは、もうすぐ先のステップを上がった先にある。

(来た)

二人は、ステップを前にして、同時にそう思った。大井川が先に上がった。

「ありました、これです!」

大井川が叫んだ。全面マスクの二人は、大声を上げなければ互いに聞こえない。ステップの上の大井川の声が大友の耳に届いた。

目的のバルブだった。大友の耳に番号を読む大井川の声が聞こえた。

間違いない。

「それだ。間違いない」

大友はそう応《こた》えた。

「開けます!」

大井川はそう言うと、ますラッチをバルブの横についているギアに噛《か》ませようとした。一刻も早くこれを開けなければならない。二人の気持ちは同じだった。

「しかし、ラッチがギアになかなか嚙ませられませんでした。何回目かにやっとできて、それでバルブのハンドルを手でまわし始めました」

大井川は、そう振り返る。ハンドル自体は二十センチほどで、ずっしりとくる重さだった。二十秒、三十秒……

普段なら電動で開く弁を暗闇の中で手で操作しているのである。事前に想像していたものより重くて固い弁だった。

（早く開いてくれ）

祈るような思いで力を入れた大井川の腕に手応えがあった。「動いた」という喜びを感じる暇もないまま、必死でバルブを動かした。

指示されていたのは、全開ではない。「開度25パーセント」だ。その開度に持っていくために、大井川は、ぐっ、ぐっ、ぐっと何度もバルブをまわした。

バルブの横についている開度計は、5パーセント刻みである。大井川がまわすたびに、その開度計が示す針が、5パーセント、10パーセント、15パーセント……と度数を増していく。暗闇で大友の持つ懐中電灯が、それを照らし出していた。

二人には、時間的感覚がなくなっていた。長い時間だったような気もするし、あっという間だったような気もする。

(これをやらなければ、格納容器は守れない)

大友は、そう考えていた。プロフェッショナルである彼らには、格納容器を守る、すなわち「原子炉を守る」ことしか頭にない。

無論、格納容器を守れなければ、自分や家族の命だけでなく、日本そのものがだめになる。だが、そんなことを考える余裕はなかった。彼らの頭の中にあるのは、ただ、「格納容器を守る」ということだけである。

とにかく早く——。一分ほど経っただろうか。

バルブはやっと開度25パーセントに達した。

「開度を確認してください」

大井川が大友に言った。狭いステップの上で、二人は位置を交代した。大友はその目で見た。たしかにバルブは開度25パーセントを指し示していた。

「OK!」

万感を込めて、大友が叫んだ。「了解」でも、「大丈夫」でもなかった。「OK!」という言葉が大友の口から迸《ほとばし》った。

あとは、一刻も早くこの場から離脱しなければならない。放射能の汚染を少なくするためには、この場にいる時間をできるだけ短くすることだ。そして、バルブを開けたことを一刻も早く中操に伝えなければならない。だが、通信手段はない。自分たちが帰って、伝えるしか方法はない。

セルフ・エアのボンベがもつのはせいぜい二十分である。行って帰ってくるまでの目標時間は「十五分」だ。空気ボンベは中操を出る時に「開けて」いる。

しかし、バルブを開けた二人は、ここで、もうひとつ、大きな仕事をおこなっている。大井川によれば、

「せっかく原子炉建屋に入ったので、私たちは原子炉圧力容器と格納容器の圧力を見にいきました。現場の計器で圧力を確認したんです。バッテリーをつないで、中操で見る数値が本当の数値と合っているかどうかも確かめなければ、と思っていました。数値を見て、エッ、こんなに高いの？　と思った記憶があります」

空気ボンベのエアがなくならないうちに中操に辿《たど》り着かなければならない二人は、帰りに圧力の数値を確認し、それが中操で正しく表示されるかを見ようと思ったのである。

今度も大井川が先を歩いた。建屋を出る二重扉に手をかけた時、大友にほっとした感情がこみ上げた。

二重扉の中は、死の世界である。そこから出ることは、生の世界に戻ることを意味

していた。

（自分の役目を果たした）

中操への道を歩みながら、大友の頭にそんな思いが浮かんだ。
一、二号機の中操の鉄の扉が開いたのは、午前九時十五分のことだった。そこには、現場から帰ってきた大友と、大井川の姿があった。
「おう！」

「お疲れさまでした！」

「ご苦労さまです。お帰りなさい！」

中操にはこの時、三十名を超える人間がいた。二号機では、ＲＣＩＣが動いているかどうかを見に行ったり、外は外で、消火ポンプが止まっているため、軽油などの燃料を入れたり、計器を動かすためのバッテリーを積み込んだり、さまざまな作業がおこなわれている。

そんな作業をやりながら中操には、常時、三十名以上の運転員たちがいたのだ。

帰ってきた二人に、暗闇の中にいるその仲間たちから声が飛んだ。

「大友さんたちが行っている間、中操は静かでした。みんな無言で、シーンとしていました。帰って来るまで二人が無事かどうか、そして、作業が成功したかどうかもわかりません。二人とは、まったく通信手段がなかったですからね。とにかく〝待っ〟しかなかったです」

当直長の伊沢は、じりじりする気持ちをおさえつつ待った。

「待っている時間がすごく長く感じました。実際には、九時四分に中操を出て、九時十五分に帰ってきていますから、わずか十一分なんですが、私は三十分か、一時間ぐらいに感じられました。中操に入る扉って、鉄の扉ですから厚いんですね。だから、近づいてくる足音なんかは一切聞こえません。その時、突然、ギーって扉が開いて、二人が帰って来たんです」

先に大井川、つづいて大友が重装備のまま入ってきた。一斉に運転員たちが立ち上がった。

「開けました！」

背中の空気ボンベをおろしながら全面マスクを外した二人は、そう言葉を発した。

「よし！」

伊沢が答えた。二人は、汗だくだった。暑さと緊張で、顔は真っ赤だった。

バルブを開けた――。その二人の顔を見て、伊沢は「やってくれた」と思った。伊沢はただちに緊対室に電話を入れた。

「リアクター（原子炉建屋）の二階の弁は開けました。これから第二陣を向かわせます」

「了解！」

電話をとった緊対室の発電班GM（グループマネージャー）の声が弾んだ。わざわざ大友を受話器に出させて、彼は、「大友さん、ご苦労さまです！」と叫んでいた。

そして、二人は現場で確認してきた原子炉圧力容器と格納容器の圧力の数値を伊沢たちに伝えた。それは中操に表示されていたものと一致する高い数値だった。できるだけ早くベントをおこなわなければならないことを、その数値は物語っていた。

第二陣は、遠藤英由《ひでよし》（五一）と紺野《こんの》和夫（五二）の二人だ。仲間に手伝われて、その間に二人は最後の装備である空気ボンベを背負っていた。全面マスクも装着して、準備が整った。

「第二陣、行ってくれ」

伊沢の命により、第二陣が中操を出ていった。

振り切れた線量計

しかし、第一陣と第二陣が開けるバルブの位置には、あきらかな差があった。

大友たちが開けたバルブは、格納容器のコンクリート壁の外側にあった。放射線はその壁によって遮蔽《しゃへい》され、低減されている。これに対して、第二陣が開けようとしたバルブは、コンクリート壁のないサプレッション・チェンバー（圧力抑制室）の上にある。すなわちコンクリートによる放射線遮蔽《しゃへい》のない場所である。

それが線量にどれほどの差をもたらすのか、誰にもわからなかった。「行ってみなければわからない」のである。

帰ってきた二人が作業で浴びた線量は、測ってみると大友が「25ミリシーベルト」、大井川は「20ミリシーベルト」だった。

わずかの時間でこれだけの線量を浴びていた。コンクリート遮蔽の外側でさえ、それだけの線量を浴びたということは、次に行く紺野と遠藤の二人の当直長が、無事、現場に辿りつけるのか、伊沢には不安でならなかった。

彼ら原子力制御のプロたちには、放射線の怖さは頭に染みついている。強い放射線に曝《さら》されれば、人間の細胞は破壊され、無残な最期を遂げることになる。一九九九年に起こった茨城県東海村のJCO臨界事故の被曝《ひばく》作業員が、身体中の細胞がぼろぼろになって凄惨《せいさん》な死を余儀なくされたことは、彼ら原子力に携わる人間たちには、忘れようとしても忘れられないものだった。

中操の鉄の扉を出て黙々と歩いた二人は、やはり大友たちと同じように南側の二重扉から原子炉建屋に入った。

電離箱式サーベイメータを持っているのは、遠藤である。

「南側の二重扉は、ガシャッとロックを外してから開けるタイプなんです。私自身は一号の原子炉については、震災後初めて入るものですから、もう線量が500という か、高いという話をあらかじめ聞いていました」

遠藤はそう語る。二重扉の内側を開ける時、遠藤はヨシッと声を出した。

「二重扉の外側を開けて部屋に入って、いよいよ中側の内扉を、サーベイメータを見ながらガチャンと開けたんです。ヨシッと言ったのは、気合いを入れるためだったと思います。入ったらサーベイメータの針が500から600ぐらいを指しました」

遠藤が声を上げたのは、覚悟を決めるためだったのだろう。懐中電灯で照らしだされた原子炉建屋の中は、白く霞《かす》んでいた。

「その白いもやのようなものが、蒸気なのか埃《ほこり》なのか、わかりません。南から入って南側の通路を行き、そのあと西側の通路を北に向かっていって、北西のコーナーから下におりていきました」

当然のことだが、場所によって線量は違う。サーベイメータは、北西の階段あたりで少し下がり、200ぐらいを指した。しかし、途中、900を指す場所もあった。時間が限られているので、目的地に近づくにつれて、自然と小走りになった。

「あらかじめ北側は低いと聞いていましたが、やはり北側はなぜか少し低かったですね。半地下のところにサプチャン（圧力抑制室）の入口の扉があるんです。そこから、いよいよサプチャンのほうに入っていきました」

遠藤と紺野は、入る時、お互いの顔を見て頷《うなず》き合った。内側がどうなっているのか、予想できなかった。

「なかに入ると、ドカンドカンというハンマー音が聞こえました。排気管の音だったと思いますが、これが結構、響いていたんです。サーベイメータは、扉の前で600ぐらいあったんですが、扉を開けたら900になりました。針は、揺れてますので、900とか1000のところを行ったり来たりしています。サーベイメータはレンジを変えることによって、ゼロから1000まで測ることができるんですが、もうぎりぎりになっていました。しかし、測れるうちはいいかなと思いながら、進んでいったんです」

行くしかない――二人は、さらに進んだ。いよいよドーナツ状のサプレッション・

チェンバーに階段で上がった。そして、そこについている幅一メートルほどのキャットウォーク（通路）に二人は出た。

サーベイメータは、やはり９００付近を指している。

（測れるうちは、行く！）

遠藤は必死だった。異常な高さの線量が、二人を襲っている。しかし、「行く」しかなかった。

「キャットウォークを左に入り、右回りで向かいました。まだ目的のバルブは１８０度向こうにあります。北側から半周する形で向かっていったんですが、途中に、われわれが〝90度〟と呼ぶハッチがあるんです。これは、点検用の開口部なんですが、そこまで来た時、サーベイメータが振り切れてしまったんです……」

無情にも、１０００まで線量を測ることができる電離箱式サーベイメータの針は、最大レンジの「１０００以上」の方にトンと振り切れてしまったのである。

そのまま針は戻ってこない。それは、二人が想像を絶する放射線の中にいることを告げていた。

これ以上は無理だ。

（……）

無念の思いがこみ上げてくる。しかし、これから先にいけば、さらに線量が高くなることは確実だ。そこには無残な「結果」しかない。

遠藤は、引き返す決断をした。とにかく作戦を立て直さねばならない。

だが、五メートルほどうしろを来る紺野には、それがわかっていない。くるりとまわった遠藤は、ダメだ、とジェスチャーで示した。

「サーベイメータを示して、ほら、これこれって、指さしたんです。数字を見るとか、見えるとかじゃなくて、もう線量がオーバー、厳しいから、これ以上駄目だという意味です。一刻も早くここから離れないといけないので、狭い通路で、紺野さんを追い越して、そのまま手をつかんで、うしろに引っ張ったんです」

もちろん、線量が異常な数値を示しただろうことは、紺野にはわかった。ショックだった。ベントができなくなる、という思いが頭に渦巻いた。

しかし、紺野は、一刻も早くこの場から去らなければならないのに、逆に動けなくなってしまった。身体の中に「力が入らなくなった」のである。

遠藤は、かまわず引っ張った。途中で手が離れた。やっと、もとの二重扉のところまで来た時、振り向いたら紺野がいなかった。

「二重扉の内側を開けようとしてうしろを見たら、紺野さんがいなかったんです。アレッと思って一瞬、心配になりました。そうこうしてるうちに、十メートルほど向こうの角を紺野さんが曲がってこっちに向かってくる姿が見えたんで、早く、早く、と手招きしました」

紺野は、引き返すまでサーベイメータを見ていない。突然、引き返すことになったショックは、それほど大きかったのである。

「足が動かなかった。気力がもう……身体が重たくて進めなかったな」

紺野は、そう言葉少なに思い起こす。

二人には、この時、ポケットに入れているAPDのアラームもまったく聞こえていない。全面マスクの上、大きな排気管の音が鳴っていた中では、ピーピーピーというアラーム音さえ、かき消されていたのである。

二人が中操に戻ってきた時、「大丈夫か！」という声がかけられた。それほど二人は疲労困憊《こんぱい》だった。

「ダメだった……」

装備を脱ぎながら、遠藤がそう言った。そして、こうつけ加えた。

「線量が高くて、無理でした……メータが振り切れた」

それは、絞り出すような声だった。

メータが振り切れた。恐れていた事態だった。もはや、現場に立ち入れないほどの線量が出ている。遠藤のひと言はその冷徹な事実を伝えていた。

ベントの方法をどうするか。ほかにどんな手段が考えられるのか。伊沢たちは、新たな事態に直面することになった。

「すごく暑かった。（マスクが）曇って見えなかった」

脱ぎながら二人がぽつりぽつりと語る圧力抑制室のありさまは、やはり、想像以上の過酷さだった。

「二人の線量計を見たら、80いくつから90いくつでした。第一陣とはまったく違う数字が出ていました」

伊沢はそう語る。ちなみに、このとき二人が浴びた正確な線量は、遠藤が「89ミリシーベルト」で、紺野は「95ミリシーベルト」だった。直前に行った大友と大井川の「四倍以上」の線量を一気に浴びたことになる。

法令で定められた許容線量は、「１００ミリシーベルト」である。それ以上は、許されない。その数字が近づくと、有無を言わさず、後方への退避が命じられるのである。

二人は、このあと伊沢から「免震重要棟への退避」を命じられた。

「事故対応での被曝《ひばく》限度は〝100ミリシーベルト〟ですから、中操も線量が上がっていましたので、グズグズしているとあぶない。二人には〝早く免震棟に行ってくれ。とにかく、ここはもういいから退避してくれ〟と指示しました」

と、伊沢は言う。紺野は、現場での線量、そして自分たちの被曝線量の数字を見て、初めて、

「戻ってきたことは、正しい判断だった」

と感じたという。

紺野の腕をつかんで必死で引っ張った遠藤は、次の対策にも思いを馳《は》せた。

「あの時は、もう戻るしかないと思いました。私たちは、昼前には緊対室へ退避させられました。その時は、次、どうするのか、と思いましたね。今度は、どんな手段があるのだろうか、と。要は、テストフライトじゃないけど、私たちが行ってみましたが、こういう状況だとわかったわけです。じゃあ、次にどういう手段があるかと決めるのは、自分たち中操じゃなくて、もう緊対室での判断だと思いました」

遠藤と紺野は、そのまま緊対室での作業に従事する。だが、緊対室での活動でも、次第に累計の線量が重なっていった。二人は、福島第一原発で最初に「100ミリシーベルト」を超えた人間となった。そして三月十三日、ついに緊対室からオフサイト

センターに「移送」された。

「医者に診《み》せよ」

吉田所長からその指示が出たのである。

「オフサイトセンターに行かされたら、こっちは汚染していますから、サーベイされて、もう〝宇宙人〟を扱うみたいな感じで迎えられましたね」

遠藤はそう笑う。

「オフサイトセンターの正面玄関脇に通用口があって、そこを入ったところに除染場となっていたシャワー室があったんです。もちろん暖房も電気もないから、お湯も出ません。三月ですから寒かったですよ。そこで、がたがた震えながらシャワーで除染しました」

しかし、除染は、なかなか完了しなかった。

「寒いなか、半分外みたいなところでシャワーを浴びて、一生懸命こするんですが、何回サーベイを受けても、まだ駄目ですと言われました。ごしごしやって、あれは五回目ぐらいでしたか、やっとOKを出してもらいました。いろいろ薬とかも塗りました。荷物も駄目でしたね。携帯電話も時計も全部汚染しているので、駄目ですと言われ、持っていかれました。もう、スッポンポンにされましたから、制服も何もないので、福島県職員のユニフォームを渡されて、私たちはその福島県職員の制服を着てオフサイトセンターにいました」

線量の「数字」との闘いでもあった過酷なベント作業は、恐怖との闘いでもあり、同時に技術者としての知識と理論が集約された総合戦となっていた。

第十二章「頼む！　残ってくれ」

放射能からの避難

三月十二日明け方、富岡町の災害対策本部は緊迫の度を増していた。

「ベントって何ですか？」

富岡町の「学びの森」の二階にある災害対策本部に戻っていた福島民報の富岡支局長、神野誠は、思わずそう聞き直した。

ベントとは、これまで全く馴染《なじ》みのない言葉である。それがおこなわれるという通知が東京電力からなされ、そのための準備に入るという。実施までに「十キロ圏内の住民」の避難をおこなうという知らせに、災害本部はさらに慌ただしくなっていた。いったいベントとは何なんだ。それをやったら、どうなるのか。また、やらなければ、逆にどうなるのか。

神野を含め、富岡町の災害対策本部にいるほとんどの人間がその言葉を知らなかっただろう。この時、神野は、災害対策本部に詰めていた福島第二原発の広報担当者に、最も基礎的な質問を浴びせたのである。

「ベントという言葉は、本当に初めて聞いたんです。何だろう、という感じだったですね。富岡町の災害対策本部にいる人も、ほとんど知らなかったはずです」

神野はそう語る。説明を聞いて、その意味がわかった。

「単純に考えれば〝ガス抜き〟ですよね。説明を聞いて、放射能がそんなに入ってない空気を逃がすんだと認識しました」

問題は安全性である。皆の関心はそこにある。そのことについて、福島第二の広報担当者は、

「そんなに危機的な影響を与えるようなものではありません」

と答えた。しかし、その時、

「風向きによって……」

という話を同時にしたため、遠藤町長以下、全員で災害対策本部の二階の大きなベランダにひるがえっている富岡町の町旗を見た。まだ早朝五時台のことで、夜は明け切っていない。町旗は、東側の海の方角に向かってはためいていた。

「通報義務に基づいて、東京電力から富岡町に対する説明がおこなわれている時に、私は横でそれを聞いていたんです。ベントによって、中の空気を出すことは出すけれども、それほど危険ではない、という感じの説明でした。停電していたんですけど、災害対策本部は自家発電機がベランダに二台置かれていて、その音がガーガーとうるさい中での説明だったですね。風向きのことを担当者が言ったので、みんなで一斉に町旗を見ました。風が海の方に向いていることがわかったので、ちょっと安心したのを覚えています」

町内への避難指示の放送が実施されたのは、午前六時五十分のことである。

この時点で、福島民報は富岡町災害対策本部に三人いた。神野と、昨晩、本社から応援に駆けつけた記者とカメラマンの二人である。神野が大熊町役場での記者会見に行くことを頼んでいた記者とカメラマンが戻ってきていたのだ。

大熊町役場での会見には、結局、NHKと福島民報の二社しか来なかったとのことだった。この時、カメラマンは車の中で仮眠をとっていた。神野は、避難が始まれば、渋滞が起こることを予想し、車のところに行き、コンコンと窓をノックした。

「避難指示が出ました。先に川内に行ってください。渋滞すると思いますから」

カメラマンを起こした神野は、そう言った。川内村は、富岡町から二十キロ近く西に位置する。そこでは、停電もない。避難指示が出た以上、渋滞が起きる前に、まず応援部隊を川内へ先発させることが重要だった。

「私は残りますので、先に二人で行ってください。それで、避難してくる人を川内で取材して本社に記事を出してください」

すぐに二人は川内に向かって出発した。

だが、川内に向かう道路は、すでに数珠《じゅず》つなぎになっていた。町の緊急放送と同時に避難が始まり、車はなかなか進まなかった。避難していく途中のこの時の光景を撮った写真は、福島民報の紙面を飾ることになる。

富岡町の災害対策本部にそれまでとは異なる緊張が走ったのは、その日の午後二時を過ぎた頃のことだった。テレビのテロップに、福島第一原発の周辺で「セシウム」が検出されたことが報じられたのである。

「セシウムかあ。ダメだなあ。ヤバイな」

思わず遠藤町長がそう呟《つぶや》いたのを神野は聞いた。セシウムは、原子炉内で生成される元素である。これが検出されるということは、原子炉内で生成されたものが「外部に漏れている」ことを示している。放射能汚染が「現実」になっていることを物語る事態にほかならなかった。

（いよいよ、ダメなのか）

神野は、思わず漏らした遠藤町長の言葉に、事態の深刻さを思い知った。災害対策本部にはこの時、まだ五、六十人が残っている。遠藤町長が、全員に向かって訓示をおこなったのは、その直後のことだった。

「みんな聞いてくれ」

遠藤町長は、そう呼びかけた。

「セシウムが検出されたようだ。私と何人かは防護服をつけて万全の態勢で残る。そのほかのみんなは至急、避難してくれ」

いよいよ災害対策本部も避難する――。一部の幹部を除いて避難し、災害対策本部も事実上、富岡町での機能を失うのである。これ以上の深刻な事態があるはずがなかった。

原発事故の怖さが、あらためて神野にこみ上げた。

「残るのは、相当の幹部だけのようでした。町長以外には、生活安全課長とか担当の何人かだけです。消防団は消防団で、遠藤町長の訓示のあと、団長が訓示して、避難が始まりました。私も一応、そこまで見届けて、川内の方に向かうことにしました。私は、セシウムが出たにしろ、富岡を離れるのは、せいぜい二、三日の間だけだと思っていました。自分の車を運転して、出発したんです。もう富岡町に残っている人はほとんどいなかったので、渋滞もないですし、誰もいない町を通って川内に向かいました」

出発して十分ほど経った頃だっただろうか。まだ町の境界まで来ていない時、前方から大型バスがやって来るのに神野は気づいた。

だんだん近づいてくるそのバスには、防護服を着た集団が乗っていた。白いタイベック姿である。それが、東電の集団だったのか、それともほかの組織の集団なのか、神野にはわからない。しかし、誰もいない道路ですれ違ったその集団は、緊迫する放射能事故の大きさを示すものであることは間違いなかった。

(被害の拡大を食い止めるために行ってるんだな……)

神野は、大型バスとすれ違いながら、そう思った。

(頼んだぞ)

思わず神野はそう呟いていた。富岡町の災害対策本部では、避難が始まる前からすでに、町役場の人間が町内の調査に出て行くときは防護服を着て、町長に報告する時も防護服のままおこなっていた。白いタイベック姿自体は、神野は見慣れている。

だが、ハンドルを握りながら、周辺の町が、だんだん誰もいない「死」の町へと変《へん》貌《ぼう》していくことを神野は感じていた。

ベントへの再チャレンジ

内部からの手動によるベント実施は困難——中操からの連絡は、緊対室に衝撃を与えた。

ついさっき、第一陣の作業が成功して、湧きあがった緊対室は一転、重苦しい空気に包まれた。

だが、吉田の指示によって、「次の手段」がただちに検討された。「外」からベントをおこなうことはできないか、というものである。

緊対室でフル稼働している復旧班から、あるアイデアが出された。

「コンプレッサー（空気圧縮機）を用いて、外から空気を送り込んでAO弁を押し開けることはできないのか」

すなわち手動ではなく、空気圧を利用して外部からの遠隔操作で開けられないか、というものだ。成否はともかく、試してみる価値はある。

だが、そのためには、コンプレッサーが必要だ。復旧班は、すぐにコンプレッサーを探し始めた。所内のどこかにはあるはずだ。

見つかったのは、長さが二メートル、高さと幅も一メートルほどあるコンプレッサーである。しかし、これとぴたりと合う「注入口」があるかどうかがポイントだった。

さまざまな検討や調査が断続的に進められ、さっそく実施に移された。

遠藤と紺野が免震重要棟の緊対室に上がってきたのは、三月十二日の昼になろうという時だった。一挙に100近い線量を浴びた二人は、伊沢に免震棟への退避を命じられていた。

運転管理部に所属し、この時、緊対室の発電班で動いていた吉田一弘《かずひろ》（四八）は、緊対室に入ってきた時の二人の疲労の色濃い表情を記憶している。

「二人は、汗だくで、いかにも申し訳ないという感じで入ってきました。疲れ果てていて、私は立ち上がって〝ご苦労さまです〟と声をかけました」

吉田一弘はこの時、福島第一原発の五、六号機を担当するD班の当直副長だったが、出身は一、二号機であり、都合十年以上にわたって一、二号機での勤務経験を持っている。

吉田は、南相馬の出身で大学生の長女と高校生の長男を持つ父親である。非番だった吉田は地震発生と同時に双葉町にある自宅から駆けつけ、五、六号機側の瓦礫《がれき》撤去や復旧作業を、夜を徹しておこなっていた。

しかし、吉田には、悪化する一方の一、二号機のことが気になって仕方なかった。十年以上も、一、二号機の運転員として勤務した経験があるのは、この時、緊対室に残っていた発電班のメンバーの中で吉田だけだった。

一、二号機に誰よりも愛着を持っている吉田は、原子炉を「助けたかった」のである。

「やはり、自分を育ててくれた原子炉ですから、愛着があります。長年、この運転に携わってきたので、自分が何とかしてあげたいというか、わが子に対するような思いがありました。夜中にだんだん（一号機が）危なくなってきた時、私は、自分を中操に行かせてくれ、と頼んだんですが、〝おまえは、五、六号機担当だからダメだ〟と言われて、私は、五、六号機の対応をやっていたんです」

しかし、遠藤と紺野が緊対室に上がってきた時、状況は変わった。二人のベテランが一、二号機の中操から撤退してきた以上、その代わりに入る人間が要るはずである。

その時は、自分しかいない。吉田一弘は、そう思っていた。
「誰か、行ける人間はいないか」
発電班の副班長がそう志願者を募った時、吉田は即座に、
「私が行きます」
と応《こた》えている。吉田は、一、二号機の中操で奮闘している伊沢当直長の小高工業の後輩でもある。その縁で伊沢とは特に親しかった。
愛着のある一、二号機を、しかも高校の先輩でもある伊沢当直長が守っている。自
分が行くのは、吉田にとって当然すぎる選択だった。
「おまえも来い」
吉田は、かたわらにいた後輩の佐藤芳弘（四七）にも声をかけた。
「佐藤も伊沢さんと同じ高校なんです。私の一学年下で、彼はバスケット部で、私は
陸上部でした。佐藤は三、四号機の担当だったんで、私に一、二号機に一緒に来い、
と言われた時は、びっくりした顔をしていましたね」
吉田は高校時代、中距離の８００メートルで、福島県大会で入賞を果たしたことも
ある俊足だ。バスケット部の佐藤も高校時代に福島県大会で優勝経験があり、こっち
も足には自信がある。ベントで失敗した直後に、その当直長二人の代わりに中操に行

くのである。なにがしかの役割を果たすことができるかもしれない――吉田の頭の中は、その思いに占められていた。

吉田と佐藤は、「吉田さん」「芳弘」と呼び合う仲である。

「吉田さんが、こっちを向いて、〝おまえも来い〟と言った時はびっくりしましたが、ああ、これはベントにいくつもりだ、ということはすぐわかりました。私は三、四号機の担当で、一号機は二十五年ぐらい前に短期間、担当したぐらいでしたから不安でしたが、吉田さんと一緒なら大丈夫だ、と思いました」

佐藤は、この時のことをそう振り返った。

「おう、来てくれたのか」

中操に吉田たちが入っていった時、歓迎の声が上がった。中操に来ること自体が、命を賭《か》けたものでもある。技術を持った運転員同士の独特の「連帯感」が吉田たちを歓迎したのだろう。

「中操のドアを押しあけた時、言葉が見つかりませんでした」

吉田の目に中操内の異様さがうつった。

「あらかじめ状況は聞いていたのでびっくりはしませんでしたけど、それでも〝ここまでなるのか〟というのが、第一印象でした。通常、われわれ運転員は、たとえ電源が落ちても、DC（直流電源）のランプはついているというイメージがあるんです。しかし、それも消えているし、非常灯も消えていました。本当に、ここまでなるか、と思いました。私たちが入っていった時は、机の上に置いてある蛍光灯のまわりに人が集まっていて、〝おう、来てくれたのか〟と迎えてくれたんです。私には、やっとここに来られたという思いがありました」

そんな中で、高校の先輩である伊沢だけが、違う言葉で吉田たちを歓迎してくれた。

「おまえら、〝決死隊〟だな。足が速いから来てくれたのか？」

伊沢は「決死隊」と「足が速い」という言葉を使ったのである。吉田は、その意味をすぐ知ることになる。

「もう一度トライする」

この時、中操のなかでは、そんな議論が始まっていた。再度の「トライ」、すなわち線量計が振り切れたことで、やむなく断念したAO弁のベントへの再チャレンジが話し合われていたのである。

もう一度、原子炉建屋に行き、内部からの手動によるベントに挑戦すべきだということが議論されていたのだ。それは、「第三陣」として、心の準備をおこなっていた平野と宮田建司（五〇）による「突入」にほかならなかった。

「自分の責任だ。自分が行く」

「相談するから集まれ」

伊沢のひと言で、中央の共用デスクの一号機側にあるスペースにベテランが集まった。ここでベントへの再チャレンジをめぐって、最終的な議論が闘わされた。

吉田一弘はこう語る。

「この時、平野さんと宮田さんが自分たちが行くと言っていたと記憶しています。平野さんたちは装備を途中までしていたような気がします。（原子炉建屋へ）入るルートとか、ここは線量がいくつだとか、あそこはいくつだから、このルートを使うかということを話し合っていました。しかし、平野さんは、バルブ自体の位置については、行ってみないとわからない、とおっしゃっていましたね。それで、みんなが少し心配になって、現場をよく知ってる人はいないか、という話になったんだと思います」

その時、吉田は、またも声を上げた。

「私、知ってますよ。私が行きましょうか」

吉田は一号機で十年以上の現場経験があるだけに、バルブの位置も知り尽くしてい

た。AO弁のある場所は、頭に入っている。そして、

「平野さんより（足が）速いですよ」

そうつけ加えるのを忘れなかった。吉田は、平野より八つ下だ。しかも、中距離で県大会の入賞経験がある陸上部の出身である。足には、自信があった。そもそも吉田は緊対室を出る時から、ベントに行くことを覚悟して中操に来ている。

吉田は笑いながらそう言ったが、平野は笑わなかった。命の危険があることはもとよりわかっている。自分より若い人間をそんな場所に行かすわけにはいかなかったのだ。

「これは、自分の責任だ。自分が行く」

全員に向かって平野はそう言った。第二陣が、線量計が振り切れて帰ってきているのである。それを後輩に譲れるはずはなかった。

「その時、平野さんと少し議論になったんです」

吉田はそう語る。

「危険だぞ。いくら線量があるのかわかっているのか」

吉田の顔を真っ正面から見て、平野はそう言った。

「平野さんは、おまえを行かせるわけにはいかない、と言いました。しかし、その場

を仕切っているのは、伊沢さんです。伊沢さんが、〝吉田たちの方が確率が高い〟という話をして、平野さんを説得しようとしていました。しかし、それでも平野さんはなかなか引かなかったと思います」

だが、今度は伊沢が譲らなかった。

「吉田の方がバルブの位置をわかっているし、平野さん、ここは吉田に任せましょう」

そう言って、平野を説得した。

「私が行きます」

最後は、吉田のそのひと言だった。平野は押し黙らざるを得なかった。

「もう平野さんは防火服を羽織っていましたからね。他のメンバーが平野さんの装備を脱がして、それを私に着せ直してくれました。平野さんは、抵抗していましたが、私と佐藤が行くことになったんです。平野さんは言葉がなかったですね」

吉田はそう言う。

伊沢は、陸上部とバスケット部にいた自分の高校の後輩に〝再チャレンジ〟を託したのである。

吉田と佐藤は、装備をつけながら話し合った。

「いいか。走るぞ」

「わかってます」

線量は、浴びる時間が短ければ短いほどいい。長くいればいるだけ身体に受ける打撃が大きくなる。そのためには、「走ればいい」のである。

だが、装備をしながら、二人に一抹《いちまつ》の不安がこみ上げてきた。ボンベを背負ってセルフ・エアセットをつけ、全面マスクに目張りをし、さらに大きなゴムの長靴を履いた時、

（これは走りにくいぞ）

と、思ったのだ。ましてセルフ・エアセットは口にあてる吸入部分が二重になっており、話しにくいし、聞きとりにくかった。

聞きしに勝る重装備だった。しかし、もはや「行く」しかなかった。

「愛着のある一号機を守りにいくんですから、ついにこの時が来た、という思いはあったと思います。でも、頭の中は、どういうルートで行って、どうベントをやるか、ということで占められていたと思います。とにかく、線量計を見ながら行けるところまで行く、と思っていました」

二人は、あえて電離箱式サーベイメータは持っていかないことにした。80ミリシー

ベルトでアラームが鳴るＡＰＤだけである。これを首から下げるだけにした。

「これまでの活動や先発隊のお陰で原子炉建屋の一階の線量は南側は70から80ミリシーベルト、北側は１００ミリシーベルトぐらいだということがわかっていました。〝南側の方が低いから、南側からアクセスしろ〟と言われました。放射線量は、ある程度の量があると、すぐ基準をオーバーしちゃうんです。原子炉建屋の一階を通過できて、圧力抑制室に入る時、どのぐらい線量が上がるかな、と思っていました。少なくとも圧力抑制室の入口までは行けると思っていました。あとは、走るしかない。でも１００ミリシーベルトになったら、往復で２００ミリシーベルトになりますから、さすがに引き返すしかありません。要は、どの位置で、どのくらいの線量になるか、それが勝負だと思っていました」

二人は、中操から淡々と出ていった。

「止まれえ！　止まれえ！」

二人が意を決して現場に向かった直後のことだ。緊対室からホットラインで電話が入った。

「スタック（排気筒）から白い煙が出ている。中操は大丈夫か！」

スタックから白い煙？　電話を受けた伊沢の顔色が変わった。一瞬で、危険を察知したのである。

排気筒は、その言葉通り原子炉建屋内部の空気を外に出すものである。単に空調による排気なら、なんの問題もない。だが、なかで「何か」が起こっている可能性がある。その原子炉建屋に、人がまさに「向かっている」途中なのである。

「止めろ！」

伊沢はその時、自分でも驚くほどの声を発していた。原子炉建屋に向かっている二人を止めろ、ということである。

反応したのは、副長の加藤と主任の本馬だ。伊沢が声を出した瞬間に、入口に近い場所にいた本馬が懐中電灯とマスクをつかんで駆け出していた。

「あいつらを止めろ！」

伊沢がもう一度言いなおした時には、本馬は中操の扉を開け、マスクをつけながら脱兎《だっと》のごとく走っていた。加藤もそれに続いた。二人が原子炉建屋に入ってしまったら、もう遅い。

何が起こったかは、わからない。しかし、緊対室からホットラインで「何か」が伝えられたあと伊沢当直長が「止めろ！」と叫んだのである。緊急事態であることは間違いがない。本馬はその瞬間に中操を飛び出したのである。

本馬が振り返る。

「伊沢さんの声の緊迫感が凄《すご》かったんです。緊対から電話が来たと同時に〝止めろ！〟って叫んだので、何かがあって止めなければいけないことがわかりました。止める理由は、こっちにはわかっていません。とにかく止めなければいけないと思いました。彼らが出ていって数分後だったと思いますが、私は、追いつける、と思って走ったんです」

本馬は、サービス建屋の二階にある更衣室を抜けて倉庫を抜けるという近道を行けば、追いつけると思った。そこを通って、階段を駆け下りた時、前方を行く二人のうしろ姿が見えた。

「止まれえ！　止まれえ！」

思いっきり叫ぶが、二人には届かない。耐火服に、空気ボンベ、全面マスクという〝完全武装〟で二人は進んでいる。うしろから大声を出されても聞こえるはずはなかった。

「おーい！　止まれえ！」

本馬は叫びながら、さらに走った。

本馬が二人に追いついたのは、原子炉建屋入口から五十メートルほど手前である。吉田たちは重装備で歩いている。地震と津波によって倒れたキャビネットの山を乗り越えていくのに、時間がかかっていた。そのおかげで、突っ走ってきた本馬が追いついたのである。

「戻ってください！」

そう叫びながら、本馬は、吉田の肩をうしろにグイッと引っ張った。吉田たちが背中に空気ボンベを背負っているため、うしろから肩を「引く」しかなかったのである。

本馬は柔道部の出身で、体重が百キロもある。その迫力ある男がものすごい勢いで突進してきて、いきなり肩を引っ張ったのである。

驚いたのは、吉田だった。全面マスクにセルフ・エアセットの完全武装状態である。音が聞こえないため、いきなりうしろに強く引っ張られるまで、何も気づかなかったのだ。

「肩のあたりを引っ張られ、本馬が私の左肩のあたりで、〝戻れ！〟って叫んでいました。驚きました。でも、こっちも思わず〝なんでだ！〟と叫びました。咄嗟《とっさ》に、戻れという意味がわからなかったんです。やっぱり覚悟を決めて、やって来ていますかられね。本馬が〝戻れという指示が出ました！〟と叫んでいましたが、私は、そんなことを言ってられる状態じゃないだろう！　と怒鳴ったような記憶があります」

一種の興奮状態でなければ、生と死をかけて放射能汚染の中に突入できるわけがない。吉田は、「戻れ」という本馬に反発したのである。

本馬と吉田は、ひとまわり歳が違う。吉田が先輩だ。

「吉田さんは怒ってました。怒鳴られましたね。でも、こっちは、中操に連れ戻さなければいけないと思っていますから、〝とにかく戻ってください。緊対からの指示です！〟と言いました」

本馬は無我夢中だった。ここで追いついた当直副長の加藤は、吉田に向かって〝戻れ〟と手で合図をした。

こうして、ぎりぎりのところで、二人が原子炉建屋の中に入ることは避けられた。

「本当にゾッとしました。原子炉建屋に入っちゃったら、どうなっていたかと……。吉田は、いきなり引っ張られ、なんでされたかわからなかったと言っていましたが、本当にぎりぎりだったと思います」

伊沢はそう振り返った。果たしてその白い煙は何だったのか。炉心が損傷して燃料棒が露出し、水が蒸発していったのか、それとも、どこかの水素が燃焼して白い煙を出したのか、その時の伊沢には、わからなかった。

しかし、この白い煙こそ、外部からのエア注入によって、一号機の弁が作動した結果、格納容器の圧力が放出されたこと、すなわち「ベントの成功」を表わすものだったことがのちに判明する。

だが、それがわからない中操では、原子炉建屋に突入することが「不可能である」という現実が運転員たちの頭のなかを渦巻いていた。

重苦しく、苦い澱《おり》のような出口のない空気が中操を支配した。

頭を下げる当直長

「当直長、俺たちがここにいる意味があるんでしょうか」

若い運転員が、突然、伊沢に向かってそう声を上げたのは、間もなくのことである。大きな声だった。暗闇の中にその声が響いた時、伊沢をはじめ当直長たちは、中操の真ん中にあるワーキングデスクのところで立ったまま次の手立てを考えていた。

吉田所長の指示によって、電源の復旧や空気圧を利用しての外部からのベントなど、さまざまな方策が講じられていたのだが、その結果が報告されることもなく、ただ時間だけが経過していた。

若い運転員たちにとっては、じっと「耐えるだけの時間」が過ぎていたのである。

何人かの若い運転員を代表して、彼は伊沢に対して立ち上がって声を上げた。少しでも線量が低い二号機側にほとんどの運転員たちが固まっている。その運転員たちの思いが、凝縮されたような言葉だった。

「俺たち運転員はなんにもできない状況だし、ここに俺たちがいる意味ってあるんですか。一回ここから撤退して、免震棟で作戦というか、なにかを立てて、決まったらまたこっちに来るとか、方法があるんじゃないですか」

運転員は、そうつづけた。もっともな意見だった。原子炉建屋への突入など、被曝《ひばく》の可能性の高い場所へは、当直長や副長クラスの人間が行っている。年齢が若い運転員たちには、計器の読み取りや津波の監視など、ほかの作業が命じられていたが、それもだんだん少なくなってきていた。

俺たちがここにいる意味はあるのか——それは、まさに中操にとどまる根本的な意味を問うものでもあった。

座ったまま数人の若い運転員が小さく頷《うなず》いているのが伊沢には見えた。かろうじてついている蛍光灯のおかげだ。

運転員の言葉を聞いて、さまざまな思いが伊沢の頭の中を駆けめぐった。生まれ育った自分の故郷の光景が、浮かび上がってきた。たしかに若い運転員たちのやるべき仕事は減ってきている。だが、まだ細かな仕事は残っているし、何かが起こった時には、人手がいる作業が発生する事態も考えられた。

沈黙が流れた。

「われわれが中操から退避するということは……」

伊沢が、やっとそう口を開いた。中操は、怖いほどの静寂に包まれた。全員が、「次」の伊沢の言葉を待った。

「われわれが……」

もう一度、伊沢は繰り返した。こみ上げる感情で、次の言葉が出てこない。

「ここから退避するということは、もうこの発電所の地域、まわりのところをみんな見放すことになる……」

途切れ途切れに伊沢は、そう言葉を継いだ。

「今、避難している地域の人たちは、われわれに何とかしてくれという気持ちで見てるんだ」

言葉に詰まりながら、伊沢はそうつづけた。

「だから……だから、俺たちは、ここを出るわけにはいかない」

子どもの時からこの地で暮らす伊沢の頭の中を、走馬灯のように故郷の風景が舞っていた。

「頼む」

声が次第に小さくなった。

「君たちを危険なところに行かせはしない。そういう状況になったら、所長がなんと言おうと、俺の権限で君たちを退避させる。それまでは……」

そこまで言うと、伊沢は最後のひと言に力をこめた。

「頼む。残ってくれ」

伊沢は、それだけを言うと、頭を下げた。一語一語、嚙《か》みしめるような口調だった。

運転員たちからは、言葉が出ない。涙がこみ上げた伊沢は、頭を下げたままうしろに下がった。

そのまま前にいると感情を抑えられなかったかもしれない。当直長として、男として、部下たちの前で涙を見せるわけにはいかなかった。

その時、伊沢の斜めうしろにいた平野が前に進み出た。同時に、大友も前に二、三歩出た。伊沢の前に並んだ形になった二人は、若者たちに向かって、黙って頭を下げた。

伊沢、平野、大友という当直長たちが、若い運転員たちに向かって「頭を下げた」のである。運転員たちは言葉を失っていた。

平野は、その時の心境をこう語る。

「本来だったら、私が当直長としては一番年寄りですから、伊沢君じゃなく、最初に私が何かを言わなくちゃいけなかった。でも、突然だったので、私は咄嗟に何も言えなかった。だけど、なんとか彼らに向かって言おうとした瞬間に、先に伊沢君が口を開いたんです。申し訳なかったと思います。伊沢君が、君たちを危険なところには行かせはしないので、もう少しここの場にとどまってくれ、と言ってくれましてね……」

平野は、何を言おうとしたのだろうか。

「実は私は、若くても、地域の人を守る、国を守るためには、自分たちはある程度、犠牲にならなくちゃいけない、やはり東電社員として最後は責任を取らなきゃいけない場面も出てくる、ということを言おうと思っていました……」

壮絶な場面だった。このままでは、故郷が「死ぬ」かもしれない。当直長たちは覚悟を決めていた。

平野が若い運転員に言いたかったのも、その「覚悟」についてだった。自分が口を開いたら、やや怒気を含むものになったかもしれない、と平野は今、思う。

「覚悟を迫るというのは、最後までできることはやらなくちゃいけないということです。原子力がこういう事態になった場合、生半可なことじゃ終わらないですよね。最後の事態に直面したら、それを最小限に抑えるために、われわれ最前線に立つ運転員が犠牲になっても、やらなければいけないことがあるわけです。何て言うんですかね。運転員としての責任感というか……」

そのことをどう言うか、悩んでいた時に、伊沢が口を開いてくれた、と平野は言うのである。

「そういう内容をうまくまとめられなかったんで、いろいろ考えて、悩んでいた時に伊沢君が話し始めた。彼が話し終わったあと、私は黙って頭を下げさせてもらいました」

伊沢は、たとえ「一人」になっても最後まで闘うことをとっくに決めている。

だが、伊沢は若い運転員たちを自分と一緒に死なせるつもりはなかった。ただ、まだやるべきことがある以上、彼らには残っていて欲しかったのである。

静寂の中、頭を上げた伊沢は、ふたたび、口を開いた。

「みんな……ここには、運転員だけでなく研修生もいる」

たまたま地震が起こった時、運転員として研修中の若者が一人いた。伊沢はそのことを語った。

「彼はまだ運転員じゃない。ここから緊対に退避させようと思う。いいな」

みんなわかってくれ、と伊沢はつづけた。

伊沢の言葉にそれぞれが頷いた。若い運転員たちは、こうして中操にとどまることに同意した。

だが、その研修生に二人の運転員をつけて見送った直後、予想もしない重大事態に見舞われるとは、伊沢や平野たちも、考え及ばなかった。

第十三章　一号機、爆発

衝撃と共に……

その瞬間、伊沢たちの身体は、凄《すさ》まじい衝撃音と共に浮き上がった。

それは、何度も襲っていた余震とはまったく異なる突然の〝激震〟だった。椅子から転げ落ちる者、床に座ったまま宙に浮き、そのままズシンと落ちる者……天井に取りつけてある蛍光灯や通風口のルーバー（羽板）も音を立てて落ちてきた。

「マスク！　マスクをつけろ！」

埃《ほこり》が舞い、中操全体が白っぽくなる中で、伊沢が叫んでいた。

昨夜来、持ち込まれていた小型の発電機が辛うじて灯《とも》していた何本かの机の上の蛍光灯も、この瞬間にかき消えた。

「何もないところで、いきなりドシャーンときましたから、何が起こったのか、わかりませんでした。一瞬、圧力容器の中で水蒸気爆発を起こして、ガーンと容器自体が突き上がったんじゃないかという思いがしました」

伊沢がそう言えば、主任の本馬は、

「地震は、まず地鳴りがしてそれから揺れるという〝プロセス〟があるんですけど、この時は、いきなり押しつぶされるような、ものすごいドーンっていう音と揺れでした。思わず床にへばりつきました」

三月十二日午後三時三十六分、それは、一号機の原子炉建屋が爆発を起こした瞬間だった。

（しまった！）

その時、伊沢の頭に、ついさっき免震重要棟に向かって出発した三人のことが思い浮かんだ。

「緊対に着いたら、すぐに連絡をよこせ」

伊沢は、運転員たちに単独の行動は絶対にさせないようにしている。研修生を送ったあと、帰りが一人にならないように、運転員を二人つけ、計三人で免震重要棟に向かわせていたのである。

その三人から「到着」の連絡が来ないうちに爆発が起こったのだ。

「あいつらが（緊対に）着いているかどうか、確認しろ」

伊沢はただちに緊対室にホットラインで連絡を入れさせた。

「着いてます！」

サーベイを受け、三人が緊対室に上がって、まさに連絡を入れようとした時に、爆発が起こったのだった。

爆発が何だったか、それは、なかなかわからなかった。

「最初、われわれも、何が起こっているのかわかりません。緊対にも聞いてみましたが、わかりませんでした。緊対からは逆に、こちらの発電機が爆発したんじゃないかとか、問い合わせがあったんですけど、われわれは、とにかく目を失ってるんで、緊対でわからないものは、こっちもわからなかったですね。原子炉がどうにかなったかもしれない、とにかく何かものすごいことが起こったんだということしか考えられなかった。みんなでなんだろう、なんだろうって、言い合っていました」

常時マスク着用となった伊沢たちは、お互いが話し合うのも、以後、不自由になった。やがて、緊対室から電話が来た。

「おい、リアクタービルの五階がないぞ！」

えっ、五階がない？　まさか――。

マスクをつけて暗闇の中にいる伊沢たちは、緊対室からの連絡が信じられなかった。

「原子炉建屋の五階部分がない、と言うんです。こういうことが起こったのではないか、いやそれはないだろうとか、話し合っているなかで、誰一人として原子炉建屋の上が吹き飛んだという想像はしなかったですね。実際に聞かされても、みんなで、なんだろうって言い合いました」

爆発の衝撃は、原子炉建屋から四百メートル離れている免震重要棟でも凄まじかった。

「爆発音というか、縦にガーンっていう揺れがあって、渡り廊下の手前の天井が衝撃でバンっと落ちたんです。地震で天井が落ちるはずはないので、免震棟のどこかでガスかなんかが漏れて爆発したのかと思いました」

そう語るのは、免震棟の玄関でサーベイを指揮していた関矢勝である。玄関から見ると、外は灰色になり、何かがどんどん落下していた。

「免震棟の正面玄関を入って真っすぐ行くと、バックドア（出入口）がありましてね。

これが爆発を起こした一号機側に向いているんです。鉄でできたこのドアが爆風でぷにょんとへしゃげたんですよ。うちのメンバーがそれを足で蹴《け》っ飛ばしてなんとか閉めて、ガムテープで目張りをしたんです。また、正面玄関から左に行くと事務本館との渡り廊下があるんですが、その手前に免震棟の空気の取入口であるダンパーがありました。これ、外の空気を取り入れてチャコールフィルターでろ過して、免震棟にきれいな空気を入れるための空調なんですが、そこから爆風が吹きこんで、渡り廊下の天井板を落としてしまったんですよ」

それは、免震棟の廊下の天井が破壊されるほどの衝撃だったのである。

「これで、免震棟は、外とツーツーになってしまいました。空気取り入れのダンパーから渡り廊下までの廊下の天井が落ちたんですからね。二階に行くと、ここにも渡り廊下があるんですけど、そこの天井も落ちてました。つまり一階も二階も外気とツーツーになってしまったんです」

汚染の数値は、当然ながら急上昇した。

「爆発のあと、10万カウントまで測れるGM管式サーベイメータが振り切れ状態で、測定上限値になりました。免震棟の玄関ドアのガラスの内側で、ガンマ線の線量として3ミリシーベルト、外には瓦礫《がれき》がボンボンと降ってきましたけれど、外に行って測ると、瓦礫によっては6ミリシーベルトとかの線量率を持ってるものが沢山ありました」

凄まじい爆発によって、汚染遮断しているはずの免震重要棟の安全性は、大きく揺らいだことになる。

「これ以降は、サーベイ自体が意味をなさなくなっていきましたね。サーベイ要員は、現場に行って帰って来るメンバーの汚染検査をしてるんだけれども、バックグラウンドのレベルが8万カウントぐらいの上限値に近くなっているんで、GM管式サーベイメータでサーベイをしても8万カウントとか7万カウントで、身体に汚染がついてるかどうかわかんないわけですよ。それからは、玄関フロアのところで、汚染した装備を脱がせるのが僕らの仕事になりました」

疲労困憊《こんぱい》して作業に従事しているメンバーは、ここで作業服を脱ぐのである。

「ヘルメットをとって、カバーオール（上に着るつなぎ服）を脱がせて上下ともジャージ（注＝長袖《ながそで》シャツとパッチのこと）の状態にして、靴下もとってもらいます。汗でびちゃびちゃになってる人たちは、そのジャージも全部脱いでもらって、新しいものを着させて、上（二階）に上げるしかないんです。だから、身体の表面とか顔とか、髪の毛とかには、汚染は大なり小なりついていると思いますけれども、それはもう仕方がない、という状態になりました。上で仕事をするためには、二階に上げるしかないですから。丁寧に除染なんてしてたら、復旧が間に合わなくなっちゃいますからね」

最初は、普通のパンツや紙パンツまで用意されていたが、たちまち底をついた。爆発以降は、それもなくなったのである。

内も、外も、これ以降、汚染状態での活動を余儀なくされたことになる。

海水注入への道

自衛隊の郡山駐屯地から〝命綱〟とも言うべき消防車をいち早く福島第一原発に持ってきて、そのまま給水活動をつづけていた渡辺秀勝曹長ら自衛隊の面々も爆発に遭遇した。

「ちょうどその時は、私が免震棟に戻っていました。部下五名が交代でまた一号機に注水するため、東電の方と現場に向かっているところでした。出発して間もなくドーンっという、階段とか壁とかが、割れてしまうような音がしました」

渡辺は、その音をこう表現する。

「自分は自衛隊では〝大砲屋〟なもんで、一門じゃなくて十門くらい並んだ火砲を一気にドーンと撃ったような感じに聞こえました。私のいた玄関右の待機室のちっちゃな三十センチくらいの窓から外を見たら、白い煙とか、破片とかが、ボワーっと来て、外が真っ白になりました。免震棟の中は、もう、バタバタバタバタバタって、すごい状態になりましたね」

渡辺は部屋を飛び出したが、部下に連絡をとる手段がなかった。あちこちから、

「落ち着け、落ち着けっ」

そんな声が聞こえた。

「自衛隊さん、連絡とれますか!」

東電の人間にそう問われたが、渡辺は、「連絡とれません!」というほかなかった。

間もなく外で作業していた人たちが次々、免震棟に飛び込んできた。

「爆発した!」「爆発したぞっ」

作業員は、そう叫んでいる。黄色い作業着や白のタイベックを着ている人もいる。なかには、白いタイベックが血で赤く染まっている人もいた。

(部下は大丈夫か……)

そう思いながら、渡辺はただちに彼らの救護に入った。

「なにか硬いものはないですか！」「あてるものを探してください」「雑誌があれば、それを紐《ひも》で縛ってください」「紐がなければ、ハンカチとかで代用してください！」

渡辺は、そこにいる東電の人間に次々と指示を出した。

「（免震棟の）入口が二重になってるんですけど、そこから、がーっと人が入ってきましたからね。誰も救護の経験がなさそうだったので、自分らはそういう訓練をやってますから、すぐケガ人の処置に入りました。ケガ人の服を脱がせたり、カッターで切ったり、足をケガしている人には、そのへんにある段ボールや紐を利用してケガの部分を固定したり、いろいろやりました」

だが、気になるのは、自分の部下たちだ。渡辺は、彼らが心配でならなかった。

やがて、部下たちに同行している東電の人間と無線で連絡がつき、全員無事であることがわかった。しかし、

「一緒に行ったその東電の人が、飛んできた瓦礫に胸をやられ、ケガをしたと言っていました。東電側のやりとりで、部下たちが大丈夫だというのが伝えられたんです」

なんとか無事のようだ。渡辺は胸を撫《な》で下ろした。やがて、免震棟の玄関の外に彼らの姿が見えた。

渡辺が「大丈夫か？」という手信号を送ると、部下たちは指でＯＫマークを出して

サインを送ってきた。

「ケガはないか！」

やっと免震棟の中に入った部下たちに渡辺が服を脱がせながら聞いた状況は、かなり危機的なものだった。

「みんな、汗をビタビタにかいていましたので、自分が上に行って、飲み水をもらってきて状況を聞いたんです。あまりに爆発がすごくて、震えて足が動かなかったと言っていました。現場で水を入れつづけている消防車は、ガラスが割れたり、上の梯子《はしご》とかも吹っ飛んでる状態で、傷だらけになっていました。爆風で助手席のガラスが割れて、そっち側に乗っていた東電の人がケガをしたんです。免震棟に戻るのは自衛隊が一番遅かったですね。みんな戻ってきているのになかなか姿が見えず、〝自衛隊さん、まだか、まだか〟と心配してもらっている時に、やっと帰ってきたんです。ほっとしました」

しかし、渡辺らは、爆発が起きたあとも、

「また（現場に）行きますよ。準備してください」

そう言われて、四時間後にふたたび注水活動に戻っている。だが、さすがに彼らも不安だった。

「班長、こういうところにいて大丈夫なんですか？」

「自分たちはどのくらい放射能を浴びているんですか？」

そんな質問をする部下もいた。だが、渡辺には、

「身体に害があるとか、そういう考えは持たないで、任務を遂行するように」

そう答えるほかなかった。

午後七時が近づく頃、東電側から渡辺にまた要請が伝えられた。

「今度は、三号機に海水を入れますので、海水のある場所に行きます。ついて来てください」

もともと渡辺たちは、「どんなことでもやらせてもらいます。指示を出してください」と要求している。いかなる要請にも応じるつもりだった。

「福島の自衛隊と、私たち郡山の自衛隊が、三号機の前に前進して、津波で海水が溜《た》まってるところ（注＝逆洗弁ピットのこと）に、ホースを入れて、そこから海水を吸い上げていきました。真っ暗だったので、下が見えていませんから、隊員のなかには直接、海から吸い上げているのだと思っていた者もいました。ホースを延びるだけ延ばして、吸い上げ口を下に投げ入れた時に、ジャボンという音が聞こえましたので、相当の量があったことは確かです」

十円盤を覆い尽くした津波による膨大な海水は、海に引いていく時、縦九メートル、横六十六メートルという巨大な「逆洗弁ピット」に、大量の水を残していた。それは、いわば海水のプールである。そこにあった大量の水が、原子炉の冷却に投入されるのである。

だが、三号機だけでなく、二号機への給水もまた差し迫った課題となっていた。RCICによる冷却から消防車による注水冷却へ——一、三号機への給水で手一杯の中、限りある逆洗弁ピットにある海水をどうするか。

海から直接、給水ラインを引くよりほかに安定した給水が果たせないことだけは確かだった。いったん停止したら二度と起動できないRCICに頼りながら、現場の闘いは続いていた。

だが、この海水注入をめぐって、首相官邸、東電本店、そして吉田所長を中心とする福島第一の対策本部との間に熾烈《しれつ》な攻防があったことを、現場の人間は知らなかった。

「海水注入を中止しろ」

爆発以後の線量増加など危険を冒しての作業によって、やっと海水注入が始まった直後、緊対室の吉田の前に置いてある固定電話から聞きなれた声が響いてきた。

「おまえ、海水注入はどうした？」

電話の主は、異変発生以来、官邸に連絡役として詰めている東電の武黒一郎フェローである。東大工学部を出て原子力畑を歩んだ武黒は吉田の八歳年上の六十四歳で、この時、副社長待遇のフェローだった。

東電のなかの狭い原子力部門の技術者同士である。武黒は後輩の吉田を「おまえ」と呼ぶほど近い関係にある。

武黒は、単刀直入にいきなりそう聞いてきた。

「やってますよ」

吉田は平然と答えた。

「えっ、本当か」

と、武黒。

「もう入れてますから」

吉田がそう答えると武黒は慌てた。

「おい、もうやってんのか」

「どうかしたんですか」

「それまずい、それ」

「どういうことですか」

「とにかく止めろ」

「なんでですか。入れ始めたのに、止められませんよ」

吉田は武黒の〝命令〟に反発した。しかし、次の武黒の言葉はさすがに吉田を驚かせた。

「おまえ、うるせえ。官邸が、グジグジ言ってんだよ！」

「なに言ってんですか！」

すさまじいやりとりになった。だが、そこで電話はぷつんと切れた。

（……）

吉田は、現場のトップとして、次々と新たな手立てを打たなければならなかった。六基の原子炉を抱える福島第一原発の所長として、それぞれを制御している責任者である。

だが、本店とテレビ会議でやりあっている途中、あるいは、現場で部下たちに指示を与えているさなかに、官邸からの電話が入ってきたのである。しかも、それが、

「官邸がもう、グジグジ言ってんだよ！」

というレベルのお粗末な話である。なんで〝素人〟の理不尽な要求が直接、現場の最前線で闘っている自分のところに飛んでくるのか。吉田は、そのことが腹立たしくてならなかった。

しかし、ことは予断を許さなかった。

吉田は、官邸に詰めている武黒からの命令を拒否した。ということは、今度は、武黒が東電本店に連絡して、本店からの命令として海水注入をストップさせようとする可能性がある。本店の命令ならば、今度は拒否できなくなる。

海水注入をストップさせないためには、どうしたらいいのか。

吉田は、即座に対策をとった。

すっと立ち上がった吉田は、同じ円卓に座っている海水注入を担当している班長のところに向かったのだ。班長は、テレビ会議のディスプレイとカメラに背中を向けた席にいる。

「おい。いいか」

班長の肩に手をかけ、テレビカメラを遮《さえぎ》ると、吉田はこう続けた。

「ひょっとしたら、本店から海水注入の中止の命令が来るかもしれない。その時は、本店に（テレビ会議で）聞こえるように海水注入の中止命令を俺がおまえに出す。しかし、それを聞き入れる必要はないからな。これは、あくまでテレビ会議の上だけのことだ。おまえたちは、そのまま海水注入をつづけろ。いいな」

「は、はい！」

吉田の険しい顔を見た班長は、そう答えた。

「今すぐ（海水）注入班にそのことを伝えて、徹底させろ。いいか。どんなことがあっても、海水注入は続けるんだ！」

こうして、海水注入中止の命令が本店から来た時の対応が決まった。

その直後だった。席に戻った吉田に、本店からテレビ会議を通じて呼びかけがあった。

「吉田君、吉田君」

「はい」

「海水注入をストップしてください」

予想通りだった。官邸サイドは、本店を動かして海水注入をストップさせようとしたのである。

「はい、わかりました」

吉田は、事前の打ち合わせ通り、班長に指示を出した。

「おい、海水注入をストップしてくれ」

「はい」

しかし、海水注入が無事〝続行〟されたことは言うまでもない。

これほどわかりやすく〝吉田らしさ〟をあらわすエピソードはないだろう。それは、吉田が「なんのために闘っているのか」という〝本質〟を決して見失っていなかったことを示しているからだ。

吉田や現場の人間が闘ったのは、会社のためでも、自分のためでもない。世のなかで一番、大切なものを「守るため」ではなかっただろうか。

それは「命」である。原子炉が暴走すれば多くの命が失われる。福島の浜通りに住む人、そこを故郷としている人々の命が失われるだけでなく、日本という国家の命さえ失われるのである。

それがわかっているからこそ、吉田は海水注入を止めなかった。その本質をわかっていない人たちは、上から命令された通りのことをやるしかなかったが、吉田をトップとする現場の人間は、闘いの本質を見失うことがなかったのである。

吉田は、この時のことをこう述懐した。

「シンプルに考えれば、膨大な熱量を取り除くには、〝海〟を使うしかないわけですよ。しかし、海を使うって言ったって、海の水を冷却用に使うRHR（Residual Heat Removal）、残留熱除去系というシステムが期待できなくなっているわけです。淡水なんかそんな大量にありませんので、もう海水を入れて冷やすしかないというのが、最終結論ですよね。とにかく冷やすしかないんだから、それはあたりまえのことなんです。こっちの頭はとっくにその方向に行ってましたけど、しかし、それを中止しろ、というんですからね。私にはとても理解できませんでした」

海水注入を続ける意味がわかる専門家が沢山いるはずの本店が、こともあろうに「中止」を命じてくることに、吉田もさすがに我慢ならなかったのである。

しかもそれが、海水注入によって「再臨界」になるのではないか、という官邸の懸念によるものだったことを知るのは、ずっとあとになってからである。

菅首相は、事故後の五月三十一日の衆院震災復興特別委員会での原発事故に対する集中審議で自民党の中川秀直・衆院議員の質問にこう答えている。

「海水の場合は、入れた後、水は蒸発しますから、塩が残るんです。塩による腐食の可能性とかそういう問題もある。そういう意味で、海水を注入した時のいろいろな可能性の問題を検討するのは当然じゃないですか。水素爆発の可能性、水蒸気爆発の可能性、再臨界の可能性、そして、塩が入ることによるいろいろな影響……そして、その間、（海水注入までの）時間が一時間半程度あると言われたので、そこにおられた専門家の皆さんに、では、そこも含めて検討をしてみてくださいと。（三月十二日の）十八時の時点で、私としては、海水注入はやるべきだけれども、それに伴っていろいろなことがあるとしたら、そのことはちゃんと専門家の中で検討してください、そういう趣旨で一貫して申し上げたわけでありまして、何か私が政治的な別の意図を持ってそういうことをやったとか、そういうことは全くありません」

のちにさまざまな事故調査報告書において「官邸の過剰介入」と指摘されることに対して、菅首相は、国会でそう答弁している。

吉田が推し進めた海水注入は、ぎりぎりの判断でおこなわれていたにもかかわらず、菅が語る「検討」によって、中断指示がなされたのは事実である。菅が検討を指示した「原因」と指摘されたのは、ほかならぬ班目春樹・原子力安全委員会委員長である。

「それは、おかしい。私は、海水注入しかない、と早い段階から言っています」

と、班目はこう語る。

「あの時、何の議論をやっていたかというと、海水しかないです、海水をぶち込んでください、と私は言いました。海水をぶち込むと、どういう問題が起こるかは、たぶん海江田さんに聞かれたと思うんですが、これは、誰でも考えることですけど、塩がどんどん出ますよね。塩がたまりすぎると、流れなくなってしまうじゃないですか。だから何日もつかわからない。それを調べなさい、と（保安院に）言ったと思います。そして海水にはものすごい腐食性がありますから、やはり長く続けるのはいやだけども、あの時点ではそんなことは言ってられません。そのほかにも、何でも言ってくれと言われて、海水だから、いやな元素も入ってるかもしれないと言いました。放射化のこと、つまり中性子で叩《たた》かれて、違う元素になって、放射線を出すようになるといやだねという話になったんです」

しかし、このことに政治家たちが過剰反応したというのである。

「原子力の基礎として、温度が下がってくると物質の密度は高くなりますから、ほとんどあり得ないんですが、臨界になる可能性はゼロとは言えないんですね。だから、一応臨界には気をつけるべきである、検討項目の中には残しておくべきだという意味で私は言っています。可能性がゼロではないというのは、当然、科学者としては、そう言います。でも、海水注入を優先して行わないと、本当にチャイナ・シンドロームになりますので、私は何が優先かというと、とにかく冷やすことですから、海水注入を優先するように言ったんです」

真水から海水へ――現場への過剰介入を繰り返す官邸は、この方針にすら口を差し挟んできたことになる。

班目がつづける。

「これを私が〝再臨界の危険性がある〟と発言したことが理由だと（政府・東京電力統合対策室は）発表しました。だから、私は抗議したんです。可能性がゼロではない、と言ったことを、そんなふうに捻《ね》じ曲げられたんですからね。可能性がゼロではないというのと、危険性があると指摘するのでは、全く違います。私は科学者として、（可能性が）ゼロではない、と言っているんです。おそらく、そこにいた経産省官僚の誰かが捻じ曲げたのだと思いますが、私は今でも、これは私に対する最大の侮辱だと思っています」

だが、驚くべきは、一国の総理が、専門家を沢山抱えている当の事業者（東京電力）に対して、「ベント」や「海水注入」といった技術的な問題に対して、いちいちこれほど細かな介入をおこなっていたということではないだろうか。

菅は、そのことについてこう語る。

「介入、介入と言うけれど、逆なんだ。原災本部長として、普通だったら現地からは避難の範囲については上申が来て、電力会社もさまざまな処理をして、じっと待っていたら、それでよかったんです。もともとの法律も含めて、建てつけは、本来、オフサイトのことはオフサイトセンターの現地対策本部が扱って、いわば最終了解だけ本部長である私のところに来るというものですからね。しかし、現実には、副大臣が現地に到着するのは三月十二日の午前〇時過ぎだし、着いてみたら電気が消えてるし、人は集まってないし、事実上、機能しなかったわけだ」

菅は、当時の状況を具体的にそう説明する。

「オンサイトも、法律の建てつけは、基本的には全部電力会社、つまり事業者がやるわけだよ。ここで言うと東電です。しかし、たとえば東電で言えば、電源車を運ぶことさえできなかった。その後、バッテリーがなくて、吉田所長が言って、個人の自動車からバッテリーを並べてやったなどというのは、現場としては必死になってやってることはよくわかるけど、なんで三日目に12ボルトの電源が本店から届いてないのか。ロジスティックもまったくなってなかったわけだ」

そもそも法律が想定する事態が甘かったということを菅は指摘する。

「これらは全部、(一九九九年の)JCOの事故を前提にした対応で、地震があって人が集まろうにも集まれないとか、そういうことは最初から想定していない。だから、いろんなものが機能しないから、必死になって、事実上、官邸でやったわけなんだ。

過剰介入、過剰介入と言われるけど、そういう事実というものをきちんと押さえて欲しいんだよ」

つまり、好むと好まざるとにかかわらず、官邸が前面に出ざるを得なかったというのである。しかし、その「必死になった」首相のために、官邸の中がいかに混乱状態になっていたかは、東電のテレビ会議に、「映像」と「音声」として残されている。

吉田に海水注入中断を要請して三時間あまりが経過した時、武黒フェローが官邸から東電本店に帰り、テレビ会議でこんな発言をおこなったことが映像には残されていた。

「〝イラ菅〟という言葉があるけども、まあとにかく、よく怒るんだよね。私も六、七回どつかれましたけども。あれから比べると吉田君のどつきなんてものは可愛いものだな、と思いますけど。昨日も退避、避難の区域を決めた時に菅さんところに呼ばれて〝どうすりゃいいんだ！〟〝どうすんだ！〟って言うわけですね。私と班目さんとで説明すると、〝どういう根拠なんだ！　それで何かあっても大丈夫だと言えるのか〟と散々、ギャアギャア言うわけです」

地震発生以来、一睡もせずに復旧への対策を練り、現場にそれを実行させている吉田所長は、自らの足を引っ張るさまざまな「相手」と闘わなければならなかったのである。

中操内での写真撮影

一号機建屋の爆発は、一、二号機の中操に大きな変化をもたらした。

緊対室の復旧班が必死になって海水注入への作業を進めていた三月十二日夕方、伊沢がついに若い運転員たちに免震棟への退避を指示したのだ。

(これ以上、若い連中をここにとどまらせているわけにはいかない)

伊沢は、そう考えていた。

爆発まで起こってしまった以上、線量の増加以外にも、いつ不測の事態が起こるかもしれなかった。二十名ほどの若き運転員たちが、一、二号機の中操から去って行った。

「中操にいる時は、私が責任者でしたから、(若い人を) 退避させられた時は、ほっとしました。ずっと苦しかったです」

伊沢はそう打ち明ける。

それまで四十名近くいた中操は、主任以上の人間を除いてほとんどいなくなった。

平野が言う〝年寄り〟ばかりになってしまったのである。残った人間を数えると「十七名」だった。

ＡＯ弁のベントの再チャレンジに向かった吉田一弘も、この十七名のなかの一人だった。彼らには、時間の感覚がまるでない。真っ暗な中操に居つづけているために、陽光を浴びることもなければ、満天の星空を見上げることもない。ただ、中操で、計器をバッテリーにつなげ、データをとりつづけるのが彼らの仕事となったのだ。

シーンとなった中操で、みんなに元気を出させようと吉田が声を上げたのは、夜が更けてきてからである。

「最後だから、写真を撮りましょう」

吉田一弘は、ことさら大きな声でそう言った。疲れ切っている面々には、反応がない。だが、

「最後だから」

という吉田の言葉に、高校の先輩でもある伊沢だけが反応した。

「縁起でもないから、やめろ」

しかし、吉田は〝先輩〟の言葉にかまわず、それぞれの写真を撮り始めた。

中操には、さまざまな局面で状況を写真に収めておくためにデジタルカメラが常備

されている。そのカメラを手に、吉田がパチパチと写真を撮っていくと、手を上げたり、親指を立てたり、ピースをする人間も出てきた。

頭にはヘルメットをかぶり、全面マスクをかけ、青や白のタイベック、あるいはB服と呼ばれる保護衣を着た面々が、暗闇の中でフラッシュによって照らし出された。事故発生以来、一睡もしていないが、たしかにこれが、人生〝最後〟の写真になるかもしれない。どんな思いで、それぞれが吉田の向けたレンズに反応を示したのか、想像もつかない。

「私たちは主に格納容器の圧力と原子炉水位計のデータをとるのが仕事でした。五分とか十分ごとに、これを読んで、緊対に伝えていました。そういうなかで、いつが〝最後〟になるかもわからないので、私はみんなの写真を撮っていったんです」

次の爆発がいつあるかわからない。そんな時間が止まったような空間で、中操内のようすを伝える貴重な写真は、こうして吉田一弘の手によって撮影されたのである。

伊沢たちが、中操での勤務を交代制に切り換え、ついに免震重要棟に引き揚げたのは、その翌日の三月十三日夕刻のことだ。

信じられない光景

「中操は、データ収集の人員を除いて免震棟に引き揚げよ。今後、中操内にとどまるのは〝交代制〟とする」

吉田所長の指示によって、伊沢たちは、「五名ずつ」の交代勤務に切り換わった。

一、二号機の中操から免震重要棟に上がってくる途中、伊沢は想像をはるかに超える光景を見た。すでに地震から丸二日以上、五十時間余が経過していた。

「私は地震当日の朝に中操に入って以来、外に出ていません。緊対からやって来る人間から、外の惨状を聞いてはいましたが、実際に見た時は驚きました」

普段は整理された「十円盤」の敷地が津波とその後の爆発で生じた瓦礫《がれき》によって、見るも無残な姿に一変していた。

一号機の原子炉建屋の上部を吹き飛ばした水素爆発の凄《すさ》まじさには、さすがの伊沢も言葉を失っていた。それは、空爆によって破壊された戦場の町を連想させるものだった。

衝撃を受けながら、やっと免震重要棟に辿《たど》り着いた伊沢は、今度は別の意味の異様な光景を見た。そこでは、あらゆる場所に人が「倒れて」いたのだ。それこそ「戦場」と表現すべきものだったかもしれない。

「免震重要棟の廊下やフロア、トイレのところ、ありとあらゆる場所に人がうずくまってるんですよ。協力企業の人も含めて、力尽きてる人がいっぱいいる。なにか不思議な感じがしました。戦争でいうなら、中操から免震棟に上がってきた時は、最前線の戦場から後方に下がってきた感じなわけです。そこに人が沢山いたことを知り、私はびっくりしてしまったんです」

免震重要棟にはこの時、およそ七百人がいた。しかし、伊沢は、どこか雰囲気的に違和感を感じた。そして、それがなんであるかがわかった。

「戦争でいうなら、〝非戦闘員〟がいっぱいいることに気づきました。こっちは、やっと中操から生きて帰りました。するとそこに、技術系ではない人たちが沢山いたんです。寝転んで、わけのわからないところに押し込められて、今、何が起こってるかわからないという人が女性や協力企業さんも含めて沢山いたんです。自分自身がやっと生きて帰ってきたって思っているところに、自分が助けなくちゃいけない人間がまだこんなにいっぱいいる、ということを知ったんです」

伊沢は、「非戦闘員」という言葉を用いた。

「あまりにいっぱいいるので、びっくりしました。緊対の吉田所長たちがいる円卓は最前線ですが、うしろの方には、なんというか避難した非戦闘員がいっぱいいたわけですよ。でもびっくりしただけでなく、私としては、仲間が増えたという思いも湧いてきました。中操では、自分が最高責任者でしたから、やっぱり孤独だったですよ。でも、免震棟に来たら、吉田所長を筆頭に、大勢で闘っているわけじゃないですか。特に、復旧班の主力は、放射線と水素爆発の危険がある現場で電源復旧に全力を挙げていました。だから免震棟に引き揚げても、私もあきらめなかったですね。中操では〝死〟を覚悟していましたけど、ここでは〝死ぬ〟という思いはなかったです。免震棟では、〝ここからやれば、なんとかできる〟と思ったんです。不思議な感覚っていうか、まだまだいける、と思ったことを覚えています」

第十四章　行方不明四十名！

「大丈夫か！」

ドーーーン

それは、陸上自衛隊中央特殊武器防護隊隊長の岩熊真司・一等陸佐（四九）がジープの助手席から降りようとした、まさにその時だった。三月十四日午前十一時一分、福島第一原発の二号機と三号機の間でのことだ。

「！」

声を出す間もなかった。突然の凄まじい音と爆風によって、自分たちの乗っている車が浮き上がったのか、それとも自分自身の身体が浮き上がったのか、岩熊にはわからなかった。

痛烈な衝撃と共に、周囲は一瞬にしてグレー一色となった。

視界はまったくきかない。恐怖を潜ませたような灰色の世界で、聞いたことのない〝音〟が彼らを包み込んでいた。それは、上から何かが落ちてくる音である。

岩熊は、それが瓦礫が落下してくる音であることに気がついた。いや、瓦礫が「襲ってくる」音といった方が正確かもしれない。爆発で吹き飛ばされた破片や瓦礫が、岩熊たちを目がけて、次々と降り注いでいた。

「長かったですね。どのくらいあったでしょうか。本当は何秒とか、何十秒とかなんでしょうが、自分には、何分もあったように感じました。ドカン、ドカンという音もしました。落ちてきた瓦礫にあたって、フロントガラスが割れました。その空いたところから、さらに瓦礫が入ってきました。コンクリートの破片やいろんなものが入ってきたので、大きなものに当たったら、危なかったと思います」

岩熊たちは自衛官である。咄嗟《とっさ》に自分の身を守る基本動作をとっていた。

「身体をできるだけ低く、小さくするのが基本です。それで下に潜り込みました。私は助手席に、（運転していた）部下は運転席の下に入りました。なかなか〝音〟がやまないので、どこまでが爆風だったのか、どこからが瓦礫が降ってきた音なのかわからない感じでした」

助手席の岩熊は、爆風が右から襲ってきたので、なんとか助かった。だが、運転席は、右側のガラスが爆発と共に吹き飛んでいた。

「大丈夫か！」

「大丈夫です！」

幸いに部下も無事のようだ。お互い下に潜り込んだまま、二人はそう声をかけあった。

まさか到着早々、こんなことになるとは……。岩熊たちは前日の十三日夕方から同じように危機的な状況にあった福島第二原発で給水活動をおこなっていた。しかし、この日の朝、福島第一原発の三号機への注水が緊急であることが告げられ、急遽《きゅうきょ》、現場にやってきたばかりだった。

「これはもう自衛隊にしかお願いできません」

そう岩熊に要請したのは、現地対策本部長の池田元久・経産副大臣である。その緊迫した表情は、岩熊に事態の深刻さをいやでも知らしめるものだった。だが、現場にやってきた途端に彼らは凄まじい爆発に巻き込まれてしまったのである。

岩熊の頭には、「なんて運が悪いのか」という思いと、逆に「自分たちは幸運によって助かった」という相反する思いが交錯していた。

「私の乗るジープが先に進んでタンクを通り越して、うしろの二台を誘導するために降りようとした時に爆発が起こったんです。ジープのドアに手をかけた瞬間だったんですが、もし開いていたら、たぶん、爆風でドアが飛んでいたと思います。まだドアが開く前だったんで、運がよかったと思いました。うしろの水タンク車の隊員もまだ降りずに乗っていたので、仮に、少しでも爆発の時間が遅かったら、最悪の状況だったかもしれません」

だが、うしろの水タンク車の被害も尋常なものではなかった。

重量九・四トンの水タンク車の天井は、布のキャンバスである。いわゆる幌《ほろ》だ。落ちてくる瓦礫で、幌が突き破られ、ぼろぼろになっていた。そこから次々とコンクリートの塊が中に飛び込んできていた。

「現場においてあった普通の工事用トラックも屋根がめちゃめちゃになっています。幌の水タンク車がぼろぼろになったのは当然でした。もちろん、私の乗っているジープも幌だし、同じように大きい瓦礫が中に入ってきました」

やっとグレー一色から視界が晴れはじめた時、音も収まってきた。

「降りるぞっ」

「はい！」

しかし、運転席側は爆風の直撃を受けており、窓ガラスが割れているだけでなく、ドアも開かなかった。

「こっちなら大丈夫だ。こっちから降りろ」

かろうじて開いた助手席のドアから、二人は出た。部下のタイベックの下は血だらけだった。右足の太ももと背中に傷を負っている。重傷かもしれない。

まだ煙がもうもうとしていた。埃《ほこり》も、小さな金属片も、宙を舞っている。大きな瓦礫こそ落ちてこなくなっていたものの、まだ身の危険がある。

うしろの水タンク車の下から足を引きずって別の隊員も出てきた。どうやら、車の下の方が安全だと判断し、素早くトラックの下に潜りこんだようだった。

「いてえ、いてえ」

そんな声も聞こえてきた。しかし、全員、無事だ。

「大丈夫か」

「大丈夫です」

足を引きずりながらも、部下たちからそんな元気な声が返ってくる。最後尾、すなわち二台目の水タンク車に乗っていた隊員も、命に別状はなかった。

岩熊が最も気にかかったのが放射能である。いったい何が爆発したのか、放射性物質の飛散はあり得るのか、あるとしたらどの程度のものなのか。

「とにかく早くここから離れなくてはいけませんでした。うしろの水タンク車の部下も全員、打撲を負っていました。頸椎《けいつい》にムチ打ちに近いような打撃を受けたようです。全員、自力で歩けましたので、みな自分の足で離脱できました。われわれにすれば軽傷です」

だが、携帯している線量計の数字が極端に上がってきていた。離脱は、一刻も早くしなければならない。

「離脱するぞ。早く！」

「はい」

岩熊は部下の返事を待って、「行くぞ！」と叫んだ。その時、岩熊の目に人影が飛び込んできた。灰色の埃の中に、人影が見える。それも一人や二人ではない。四、五人、いや、それ以上いる。七、八人はいるだろう。オレンジ色の防護服にマスク姿の人間が、どこかから這《は》い出すように姿を見せたのだ。東電の関係者だった。

どこから出てきたんだ――岩熊は、彼らも一緒に離脱させないといけない、と思った。

「早く行きましょう！」

岩熊は、全員に声をかけながら原子炉建屋を背にして、さっきやって来た道を逆に歩いていった。誰も、何もしゃべらない。いや、少々叫んでもマスクをしているために聞こえないだろう。彼らは黙々と歩いた。

三号機の裏に消防車のような車が見えた。

「あの車で行きましょう」

一緒に現場から離脱しようとしている東電の関係者がそう言った。だが、爆発の衝撃でエンジンがかからない。瓦礫のダメージでぼろぼろになった車だ。仕方がない。全員が少しでも現場から離れようと、さらに歩いた。

「大丈夫か、歩けるか」

「早く行くぞ」

そんな声をかけたが、マスクを着用しているため、どれだけ聞こえているかわからない。

「私たちはタイベックの上に自衛隊のオーディー色（モスグリーン）のヘルメットをかぶっていますから、現場の人たちも東電の普通の人たちじゃないということはわか

った と思います。埃は、だいぶ落ち着いてきていました」

三号機から七、八十メートル歩いただろうか。坂を上がっていった一行の前に工事用の大型トラックが停まっているのが見えた。

「鍵《かぎ》がついていたら、あれを動かせ」

すかさず岩熊が部下に命じた。幸いトラックには、キーがついたままだった。

「かかりましたっ」

爆発現場から離れていることもあり、ここまで来れば、やはり車のダメージは小さかったようだ。

「乗ってください！」

「早くっ」

自衛隊員は、東電の現場の人たちにそう叫んだ。次々と乗り込んでいった。

「これで全員ですね？」

岩熊は、確認した。

「うちは全員乗りました」

自衛隊はすぐに答えたが、東電側からは、

「うちはまだです。まだいます」

そんな答えが返ってきた。岩熊が後方を見ると、たしかに五十メートルほどうしろに、歩けずにうずくまっている人間がいるのに気がついた。そばに一人、誰か立っている。

「行けるか？」

運転席にいる部下は、「大丈夫です」と言うと同時に、そのまま大型トラックをバックで退《さ》がらせていった。

「バックで退がって、二人を乗せました。部下と東電の人たち三、四人で、倒れてる人を抱えて乗せたんです。この人は、とても自分の力で歩けるような状況じゃなかったですね。たぶん、瓦礫が当たったんだと思います」

岩熊はそう語る。マスクが外せないので、声は聞こえても表情はわからない。

「声は聞こえますが、表情は見えなかったですね。全員で七、八人になりました。われわれは、そのままオフサイトセンターに帰りたかったんですけど、彼らが免震重要棟の方に帰らせてくれというので、そちらの方にまわって、全員を降ろしました。怪我してる人は担がれ、それぞれが入っていきました。われわれは、オフサイトセンターから来ています。一刻も早く帰って報告と部下の治療をおこなわなければなりませんので、〝われわれはオフサイトセンターに戻ります〟と告げて、そのままオフサイトセンターにトラックを走らせました」

生きては帰れない

（しまった）

緊対室にいた吉田所長は、爆発音と衝撃の瞬間、そう思った。

三号機の格納容器の圧力が朝方から上昇し、爆発の危険性が高まったとして、吉田は、現場から作業員を引き揚げて待機させていた。

しかし、格納容器の圧力が落ち着き、現場に作業員たちを再配置した時に爆発が起こったのである。

「本店、本店！　大変です、大変です！」

吉田はテレビ会議で叫んだ。

「三号機でたぶん〝水蒸気爆発〟がいま起こりました！　免震重要棟ではよくわからないんだけど、地震とは明らかに違うものがまた来て、タテ揺れとヨコ揺れが来ません。一号機と同じような爆発だと思います！」

吉田は、「一号機と同じような爆発」と言いながら、「水素爆発」を「水蒸気爆発」

と言い間違えている。かなり慌てていたことがわかる。

「パラメーター確認しろっ」

「線量はどうだ！」

緊対室は一転、喧噪《けんそう》に包まれた。

「ガンマー、中性子など変化はありません！」

（これは、死者が出ている）

吉田は即座にそう思った。それほど凄《すさ》まじい衝撃だった。

「行方不明四十名！」

そのあと緊対室に轟《とどろ》いた声に、吉田は凍りついた。

（これで、俺はここから生きて出るわけにはいかない）

その数字を聞いて、吉田はそう思った。

「あの時、かなりの人間を現場に出していたんですね、現場に行って作業してくれって言ったのは私ですから、もう自分が生きてる意味がねぇって、思いました。人を大勢死なせちゃったかもしれない、それは私の責任だな、と。生きて出ることはできない、ここで死のうと思いました。腹切るしかねぇな、と」

いま振り返っても、吉田はその時のことが悔やまれてならない。

「私は三号機の格納容器の圧力が上がったから、現場から避難させてたんです。危ないから一回退避しろということでね。ただ、退避してても一号機と三号機への海水注入はどうしてもやらないといけないわけですよ。次の二号機の段取りもしないといけないんで、どこかの段階で現場に人を出さなければならなかった。本店のほうからも、ちょっと格納容器の圧力が落ち着いてきたから、そろそろ作業始められないかという要請があったわけです。半分、渋々ではあったわけだけども、もうちょっとようすを見たいなって思いながら、よく気をつけて行ってくれということで出したんですよね。そこに爆発が起こった。行ってくれって言ったのは、私ですから、しまった、と思いました。私の責任でした……」

作業を命じた時の言葉を吉田は記憶している。

「一応いま格納容器の圧力が安定状態になったと思うんで、各作業にあたっていた人間は現場に行って、作業を継続してくれ」

それから間を置かずに爆発しただけに、「安定状態になった」と言ってしまったことに、悔いがこみ上げてきたのである。

福島第一原発では、事故やなにがしかの異変が生じた場合は、必ず総務の人間が人数確認をするシステムがある。各グループから報告を受けて、情報収集し、累計をとっていくのである。

「あの時に、最初に行方不明四十名と聞いたわけです。これは、安否が確認できていない人間の数なんで、最初は多いのは当然ですが、それにしても数がすごい。ショックが大きくてね。もう、なんというか胸がギュッとしまったっていう感じですよ。なんか息が止まるみたいな感じになりました」

これはもう俺は生きながらえるわけにはいかん——総務の報告を聞いた瞬間、吉田がそう思ったのは無理もなかった。

だが、時間が経つにつれて、行方不明者の「数」は減っていった。ケガをしながらも、免震棟に戻ってくる人数が増えていき、行方不明者の数が三十名、二十名、十五名……と減っていったのである。

行方不明者の数は、結果的になんと「ゼロ」となる。

「まさかゼロになるとは思わなかった。本当に嬉《うれ》しかった……。最後までわからなかったのは、自衛隊の人たちなんです。こっちに報告がなかったんで、安否がなかなか確認できなかったわけです。しかし、それも、オフサイトセンターに無事に帰っていることがわかって、結局、死者は出なかった。ケガ人はだいぶ出ましたが、死者が出なかったことで、本当に胸を撫《な》で下ろしました」

「もう、来なくていいですよ」

前日十三日の夕方から交代の勤務態勢になったばかりの一、二号機では、爆発の時、伊沢は免震重要棟の緊対室にいた。それは、ちょうど「交代」の時間にさしかかるタイミングだった。

「私もドーンって来た時、自分たちの揺れだけじゃなく、緊対についているテレビ映像でも見て、ああって思いました」

また爆発だ。中操にいる仲間は大丈夫か、すぐに交代に行かなければ、と伊沢は咄《とっ》嗟《さ》に考えた。だが、

「爆発で外の放射線量がグーッと上がったんです。それでなかなか交代に行けないんですよ。こっちが、交代に行きますと言うと、本部の指示で、今は外が危ないから、交代に行くのをやめてくれと言われました。それで、今こういう状況だから交代に行けないって、ホットラインで言った時に、中操の運転員が言葉に詰まっちゃったんです……」

一号機は二日前に爆発している。今度は三号機での爆発である。「次」は二号機だ

というのは、誰しもが考えることだった。

「こっちも交代に行けないことが、苦しくてたまらない。それで、〝ちょっと待ってくれ〟とホットラインで言った時に、自分はどうなっちゃうんだという思いが向こうにはあったと思います。それで電話の向こうから、涙で声を詰まらせて、覚悟したように、〝伊沢さん。交代、来なくていいですよ〟って言われたんです」

来なくていいですよ――その言葉が、伊沢の頭に谺《こだま》した。

「いや、いま行けないだけだから」

伊沢がそう言うと、電話の向こうは一瞬シーンとして、

「もう、いいですよ……いいですから、伊沢さん」

向こうは全面マスクをかぶっている。そのため「もう」という言葉が余計、くぐもって聞こえた。マスクに籠《こ》もった声が、伊沢の胸を衝《つ》いた。

「あの時のことも忘れられません。彼は、覚悟して、交代に来なくていいと言っていました。私の直属の班の部下でしたけれども、その時のあいつの気持ちを考えると、今もたまりません」

なに言ってんだ、すぐ行く――伊沢はこの時、

「中操の責任者は俺だ。俺が当直長だ！」

そう叫んでいた。

「まだ許可が下りてなかったんですけど、私、しびれを切らしちゃって、もう中操の人間が精神的に耐えられない、線量がどうのこうのじゃなくて、私は行きますからと言って、許可を得ないまま四人だったか、五人だったかで、中操に向かったんです」
四、五人で車一台に乗り込んだ伊沢たちは、中操に向かった。
「中操に入っていったら、そいつが、もう泣いてました。バツ悪そうに。私は、黙ってマスクの上からゴンって殴りました。なんていうか、やっぱり、交代に来てくれるって嬉しいんですよ。人間ですから」

伊沢自身も、地震と津波のあと、プラントが最悪の状態に突き進んでいった時、中操に駆けつけてくれた仲間たちの存在がどれだけ嬉しく、心強かったかしれない。

俺たちがおまえを見捨てるわけないだろ——後輩のマスクの上から黙ってゴンと叩《たた》いた伊沢の心境は、きっとそういうものだったに違いない。

第十五章　一緒に「死ぬ」人間とは

近づいてきた「最期」

免震重要棟の緊対室は、悲壮な空気に支配されていた。すでに事故から四日目。ほとんど睡眠をとることもできず、文字通り、不眠不休の状態でここまで来ていた。だが、ついに事態は、〝最期〟を迎えようとしていた。

この日の午前十一時過ぎに起こった三号機の爆発で、海水注入をおこなっていた頼みの消防車が破壊されてしまったのである。ホースなども損傷し、ついに海水注入による冷却活動がストップしてしまったのだ。それは、致命的な事態だった。

冷却ができないということは、燃料を冷やすための水が蒸発し、燃料棒がむき出しになることを意味する。それは刻一刻と燃料棒が損傷し、メルトダウンが近づいてくることを示していた。

二時間後の午後一時過ぎ、吉田は、放射線量の落ち着きを待って現場確認を指示した。これ以上の時間の経過は許されない。意を決して、凄《すさ》まじい破壊の跡となった「現場」の調査を命じたのだ。それは予想以上の被害だったが、わずかな〝朗報〟もあった。

原子炉建屋近くの消防車は、運転不能となっていたが、そこから離れた海側の「物《もの》揚場《あげば》」の消防車が二台、無事だったことがわかったのだ。これは、海から海水を吸い上げ、そこから逆洗弁ピットに海水の補給をおこなっていた消防車である。

これが辛うじて運転可能なことがわかった。

ただちに、その消防車を使って、物揚場から直接、海水を送る指示が吉田から発せられた。

ズタズタになっていたホースを交換して、この消防車によって注水が「再開」されたのは、午後三時半を過ぎた頃である。

だが、最大の危機を迎えていたのは、「二号機」だった。三号機爆発のタイミングで二号機のRCICが止まり、炉内の圧力が上昇し始めたのである。水位も徐々に低下していく。消防車を通じて海水注入をおこなおうとするが、すでに中の圧力が高くて入らなかった。

「水が入りません！」

もはや、中で完全に燃料棒が露出していることは、間違いなかった。

「要するに、セーフティー・リリーフ・バルブという〝逃がし安全弁〟が開かないから二号機の圧力が落ちないんですよ。中の圧力が一平方センチあたり一〇キログラムの圧力より下がらないと、消防車の押し込み圧力が勝つことができず、水が入っていかないわけです。水がそこで〝止まっている〟だけですよ。その圧を抜くためのバルブがちゃんと動かなくて、それで時間だけとって、圧が抜けなかったんです」

吉田所長は、そう振り返った。

「電源にバッテリーを利用して中操からの操作で弁を開けっていうことなんですよ。常に閉じているバルブを強制的に開く。ところが、これも電源だとか、シリンダーにエアーを注入してやるエアー源とかがうまくいかないと開かないんですよ。バルブが複数個あって、一個一個トライしていくんですけど、なかなか開かない。原子炉の圧力は高いままですから、ここで見ていると、これは水が絶対入らないっていうのはわかるわけですよね」

所内でコンプレッサーまで探し出して〝空気圧〟を送ろうとした方法が、なかなか功を奏さなかったのである。だが、あきらめるわけにはいかなかった。これが成功しなければ、二号機の格納容器の爆発が起きる可能性が高まってくることを示している。

それは、すなわち「最期」を意味する。

「これは恐ろしい事態ですよ。今までの中でも最悪です。いよいよそういう状態になるというぎりぎりが来ていました」

吉田はそう語った。緊対室の緊張はいやが上にも高まっていた。現場の状況報告が滞りがちになった時、吉田の叱責《しっせき》が飛んだ。

「確認だ。確認！」

吉田の指示に、

「……のはずです」

そんな報告が来ることもあった。

「〝はず〟じゃねぇ、バカ野郎！」

さらには、

「おまえ、〝はず〟で動くか、バカ野郎！」

そんな吉田の怒声が緊対室で飛んだ。

「僕もね、本当に腰がもう抜けかけたところがあって、逆に最悪を考えるから腰抜けるんだけどね。ほかの人はどう思ってたか、よくわからないんだけど、本当のプロであれば、たぶんみんな腰が抜けていいんじゃないかと思うんですけどね」

丸三日以上、吉田は、ほとんど寝ずに活動をつづけている。現場の人間は時折、交代で身体を横たえていたかもしれないが、それでも〝不眠不休〟には変わりなかった。

「現場はすごいと思いましたよ。よくあの時に、水を入れに行ったりですね、消防車に燃料補給に行ったり、やりつづけてくれたと思いますよ」

三号機の爆発で「四十名行方不明」という一報から引き続いた事態に、吉田の体力はすでに限界を告げていた。

午後六時二分、緊対室に「減圧開始！」という声が飛んだ。

（圧力が下がり始めた！）

そのデータコールがあった時のことは、緊対室にいた人間は忘れられないだろう。きっと天の助けに違いない。吉田は、そう思った。午後七時五十四分には、ショット（水）も入り始める。

だが、本当に弁が開いて圧力が下がり、水が入っているのか、あるいはそうではないのか、確認しなければならなかった。

計器だって信用できない状態ですから、と吉田は言う。

「すぐに私は消防車の脇にいる人間に、水が流れてるかどうか確認させました。一生懸命がんばっても、弁が開いてないと、流れないじゃないですか。要は、流れていく感覚があるかないかです。だから、消防車の流量計を見させ、それからちゃんと手で触《さわ》った感覚で水が流れているかどうか、ホースで確かめさせました」

水が流れると、ホースは脈打つ。どくどくとホースの中を水が流れて行く感じが、外からでもわかるものである。吉田は、それを確認させようとしたのである。

「とにかく消防車の流量計と、水が流れてる感覚の両方で確認してくれって指示したんですよ。しばらくしたら、〝流量計がちゃんと立っています！〟というのと〝流れている感覚があります〟という二つが報告されました。ホッとしましたよ。なにしろホッとした……」

現場の線量が高いため、現場にいる時間は、できるだけ「短く」しなければならない。

「被曝《ひばく》を少しでも避けるために、ちょっと離れた小屋の脇に（作業員は）退避してるんです。なかなか通じないんですが、そこにトランシーバーで指示するんです。それを通じて、そういう報告が来ましたね」

ぎりぎりの場面だっただけに、緊対室に拍手が湧き起こったことを吉田は記憶している。

しかし無情にも、その安堵《あんど》も長くはつづかなかった。

思い浮かべた仲間の顔

原子炉建屋からおよそ九百メートル離れた正門付近で、「毎時500マイクロシーベルト」の放射線量が計測されるのは、午後九時三十五分頃のことだった。

一度は、下がり始めたはずの二号機の格納容器圧力が、ふたたび上昇に転じていた。それは、気まぐれな原子炉が、あたかも人間を弄《もてあそ》んでいるかのようだった。

午後十時五十分、東京本店では、記者たちに二号機の格納容器の圧力が異常上昇したことで、原災法一五条に基づく通報がなされたことが発表された。現場の必死の作業にもかかわらず、圧力は低下せず、厳しい状況がつづいていた。

すでに円卓に座る幹部たちの体力は、限界を超えている。午後十一時四十六分、ついに二号機の格納容器圧力は、設計圧力の二倍近い「750キロパスカル」まで上昇し、いつ「何が」起こってもおかしくない状態になっていった。

実は、二号機のベント操作は前日の十三日朝からおこなわれ、この段階では、まだ一号機のような高線量の状況ではなかったためにMO弁は手動で開けられ、AO弁も外部からのエア注入によって、いったんは開いていた。しかし、三号機の爆発の影響と思われる電気回路の不調で弁が閉じ、必死の復旧操作にもかかわらず、ふたたび開くことはなかったのである。

一進一退がつづいていた。だが、それは、いよいよ〝最期〟に向かう一進一退ではないだろうか。口には出さずとも、幹部たちはそのことを悟っていた。

吉田は、格納容器爆発という最悪の事態に備えて、協力企業の人たちに、帰ってもらおうと思った。

「皆さん、今やっている作業に直接、かかわりのない方は、いったんお帰りいただいて結構です。本当に今までありがとうございました」

緊対室の廊下に出た吉田は大声でそう叫んだ。

廊下には、多くの人間が身体を横たえている。ほとんどが、タイベックを着たまま泥のように眠っているのである。膝《ひざ》を抱えて座っている者、壁にもたれたままの人間、小さなスペースを見つけて深い眠りに落ちている者……それは、〝野戦病院〟そのものだった。

彼らが、突然の吉田の言葉に驚き、そして、耳を傾けた。

最期が近づいていることを誰もが肝に銘じた。免震重要棟から一歩外へ出るということは、放射能汚染の中に「出ていく」ということである。しかし、その危険を冒してでも、今は、ここから「離れる」ことのほうが重要だったのである。

「本当にありがとうございました」

協力企業の人たちに頭を下げる吉田の姿を見て、復旧に全力を尽くす社員たちもいよいよ最期が近づいていることを知った。

朝方の何時だっただろうか。午前四時、いや五時を過ぎていたかもしれない。

席に戻り、しばらく経った時、吉田のようすがおかしいことに何人もが気づいた。

顔から精気が失われ、どこか虚《うつ》ろな表情をしている。明らかにこれまでと雰囲気が違う。

ふいに吉田が、座っている椅子をうしろに引いて、立ち上がった。それは、〝ゆらりと〟立ったように見えた。

身長百八十四センチ、体重八十三キロという吉田が、幽霊のように立ち上がったかと思うと、今度は、テーブルを背にして、椅子と机の間にできたスペースにそのまま胡坐《あぐら》をかいて座りこんだ。

そして、ゆっくりと頭《こうべ》を垂れたのだ。吉田は、目をつむったまま微動だにしなかった。手は、長い脚が交差している部分を包み込むように置かれている。見ようによっては、それは座禅を組んでいるようにも思えた。

（もう、終わりだ……）

周囲の人間には、そのことがわかった。誰も言葉を発しない。黙って吉田の姿を見ている。事態の深刻さを緊対室に詰める誰もに悟らせるシーンだった。

その吉田の姿は、「最期の時」が来たことを身体全体で周囲に伝えていた。

この時、まっさきにその〝異変〟に気づいたのは、吉田の背中側の席にいた企画広報グループの猪狩《いがり》典子（五二）である。

「あの時、もう最期だと思いました。それまで席に座っていた吉田さんが突然、立ちあがったかと思うと、机の下にそのまま〝胡坐〟をかくように座ったんです。吉田さんは、しばらく頭を下にして、目をつむっていました。私は、ああ、（プラントが）もうダメなんだ、と思いました」

猪狩は、技術者でもなければ、プラントの専門家でもない。プラントの状態は頭で理解しているつもりでも、実際のところはわからない。

三分、五分、十分……その状態はつづいた。猪狩は、吉田のようすを黙って見ていた。企画広報グループの猪狩の席は、吉田とわずか五メートルほどしか離れていない。地震発生以来、どれほど疲れていても、その素振りすら見せなかった吉田に「限界」が来たことを見せつけるものだった。

しかし、この時、吉田は、頭を垂れながら、あることを考えていた。

「私はあの時、自分と一緒に〝死んでくれる〟人間の顔を思い浮かべていたんです」

吉田は、こう回想した。

「もう完全にダメだと思ったんですよ。椅子に座っていられなくてね。椅子をどけて、机の下で、座禅じゃないけど、胡坐をかいて机に背中を向けて座ったんです。終わりだっていうか、あとはもう、それこそ神様、仏様に任せるしかねぇっていうのがあってね」

それは、吉田にとって極限の場面だった。吉田は何を思ったのか。

「何人を残して、どうしようかというのを、その時に考えましたよね。ひとりひとりの顔を思い浮かべてね。私は、東電に入社してから、福島第一は長いんですよ。若い時から何度も勤務しているし、あわせると十年以上、ここで働いていますからね。若い時から、一緒にやってきた仲間が結構いるんですよ」

吉田は、そのひとりひとりの顔を思い浮かべたというのである。

「最期はどういう形で現場の連中と折り合いっちゅうか、そういうものをつけるか、ということです。それは、プラントとの折り合いをどうつけるかという意味でもあります。それから、水を入れ続ける人間は何人ぐらいにするか、誰と誰に頼むかとか、いろいろなことがありました。極論すれば、私自身はもう、どんな状態になっても、ここを離れられないと思ってますからね。その私と一緒に死んでくれる人間の顔を思い浮かべたわけです。これは、発電班の連中よりも、特に復旧班なんですよ、水を入れたりする復旧班とか、消火班とかですね。もうここまで来ると、そっち側の仕事になるんですよ。私、福島第一の保修部門では、三十代の初めから働いてますからね、一緒に働いた連中、山ほどいますから、次々、顔が浮かんできました」

最初に浮かんだのは、同い年の曳田《ひきだ》史郎（五六）という復旧班の班長の顔だった。

「復旧班長って二人いるんだけど、そのうちの一人なんですけどね。これはもう、本当に私と同い年なんですよ。高校から直接会社に入っているから、大学院を出て入ってきている私とは社歴が違うんだけど、年が同じだったからね。ウマが合って、昔かららいろんなことを一緒にやってきました。こいつなら俺と一緒に死んでくれるだろうな、って最初に浮かんできたですね」

こいつなら一緒に死んでくれるだろう、こいつも死んでくれる、と、それぞれの顔を吉田は思い浮かべていた。「死」という言葉が何度も吉田の口から出た。

「やっぱり、一緒に若い時からやってきた自分と同じような年嵩《としかさ》の連中の顔が、次々と浮かんできてね。頭の中では、死なしたらかわいそうだ、と一方では思っているんですが、だけど、どうしようもねぇよなと。ここまできたら、水を入れ続けるしかねぇんだから。最後はもう、（生きることを）諦《あきら》めてもらうしかねぇのかなと、そんなことをずっと頭の中で考えていました」

吉田には、どれほどの時間、そこに座っていたのか、記憶がない。

「座ったまま、どのくらい考えていたのか、わからないんですよ。見当もつきません。時間については、ほとんど記憶にないんですよ。それで、もうしょうがねぇと腹決めて、あとはデータを待つしかないんですよ。データが改善されるのを待つしかない。それが報告されなければ、腹決めて、最期まで復旧の活動をやって、それで死ぬほかなかったですね」

「死」を覚悟した吉田の頭には、やはり若い時から長い間、一緒にやってきた肝胆相照らす仲間の顔が浮かんだのだった。

猪狩が言う。

「吉田さんはそのあと、ごろんと横になったんです。はっと思いました。ああ、吉田さんもいよいよ、と思いました。吉田さんは、しばらく横になったままでした。私たちには吉田所長だけが頼りでした。吉田さんは気取りのない人というか、素《す》のままの人なんです。見た目も大きいですが、実際に人間として大きい。どんなことがあっても逃げない人で、みんなが頼りきっていました。その吉田さんが、そういう状態になってしまったんです。私は、もうダメなんだと思ってしまいました。うちの企画広報の人間が机の下で倒れている吉田さんに〝しっかりしてください。大丈夫ですか〟と声をかけて起こしたのは、三十分ぐらい経ってからだったと思います」

それは、「日本」を守るために闘う男のぎりぎりの姿だった。

第十六章　官邸の驚愕と怒り

「えっ、全員撤退？」

二号機がやっと落ち着き始めたという情報を得た原子力安全委員長の班目春樹は、日付が三月十五日に変わろうとする頃、仮眠をとった。事故発生以来、徹夜がつづくハードな日々に、班目の肉体が悲鳴を上げていた。

ふらふらになった班目は、周囲に休むことを勧められ、同じ原子力安全委員会の久《く》木田《きた》豊・委員長代理のいた部屋にあったソファで二時間ほど身体を横にしたのである。

だが、班目は午前二時頃、叩《たた》き起こされた。ふたたび二号機の圧力が上昇して事態が深刻化し、官邸五階の総理応接室に来るように命じられたのだ。

班目が総理応接室に入っていった時、菅首相はいなかった。枝野官房長官、福山官房副長官、海江田経産相、細野首相補佐官、寺田首相補佐官ら政治家と、安井正也（資源エネルギー庁　省エネルギー・新エネルギー部長）、伊藤哲朗（内閣危機管理監）といった役所の人間が集まっていた。その場で、班目は枝野と海江田から意見を求められた。

「東京電力が福島第一から全員撤退したいと言っている。どう思うか」

枝野と海江田の表情は険しかった。班目は、そう聞かれた時、「まさか」と思った。

これに先立って枝野、海江田の両大臣は東電の清水正孝社長から電話連絡を受けていた。

二号機が非常に厳しい状況になっており、今後ますます事態が悪化する場合は、退避を考えている――。

清水社長はこの時、そんな内容の報告をおこない、了承を求めている。清水はこの電話で、「制御に必要な人間を除いて」という言葉を使っておらず、二人は、清水の言うことを「全員撤退」と受け止め、さっそく班目を呼び出して、意見を求めたのだ。

班目は驚いた。全員撤退など、あり得るはずはない。それは、原子炉の制御を放棄し、すべてのプラントを〝暴走〟に任せるという意味である。

そんなことが許されるはずがない。もし、全員撤退が本当なら、東京電力は事業者としての責務を完全放棄したことになる。それは「日本」を見捨てるという意味でもある。班目は、驚きと同時に怒りがこみ上げた。

班目は、その場にいた安井部長と共に、意見を述べた。

「一度撤退したら、原発に近寄ることは難しくなります」

「東京電力が撤退した後、自衛隊とか米軍に後始末してもらうなんて、そんなことはあり得ない。最後まで事業者が面倒を見なければいけません」

「免震重要棟というのは、放射線防護のためにきちんとフィルター、換気設備がついてるから、まだ頑張れるはずです」

班目と安井は、そう意見を述べた。彼らは、福島第一原発の免震重要棟に七百人もの人数が残っており、吉田所長がプラント制御に必要な人間を除いて、「福島第二原発に移動」させようとしていることを全く知らない。

そのため「全員撤退はあり得ない」という認識は、その場にいる人間の統一意見となった。

午前三時、総理執務室の奥の応接室のソファで寝ていた菅は、秘書官に起こされた。

海江田からの緊急の報告を受けるためである。

「東電から撤退したいという話が来ています。どうしたらよろしいでしょうか」

東電が撤退——？　菅は、突然の報告に仰天した。「撤退」したら、「日本」はどうなるのか。

それまで、最悪の事態が片時も頭から離れたことのなかった菅は、この時のことをこう振り返った。

「私は、事故が起こってから、ずっと最悪の事態を考えてきました。普通の火力発電でも、コンビナートでも、そりゃあ、燃料タンクに火がついたら大変だけど、どこかでは燃え尽きるんだ。そこが原発とは、全然違うんです。ある意味では、一定以上危なくなったら、逃げたっていい。だけど、原発というのは、燃え尽きない。燃え尽きない上に、制御する人がいなくなれば、一つアウトになったら全部がアウトになっていくんだからね。つまり、福島の第一と第二の十の原子炉と十一の核燃料プールが全部アウトになるというのが、私の基礎数字ですよ」

一国の総理が想定した「最悪の事態」とは、どんなものだったのか。

「そもそも格納容器の爆発っていうのは、世界に例がない。チェルノブイリは格納容器のない型ですからね。放置したら、量的にチェルノブイリどころでない、というのが私の認識です。

チェルノブイリの事故は、冷却機能が止まったんじゃなくて、核反応が暴走して、ボンっといってますからね。そして、黒鉛炉だから、火がついて燃えてるわけで、一挙に出たわけですよ。しかし、この福島の第一と第二のすべての原発とプール、つまり十の原発と十一の使用済み燃料プールにある放射性物質の量っていうのは、事故を起こしたチェルノブイリ四号炉の十倍じゃきかないんですよ。そうなった時はどうなるか。その時に日本がどうなるか。私は、ずうっと考えてましたよ」

国家のリーダーとしての孤独を、菅はこう語った。

「あの一週間は、すぐ隣の公邸にも帰らずに、夜も総理執務室の奥の応接室のソファに、防災服のまま毛布をかぶって寝ていました。一人になった時は、こう頭に浮かぶわけですよ。日本はどうなるかな、と。まさに背筋が寒いですよ。チェルノブイリは、結局、軍隊を出して、それで、みんなにセメントを持たせて、放り込んで石棺をつくるわけですよ。それで、相当の人が亡くなっている。軍隊を投入して、相当の犠牲者を出して抑え込んだわけですよね。そういうことは、私も知ってますから、どこまでいくんだ、あそこから逃げたらどうなるんだと、ずっと考えていましたよ」

もし、そういう事態になったら、言うまでもなく首都・東京もやられる。

「当然です。（原子炉を）コントロールできなくなるほど怖いものはない。日本には戒厳令はないし、避難までの時間的な長さも、どの程度になるかわかりません。これは、私もそれまで迂闊《うかつ》に言えなかったですよ。たとえば、それは個人個人の問題にもなるし、その時は陛下も含めて皇室のこともありますからね。だから、撤退問題が起きた三月十五日にそういう議論になった時、私は閣僚なり補佐官の前で初めてそのことを話したんですよ。撤退なんてありえない、逃げたらどうなるかわかってるのか、と。それまでは、あまりにもことが大きすぎて、言葉に出せなかったですよ」

菅は、当時の苦しい胸中をそう振り返った。

「近藤さん（注＝近藤駿介・内閣府原子力委員会委員長）が試算したのは、（避難対象が）二百五十キロですよ。これは、青森を除いて、東北と関東全部と新潟の一部まで入っています。そうなったら、どうなるのか。二百五十キロというのは、人口五千万人ですからね。だから、放置したら、そういうことになるんだ、と。なんとしても止めなきゃいかん、と思いました。自分自身も含めて、本当の意味で、命を賭《か》けて止めなければならない、と思いましたね」

東電の清水社長が官邸に呼び出されたのは、それから一時間ほどのちの午前四時過ぎのことだ。総理応接室には、菅首相以下、枝野官房長官、海江田経産相、細野補佐官、福山官房副長官ら政治家と班目らが顔を揃えた。

大きな細長いメインテーブルの片側に政治家たちが座り、班目ら専門家や官僚が、それと向かい合う形で席に着いた。菅首相は、両側を見据える位置の上座の席に着いた。

千代田区内幸町にある東電本店は、永田町の首相官邸から一・五キロほどしか離れていない。車を飛ばせば、十分もかからない位置にある。清水が部屋に入って来たのは、メインテーブルに全員が揃って間もなくのことだった。

「東京電力は、福島第一原発から撤退するつもりなのか」

菅は、最初から、そう問い質《ただ》した。だが、清水の答えは、その席にいた全員を絶句させた。

「撤退など考えていません」

えっ——。撤退するのではないのか。撤退するというから、この夜中に全員が緊急に集まっているのではないのか。誰もが清水を見てそう思っただろう。

「清水さんが席に座って〝撤退など考えていません〟と言った時、かくっと来ました。そして、なんだ、やっぱりそうか、と思ったんです」

班目は、そう語る。

「それまで、私は政治家に全員撤退と聞かされているわけです。私も現場がどれぐらいの線量になってるか、知りません。免震棟のフィルターでどれぐらいまで頑張れるか、わからない。だけど、その後、さらにすごい現象が起こったというのも聞いてないわけだから、何もできない、何もできないと東電が言っているだけじゃないかというふうに思っていたんです。なんで撤退なんだと。おかしいなと思って、問い質そうと思ったの。しかし、清水さんが部屋に入ってきて〝撤退など考えていません〟と言ったのには、本当にびっくりしました。かくっと来て、次に、やっぱり撤退ではなかったのか、と思いました。ほんと撤退などありえないことですからね」

班目は、清水の話に耳を傾けた。

「清水さんは、わりと小さい声で、ボソボソっとしゃべるでしょ。それで〝撤退など考えていません〟と言いましたよ。私は、それまで、撤退などそんなわけないと思いながら、政治家に〝撤退を認めていいのか〟と聞かれていたわけですからね。政治家からああ言われちゃったら、私も東電が本当に完全撤退を考えたのかなと、信じましたよ。私自身が電話を受けたわけじゃないし、電話を受けた複数の政治家にこう言ってると言われたら、信じますよ。でも、東電が政治家に誤解させるようなことを電話したのは確かですからね」

清水社長の説明不足と、報告を受けた政治家の誤解が、のちに国会でも議論される「全員撤退問題」となったのである。班目は、東電をこう批判する。

「私、言っておきますけど、政治家には多分に同情的なんです。だって、専門的なことは政治家にはわからないんですからね。私は官邸にずっと閉じ込められていますから、官邸側と同じような心理状態なんです。それに対して、東京電力や保安院なんかについては、ものすごい不信感を持ってます。当時、官邸は東京電力をまったく信用していない。なに言ってるんだ、東京電力は、という思いになっていたのは、よくわかりますよ」

この総理執務室の会議で、菅は清水社長に対して、

「十分な意思疎通ができていない。適切に事故対応にあたるため、政府と東京電力が一体となった統合本部を東電本店に設置する」

そう通告している。それは、官邸の東電への不信感から発したものであったことは間違いない。

「逃げてみたって逃げきれないぞ！」

車で東電にやってきた菅首相が、東電本店二階の非常災害対策室に姿を現わしたのは、およそ一時間後の午前五時半を過ぎた頃だった。連日の不眠不休の活動で、誰もが疲労の極にある。だが、司会役を務めた細野補佐官からマイクを受けとった菅は、

「ここにはもうマスコミはいないな？」

そう前置きしてこう話し始めた。有名な、およそ十分にわたる演説である。

「福島原発で起きている状況がどういうことを意味しているかわかっていると思う」

菅はそう切り出した。

「これまで法に基づき、政府にも対策本部を置いていたが、事業者と合同で統合本部を設置することが望ましいと判断した。法的には、首相である私が事業者に対して直接指示できることになっている。本部長は、私、菅だ」

演説は、テレビ会議の映像を通じて、吉田のいる福島第一原発のほかにも、福島第二原発、現地対策本部のある大熊町のオフサイトセンター、柏崎刈羽原子力発電所にも同時中継されている。

この時、総理の演説だけに、多くの人間がメモにペンを走らせている。

「副本部長は、海江田大臣と清水社長だ」

菅がそう言うと、海江田が立ち上がり、礼をした。次第に菅の口調が激しくなる。

「事故の被害は甚大だ。このままでは日本国は滅亡だ。撤退などあり得ない！　命がけでやれ」

テレビ会議映像には、菅のうしろ姿しか映っていない。だが、声はマイクを通じて響きわたっている。左手を左腰のうしろにあて、向き直ったり、さまざまな方向を見ながら、菅はしゃべりつづけた。

言うまでもなく吉田以下、福島第一原発の最前線で闘う面々にも、表情こそ見えないものの、興奮した菅のようすがわかった。

その現場の人間の胸に次の言葉が突き刺さった。

「撤退したら、東電は百パーセントつぶれる。逃げてみたって逃げきれないぞ！」

逃げる？　誰に対して言っているんだ。いったい誰が逃げるというのか。この菅の言葉から、福島第一原発の緊対室の空気が変わった。

（なに言ってんだ、こいつ）

これまで生と死をかけてプラントと格闘してきた人間は、言うまでもなく吉田と共に最後まで現場に残ることを心に決めている。その面々に、「逃げてみたって逃げきれないぞ！」と一国の総理が言い放ったのである。

「現地に足を運び、所長と情報交換してきた。しかし、情報が遅い！　東電の情報は、不正確だし、誤っている。一号機の水素爆発は、テレビが映し出しているにもかかわらず、政府への報告は一時間遅れだ。目の前のことだけでなく、その先を見据えて、当面の手を打て！」

昂揚《こうよう》感だろうか、口調はさらに強くなっていく。

「六十になる幹部連中は現地に行って死んだっていいんだ！　俺も行く。社長も会長も覚悟を決めてやれ！」

テレビ会議を通じて、演説を聞く人間の間にざわめきが広がる。総理大臣として、常軌を逸した言い方だった。

「撤退したら東電は百パーセントつぶれる！」

菅は先に言った言葉をもう一度、繰り返した。そして目の前にいる東電の幹部連中を見まわしながら、こう言った。

「なんでこんなに大勢いるんだ！　大事なことは五、六人で決めるものだ。ふざけるんじゃない！　小部屋を用意しろっ」

最後は、凄《すさ》まじい口調となった。

本店の非常災害対策室に詰めていた面々は、あまりの首相の剣幕に啞然《あぜん》としていた。いや、それよりも、テレビ画面を通じて、怒声が響き渡った福島第一原発の緊対室は、怒りと虚しさが入り交じった奇妙な雰囲気に陥った。

その時、緊対室の円卓の中央の本部長席にいた吉田は、テレビ会議の映像とカメラの方向に背を向けて、すっくと立ち上がった。

なんだろう？　まわりが吉田を見た瞬間、吉田はズボンを下ろし、パンツを出してシャツを入れなおした。総理に尻《しり》を向けて、ズボンを下ろしたのである。

（なに言ってやがる、このバカ野郎）

吉田はそう言いたかったのかもしれない。東工大の先輩でもある総理に対して、現地で死を覚悟した吉田自身も、空虚感と怒りを覚えていた。

「逃げ切れないぞ、というのは、そういう意味ではありません。日本が崩壊するんだから、日本自身が逃げられないっていうことなんです。私にとっては、私自身のことでもある。逃げられないんだから」

菅直人・前首相は、この時のことをそう語った。

「私は、総理大臣として言っているのであって、別に福島の現場の人に対して言っているわけではない。あそこで言ったのは、あくまで、日本が事故収束を諦《あきら》めたらダメだ、他の国に任せることはできない、つまり、日本人が逃げ切れないってことなんです。誰かが悪いなんて、私は言っていない」

テレビ映像を見る現場の人間を驚かせたその発言について、菅は、そう振り返るのである。

第十七章　死に装束

「各班は、最少人数を残して退避！」

「二号機、サプチャンの圧力、ゼロになりましたぁ！」

その声は、緊対室に轟《とどろ》きわたった。声の主は、伊沢郁夫である。伊沢はそのシーンを繰り返し思い出す。「うっ」という声にもならない声がその瞬間、緊対室を包んだのだ。

三月十五日午前六時過ぎ──。

直前に大きな衝撃音が緊対室を包み込んでいた。明らかに〝何か〟が爆発した音だった。

（今度はどこが……？）

緊対室に緊張感が走った瞬間、

「パラメーター、確認しろ！」

吉田所長がそう叫んでいた。

「はい！」

発電班の席にいた伊沢は、ただちに中操に連絡した。二日前の夕方から伊沢たちは数時間ごとに一、二号機の中操に交代で行く態勢に切り替えている。

この時、中操に入っていたのは、平野を筆頭とする運転員たち五人である。平野たちは爆発音が起こってすぐ暗闇の中操で懐中電灯を頼りに、パラメーターの数字をいちいちバッテリーにつないで読み取っていった。その時、サプチャンの圧力が「ゼロ」になっていたのを発見したのである。

「二号機、サプチャンの圧力ゼロ！」

ただちに平野から伊沢に電話連絡が来た。受話器を握ったまま伊沢は、緊対室の隅々まで響きわたる声で叫んだのだ。一号機や三号機で水素爆発が起きていたことから、「もしかしたら二号機も」という思いを持っていたのは確かだ。

ついにこの時が来た。発電班の面々は、誰もが「もうダメかもしれない」と思った。サプチャンとは、サプレッション・チェンバー（suppression chamber）の略で、格納容器の圧力を調節する圧力抑制室のことだ。

炉心の蒸気は、このサプチャンの水の中に吹き込まれて液化される。ここの気密性が揺るがなければ、高濃度の放射線放出は避けられる。だが、その圧力が「ゼロ」になったということは、頼みのサプチャンに「穴があいた」可能性を示している。

のちの検証によれば、ベントが成功しなかった二号機はこの時、なんらかの損傷により、全号機の中で最も多くの放射性物質を〝放出〟したのである。

ついに恐れていた事態が起こったかもしれない——受話器を握りしめたまま伊沢は、いっそう慌ただしくなる緊対室の光景を見つめて、そんなことを考えていた。それからどれほど時間が経っただろうか。吉田所長の「指示」が飛んだ。

「各班は、最少人数を残して退避！」

大きな声だった。吉田は、ついに各班に必要最低限の人数を残しての「退避」を命じたのである。

緊対室の面々は、直前に菅首相の〝演説〟を聞いている。ここまで言われるのか、とそれぞれが虚脱感に見舞われてから、わずか三十分ほどしか経っていない。命をかけて事態に対処している者たちに、一国の総理が「命がけでやれ！」と言い放ったのである。

その虚脱感がまだ抜け切れない、なんともいえない嫌な空気の中に〝最悪の事態〟が訪れたのだ。

「（残るべき）必要な人間は班長が指名すること」

吉田は、さらにそう指示した。指揮官である吉田所長が、ついに「退避」を命じたことに、伊沢はこの時、独特の感情を抱いている。

「吉田さんはある意味、ほっとしているかもしれない」

ふと、伊沢はそう感じたのだ。

「この時点で技術系の人間ではない人たちも含めて免震重要棟には大勢の人（注＝七百人以上）が残っていました。吉田さんは、技術系以外の人は早く退避させたかったと思います。しかし、外の汚染が進んでいましたから免震重要棟から外に出すことができなくなっていたんです。でもこの時、もうそんなことを言っていられない状況が生まれたわけですから、最小限の人間を除いて、二F（福島第二原発）への退避を吉田さんが命じたんです。退避を命じることができたことで、吉田さんがある意味、ほっとしただろうと思ったのは、私自身が当直長として部下たちと一緒に中操に籠《こ》もっていて、同じような立場にいたからだと思います」

伊沢は、人の命を左右する立場にある者のつらさに共感を覚えた。

吉田が「退避を命じる」ことができたという事実に、伊沢は、ああよかった、と不思議な感覚に捉《とら》われていたのである。それは、地震発生以来、中操でぎりぎりの闘いを展開してきた伊沢だからこその感想だっただろう。

「死に装束《しょうぞく》に見えた」

必要最小限の人間を除いて退避——その吉田の指令で免震重要棟は、一種の混乱状態に陥った。言うまでもなく「必要最小限の人間」とは、基準のないものである。どこまでが必要で、どこから必要がないのか、曖昧《あいまい》なのだ。慌ただしくなった免震棟では、その基準は多くの場合、「自分自身」の判断に委ねられた。

伊沢は「技術を持った人間以外は退避して欲しい」と思っていた。年齢が若い人間も同じだ。

目の前にいる若い人間に、伊沢は声をかけた。

「おまえ、なにしてるんだ。早く出ろ」

「いや、僕は残ります」

「なに言ってるんだ。おまえは若い。出ろ！」

「いやです」

「これは命令だ。早く出ろ」

そんな会話を交わしながら、伊沢は次々と発電班の人間を送り出していった。

「ありがとうございました」

「お世話になりました」

若い人間が伊沢に挨拶《あいさつ》して出ていった。目に涙を浮かべて部屋を出ていった者もいる。

しかし、出ていくのは、若い人間だけではなかった。当然残るだろうと思っていたベテランの中にも荷物を持って出ていく者もいた。

生と死の瀬戸際は、どんな時でも残酷だ。覚悟を決めてベントの再チャレンジに行った吉田一弘は、この時、まだ伊沢と共に緊対室にいた。

誰が残って、誰が残らないかは、なるべく見ないようにしていました、と吉田は語る。

「あの時、みんなが出ていく時は、ワーッとすごい混乱になりました。沢山の人が退去して、いなくなるわけですからね。僕は、若い人たちに〝出なさい〟と言っていたほうです。若い人でも〝俺は残ります〟と言った人もいました。彼らは責任感でそう言ったんでしょうけど、心の中では、もう行きたいと思っていたと思うんですよ。やはりまだ若いですからね。こっちが、〝出なさい〟というと、若い人は出ていきました」

生と死が分かれる時のその場面は、吉田は今も思い出したくないという。

「誰が残ったとか、誰がいなくなったとか、できるだけ考えないようにしたのは、それが尾を引くのがいやだったからです。今までつき合ってきて、〝おまえは技術者だ〟って、信頼できると思っていた人間も、バラバラといなくなるので、できるだけそういうことは考えないようにしました。年を取った人も、結構、避難していきましたよ。技術を持ってる人間は残らなきゃいけないと、僕は個人的には思っていました。でも、やっぱり、ほとんどが二F（福島第二原発）の方に避難してしまうと、人間って、心細くなるもんですね……」

吉田一弘は、そうしみじみと振り返った。それは、人として極限ともいうべき修羅場だったかもしれない。人間には、それぞれの家庭や人生がある。同じ職場に、同じようにいても、背負っているものが、それぞれの事情によって違うのである。

多くの人間が、さまざまな事情によって、二Fへの退避を自分自身で決断したのは、「人として」当然のことだっただろう。

この時、人の流れとは逆に二階の緊対室に駆け上がったのが、防災安全グループにいた佐藤眞理《まり》（四九）である。

防災安全グループとは、文字通り、こういう災害の時に、職員の安全や誘導など、さまざまな作業をおこなうためにいる。地震発生の時、まだ揺れがつづいている最中に、緊急放送設備に飛びつき、所内中に響き渡るマイクで「緊急避難！」と叫んだのも、彼女だった。

しかし、天井の化粧板がバリバリと落ちる中で、緊急放送の回線がちぎれ飛び、彼女の放送はそのひと言で終わっている。以来、彼女は、免震重要棟に踏みとどまって、作業員の世話や食事関係から、現場の消防車の燃料補給に至るまで多くの活動をおこなった。免震重要棟には、この時、佐藤のような女性がまだ大勢残っていたのである。

「みんなそれまでに、悲惨な状況になっていました。誰も、お風呂《ふろ》にも入れないし、そもそも水さえなくなっているんですから。しかも、天井とかも落ちて、みんな頭が真っ白になったまま、そのままいるわけでしょう。男の人はひげ面で、顔も洗えないんだから、女の人は頭はペッチャンコだし、お化粧っ気もなく、みんな素顔なんですよ。たまたま白いマスクが手に入ると、ちょうど顔を隠せていいな、ってつけてました。トイレも流れませんからすごいことになっているし、そんな中で、雑魚寝《ざこね》しているわけですから、それはひどい状況でした」

そして、三月十五日の朝に、吉田所長による「退避命令」が出たのである。佐藤は、吉田の命令が出た時に一階にいたため、その声を直接聞いていない。だが、続々と退避する人間が一階に降りてきて、事情を知った。

一階には、外に出るための装備がある。タイベックに全面マスク、そして靴にはビニールのカバーをつけて順番に並ぶのである。

だが、退避する人たちが全員マスクをつけていくと、残って作業をする人間のマスクがなくなってしまう。そうなれば、「現場に近づくこと」ができなくなる。

残る人間のために一部のマスクは隠された。絶対数が足りなくなったため、多くの人の奪い合いとなった。

マスクを確保できない人間は、ハンカチを口にあててバスに飛び乗ったり、駐車場に置いてある通勤用の自家用車に分乗していった。

そんな光景を見ながら、佐藤は、ふと自分と一緒に活動していた若い人間が緊対室にまだ残っているのではないか、と思った。

もし、残っていたら、彼らを死なせるわけにはいかない。佐藤は、そう思って緊対室に駆け上がったのだ。入っていくと、シーンとした中で、吉田たち幹部が円卓に座っていた。

「本当にみんな黙って、吉田所長をはじめ五十名近くの管理職の人が円卓にいましたね。静寂というか、シーンとしていました。それまで緊対の中は、ずっとわさわさしてたのに、印象的な光景でした」

その円卓の向こう、入口から見れば、一番遠くの壁にあるテレビ会議のディスプレイの下に、三人の若者が床に車座になってすわり込んでいるのが見えた。消火班の人間だった。

佐藤は、幹部たちが座る円卓の横を通って、ディスプレイの方に近づいていった。

「もうみんな装備して、下で待ってるよ」

佐藤は、そう声をかけた。だが、彼らは反応を示さない。

「消火班の人は集まってるから下に行って。みんなバスに乗ってますよ」

もう一度語りかけたが、それでも彼らは立ち上がろうとしなかった。彼らは佐藤に対して何も言葉を発しなかったのだ。

「私、ここに残るということは、本当に死ぬことだと思ってたので、ただ若い人は死なせたくないって思ったんですよね。管理職の方は責任があるから仕方がありませんが、その若い人たちは、ここでむざむざ死ぬのがわかっていて、どうしても置いていけないと思いました。他の人たちはバラバラと免震棟を出ているんだけど、〝ね、下で待っているからね、早く行きましょう〟って言ったけど、動かないんですよ」

三人は残る覚悟を決めていたのだろう。佐藤は、その意志が固いことを知った。

「もうここはダメだと思ってましたから、次に来る時は、本当の復興の時かなという感じでした。私は、『きけ　わだつみのこえ』とかを読んだ世代ですから、戦争の時に若い人が特攻で命を落としていったことを知っています。だから、この若い人たちを絶対に死なせられない、と思ったんですよ」

その時、佐藤は自分でも驚くぐらいの大きな声で叫んでいた。

「あなたたちには、第二、第三の復興があるのよ！」

それは、緊対室中に響く声だった。佐藤は必死だった。そうでも言わなければ、彼らは退避することを拒みつづけるだろう。時間はなかった。

あなたたちは、「復興」に命を尽くしなさい——それは、彼らより年長の佐藤の心からの叫びだった。あたかもあの太平洋戦争下で若き兵士たちに戦後の復興を託すようなものだった。

しかし、佐藤の声は、円卓に座る幹部たちにも同時に聞こえている。復興というのは、彼らの「死」を前提にしたものにほかならない。

「円卓にいる幹部たちは、もう死ぬ覚悟をしていたと思うし、実際に、私は、彼らは最後まで残るべきだと思っていました。申し訳ないとは思いましたが、私は心の中で本当に若い人には、復興でやるべきことをやって欲しいと思ったんです。幹部の方たちは、もう死ぬのは仕方ないと思いました。そういう気持ちで皆さんを見たので、吉田所長たちが死に装束をまとっているように見えました」

やっと、三人は立ち上がった。佐藤の気合いが、彼らを動かしたのだ。彼らを連れて出る時、佐藤は、自分の上司である防災安全の部長に声をかけた。そのことを佐藤は、今でも後悔している。

「私、〝部長も一緒に行きませんか〟と思わず、言ってしまったんです。覚悟をして残ろうとしている部長にどうしてあんな声をかけてしまったんだろう、と今も思います。部長は、うーん、と返事に困りました。幹部たちが全員残るのに、うちの部長だけが出るわけにはいかないことを知っているのに、私は余計なことを言ってしまったと思ったんです」

そのすべてを吉田所長は、見ていた。それは実に穏やかな表情だったという。

「吉田所長は、私たちの方を穏やかな顔で見ていました。あの方は、とっくに覚悟を決めておられたと思います。吉田さんはいつも端然として座ってるんですよ。そわそわなんかしないです。黙ってこうやって座ってるんです。私は、皆さんと会うのはこれで最後だと思っていましたから、吉田所長だけでなく、全員に向かって礼をして緊対室を出たんです」

深く礼をした佐藤は、もう振り返らなかった。

「私は、振り返りませんでした。神聖な雰囲気ですから、その円卓に座っている五十人ほどは、もう死に装束で腹を切ろうとしてる人たちですから、振り返るなんて、そんな失礼なことはできませんでした。私らみたいな雑兵《ぞうひょう》はやっぱり、そそくさと出るだけです。本当に緊対室はシーンとしていましたから……」

会うのは、これが最後——復旧にかかわる技術系の人間を除いたほかの人間が退避する中で最後に部屋を出て行った佐藤眞理は、そう語った。

残るべき者が残った

緊対室は、シーンとなった。それまでの喧噪《けんそう》が嘘のような静謐《せいひつ》な空間となった。だが、不思議に悲壮感はなかった。

伊沢はこの時、残るべきメンバーが「残ったのだ」と思った。

「私がみんなを送り出したあと、振り返ったら、発電班はいっぱい残ってたんですよ。えっ、と思いました。発電班は、技術を持っていますから、残らなければならない人は多かったですが、それでも、二十五人ほど残っていた。びっくりしてしまいました」

その時の静けさが伊沢は、脳裡《のうり》から離れない。

「みんなが、ウワーって避難して、出尽くしたじゃないですか。そのあとって、残るべき者が残って、終わった時は、すごく静かでしたよ。シーンとした中で残った者がお互いの顔を見ました。いや、悲壮感じゃないですよ。笑顔って言ったらあれだけど、なんて言うか独特の雰囲気でした」

その時、黙っていた吉田所長が静寂を打ち破るように、こう言った。

「なんか……食べるか？」

それは、事態の深刻さとあまりにかけ離れた言葉だった。

死をいやでも意識せざるを得ない緊張の空気が、このひと言で一瞬にしてやわらいだ。これこそが吉田の吉田たる所以《ゆえん》かもしれない。

吉田のひと言で、それぞれがごそごそと食べ物を探し始めた。

「なんか食べるもんねえかなあ」

「あった、あった、あった」

「ほら、ほい、ほい、ほい」

せんべいやクラッカーなどが、いろんな場所から出てきた。そして、各々がそれらを配り始めたのだ。

「なんか食べるかって、吉田さんが言った時、あっ、俺とおんなじこと言ってる、と思ったんですよ」

伊沢は、そう言って笑った。

「中操にこもって、シーンとなった時に、私も同じことを言ったことがあるんですよ。なんか、雰囲気を変えるというか……。吉田さんが言った時、みんな、〝うおっとお〟って、そんな感じになりましたね。みんなで、あっちこっち、机とかいろいろゴソゴソ探しましたよ。非常食しかないんですけどね。飲み物は、残っていたペットボトルの水だったですね」

探しているうちに、誰かがヨウ素剤を見つけた。

「あっ、ヨウ素剤がありました」

そんな声が飛んだかと思うと、ヨウ素剤も食べ物と一緒に配られた。

「ほいっ、ほいって。何でもいいんですよ。爽《さわ》やかでしたよ。みんなぐっと覚悟決めたっていう感じでしたからね。残って、シーンとなった時に、本店と喋《しゃべ》ってるわけでもなし、ほんとに、発電所単独になった感じでね。おまえもか、みたいに、冗談言いながら、結構明るかったと思います。この後、私たちは、また中操に行くんですけど、もう、覚悟決めた人間ですから、行くのはどうということはなかったです。それより、こいつまで殺しちゃうのか、と心配しなくちゃいけない人間はみんないなくなって、〝死んでいい人間〟だけになりましたから。悲壮感っていうよりも、どこか爽やかな感じがありました」

しかし、吉田を筆頭に緊対室の面々は、あきらめたわけではなかった。むしろ〝身軽〟になった分、さらに闘志が湧いてきたのかもしれない。それは、「新たな闘いの始まり」だったのである。

「やることは決まっているんですよね。プラントのデータをとる、そこは当直の仕事で、原子炉に水を入れるのは、消火班と復旧班の仕事です。あとは電源復旧と、消防車の燃料補給もありましたね。それをずうっと継続したら、とりあえず悪くはならない。だから、あの状況のなかで、また現場に行くんですよ。死ぬと思って残ってるわけじゃなくて、われわれは、やることがあるから残ってるわけですから」

すでに、身体はぼろぼろになっていた。免震重要棟のトイレは、真っ赤になっていた、と伊沢は言う。

「トイレは水も出ないから悲惨ですよ。流すこともできませんからね。みんなして仮設のトイレを運んできて、それが一杯になったら、また次の仮設トイレを組み立てながらやってましたけど、とにかく真っ赤でしたよ。みんな、血尿なんです。あとで、三月下旬になって、水が出るようになっても、小便器自体は、ずっと真っ赤でした。誰もが疲労の極にありましたからね」

六百人あまりが退避して、免震重要棟に残ったのは「六十九人」だった。海外メディアによって、のちに〝フクシマ・フィフティ〟と呼ばれた彼らは、そんな過酷な環境の中で、目の前にある「やらなければならないこと」に黙々と立ち向かった。

第十八章　協力企業の闘い

土壇場の葛藤

「誰か助けてください！　大型免許を持っておられる方はいませんか。消防車を運転できる人はいませんか！」

暗闇の福島第二原発の体育館に佐藤眞理の声が響き渡っていた。体育館の入口付近にだけ灯《あ》かりがついている。かろうじてついているその光が、手にメガホンを握って叫んでいる防災安全グループの佐藤の姿をぼんやりと映し出している。それは切羽詰まった涙の訴えだった。

（俺がいる。俺が行けます）

その時、日本原子力防護システム（ＪＮＳＳ）の新潟事務所に勤める阿部芳郎（六三）は、そう思った。阿部は、地震発生直後にはるばる柏崎から福島第一原発まで〝応援〟に駆けつけた協力企業の一人だ。原防《げんぼう》は、昭和五十二（一九七七）年に主に原子力関連施設の警備をおこなう目的で設立された会社である。

だが、阿部は三十七年間、新潟県内の消防署勤務を経験した消防マンだ。六十歳の時に原防に入った阿部は、警備よりも「消防」のエキスパートが要求されるプラントへの給水活動の応援のために、若手二人を連れて地震翌朝には福島第一原発に乗り込んでいた。ただちに同じ協力企業の南明興産と共に給水活動を展開し、十五日朝、吉田所長の指示によって福島第二原発への退避を命じられるまで、不眠不休で活動していた。ちなみに南明興産は、一号機と三号機の水素爆発で計三名の負傷者を出している。

だが、福島第二の体育館に退避してきた阿部たち協力企業の前で、佐藤眞理が泣きながら叫んでいた。

「皆さん、助けてください。誰か助けてください！」

佐藤は必死だった。この日の朝、死に装束をまとって座っているように見えた吉田ら幹部たち「六十九人」を除いて、福島第一原発の免震重要棟から退避してきた東電社員と協力企業の人々は、六百人を超えていた。

福島第二原発の体育館に、彼らは収容されている。しかし、「六十九人」の懸命の闘いにも、限界があった。特に原子炉への注水活動の人員不足が時間を経るにつれ、露呈し始めたのだ。

「どうしても、数少ない残った人たちだけでは活動が難しかったと思います。それで一度は第二の体育館に退避した人たちも、徐々に第一に帰り始めるんです。線量の高いところに戻るわけですから、葛藤《かっとう》があったと思います」

佐藤は、そう語る。

「人間って、こういう時にいろいろな姿を見せるものです。誰にだって家族はいるし、背負っているものがあるでしょう。でも、もうその日の昼から、だんだん各グループが第一に帰り始めるんですよ。現場の力で、あそこはなんとかもってきたわけですからね。やっぱり手がないと困るからって、あるグループは自主に任せて、あるグループは、やっぱり来てくれって言われて戻っていきました。消火班のメンバーも帰っていきましたよ。でも葛藤がすごくて……。ある若い人は考えさせてくださいって、座り込んで、三十分ぐらい考えていました。頭抱えて、体育館の壁にもたれて考えているわけですよ」

その人には、まだ小さな子どもがいた、と佐藤は言う。

「その苦悩というか、葛藤は、見る方もつらかったです。やっぱり腹の据わった人がいるから、（第一へ）帰るって決めた人たちが、まだか、まだかって、どうするって聞いているんです。ちょっと待ってくださいって頭を抱えてね。もう私、かわいそうで……。本当に今回の出来事で人間を見ました。究極の人間の機微っていうんですか、それは本当に哀れでしたよ。その人は結局、三十分考えた末に、グループの人たちと一緒に第一の現場に帰っていきました。つらかったと思います……」

そんな葛藤を見ながら、佐藤自身も泣きながら「助けてください」と叫んでいたのである。阿部を突き動かしたのは、佐藤のその懸命の訴えにほかならなかった。すでに三日にわたって、注水活動をおこなってきた阿部だけに、現場の窮状は手にとるようにわかった。

「佐藤さんが暗い体育館の中で必死で訴えていました。爆発で消防車がやられましたから、現場の絶対数が足りなくなっていたんです。要請に応じて、近くまで消防車が何台も到着するんです。でも、一定の場所から中には入ってきてくれないんですよ。要するに、放射能が怖いから消防車を置きっ放しにして帰るわけなんです。それを現場まで運転していって、さらに給水口につないだり、いろいろ操作をしなくちゃいけない。同じ消防車でもメーカーによって取扱いが違いますから、操作は簡単ではないんです。でも、その人手がない。佐藤さんが手にハンドマイクを持って、〝誰かいませんか！〟って叫んでね。最後の方は、もう泣きながらでしたよ。大型免許があれば、現場まで消防車を運ぶことができるかもしれないが、でも、そこから先もあります。そこまでできる人って、やっぱり限られているわけです」

それこそが消防署に三十七年間も勤めていたその道のエキスパートである阿部だった。運転はもちろん、消防車を使った注水活動については、どんなことだってできる自信が阿部にはある。行って、助けてやりたい。阿部はそう思った。だが、それは許されなかった。

「やはり私たちは協力企業ですから、自分たちの社長の指示に従わなければいけません。東京本社にいる社長が、社員をそんな危険なところに行かせるわけにはいかないと、現場に行くことを許してくれなかったんです。社長の気持ちとしては、当然だったと思います……」

「男泣きに泣いた」

その時だった。佐藤がハンドマイクを持って阿部を呼び出したのである。

「原防の阿部さん、原防の阿部さん、電話が入ってますので、こちらに来ていただけますか」

唯一、免震重要棟の緊対室とつながるPHSに、阿部宛ての電話が緊対室から入っているというのだ。体育館の一番奥にいた阿部は、暗い体育館の中に身体を横たえている人をよけながら、佐藤のもとに走った。

「阿部GMから電話です」

それは、同じ姓の阿部孝則・防災安全グループGMからの電話だった。電話の向こうで阿部GMはこう言った。

「阿部さん、（残った）消防車のエンジンがまた止まってしまいました。消防車の水タンクに水を補給するやり方を教えてくれないだろうか」

水タンクに水を補給するには、給管をいったん水から引き揚げて、ポンプの中を一度、空にしなければならない。手順がいくつもある。

「阿部GMは、それを今から自分一人でやる、なんとかやり方を教えてくれないかと、私にいうんです。でも、それって、一人でやるのは大変なんですよ。場所が場所だし、重たいし、さらに、ポンプの操作もあるわけですよ、とても経験のない人が一人でできるようなものじゃない。私、それを聞いて、急にどうしようもないでね、哀れになっちゃってね。涙が出てきたんですよ……。現場に行ってやりたいんだけどって……」

阿部は、暗闇の中で一人で活動をやるGMの姿を思い浮かべた。あまりに、哀れで涙が溢《あふ》れてしまったのである。

「もし水が上がらん時は、もう一度、操作をやり直していろいろやらないといかんわけです。そういうのを思い浮かべたら、あまりに可哀そうで可哀そうで、私、男泣きに泣いたですよ。〝わしが行きますから……〟って言いましてね。でも、こっちは社長から行くな、と言われているから、私も勤め人だから、行けない。連絡手段もないから、社長に直接頼むこともできなかったですよ。うちの社長は東電の出身だったでね。許可さえ下りたら、私は行くから、って言ってね。なんとかそっちからうちの社長に連絡とって頼んでもらえないだろうか、って話をしたんですよ」

目の前で泣く阿部の姿が、佐藤はありがたかった。

「原防の阿部さんが、ボロボロと涙を流してPHSで話していました。こっちは、行ってもらいたいんですけど、協力企業の方ですので、自分の判断で行くことができなくて……。阿部さんが泣きながら、そう言ってくれるのは、本当にありがたかったです……」

しばらく経って、原防の社長に連絡がついたが、やはり社長は「社員の命」を守る立場にある。阿部一人を出せばその次も、と結局は大勢を現場に戻らせることになりかねない。そこまで協力企業がやらなければならないことはない。答えは、「阿部さん、ここは（行くのを）我慢してくれ」だった。

つながりにくいPHSで何度もGMに指導をおこなっていた阿部に、社長から許可が下りたのは、翌十六日の朝のことだった。

「もう、なんとかしてやらんきゃならん」

泣きながら訴える阿部の願いを、ついに社長が受け入れてくれたのである。

「阿部さん、悪いけど、じゃあ、行ってくれるかね」

社員の命を心配する社長を、阿部の熱意が揺り動かした瞬間だった。

「すみません、迷惑かけてすみませんでした。ありがとうございます」

阿部は、やっと福島第一の現場に戻ることができたのである。危険な現場に向かうというのに、阿部の気持ちは「ありがとう」だったという。

「社長も、こっちの命を心配してくれて、苦しかったと思うんですよ。でも、許可が出て、嬉《うれ》しかったです。何度も阿部GMから夜中に相談があって、その中には、〝消防車から放水をして、三十メーターぐらいの高さに水を上げて、建屋の中に水を入れる、ということもやりたいんだが、できるでしょうか〟というような内容もあったんですよ。圧力にもよるけど、二十五メートルとか二十七メートルくらいまでは有効射程ですから、〝その範囲であれば、できます〟と私は答えました。でも、やはり、私が行って、指導した方がいいんですよね。それで、行くことの許可が下りた時は、ありがとうございます！　と言わせてもらいました」

異空間のように孤立

あとで、阿部はこの時、はるばる柏崎から〝応援部隊〟が、いわきまで来ていたことを知った。

「柏崎で私が教えてた原防の消防隊のメンバーの中で、二十五歳前後の三人が、先に来ている私らが大変だろう、ということで、志願して、いわきまで来てくれていたことを知りました。いわきでは、こんな大変な時に、なんで柏崎から来るんだ、なんて無謀なことするんだ、と言われたらしいんですよ。隊員の一人が、〝先発して来ている人間が難儀してるんで、それで応援に来ました〟と言ったらしいです。原防の福島の人間はびっくりしたんですよ。その時に、〝私たちは柏崎から来てるのに、なんにもしないわけにいかねえんだ。手助けしないわけにいかねえんだ。私たちは応援します〟と、ここまで来ようとしたらしいんでね。私、そんなことがあったなんて、あとになるまで知らなかったですよ。でも、協力企業でも、そこまで一生懸命だったというのは、事実なんですよ」

阿部は、震災半年後の二〇一一年九月いっぱいで原防を退職した。今は悠々自適の生活を送っている。

「福島にあのとき行った若い連中と飲むことがあるんですよ。最初に行った私たち三人と、あとからきた三人です。あの時は、大変だったな、って。私自身、心意気というか、そういうのが、すごくありがたいですよ。気持ちのいい人間たちで、いざとなったら働くメンバーでね。うちは、ずっとよその会社には負けない、という信念でやってきたところがあります。あの中を応援部隊まで来てくれていたことが嬉しかったですよ。自分たちは仲間だという気持ちを持って若い人たちが来てくれたことを知って、本当に、いい若者だなあ、と思ったですよ」

「生」と「死」が行ったり来たりする究極の場面が次々と現われては消えていった。放射線量が上がったかと思うとまた下がり、あるいは、原子炉の圧力が、これまた現場で奮闘する男たちをあざ笑うかのように上昇したり、下降したりした。そんな中に入ってこようとする人間はきわめて限られていたのである。

佐藤眞理が言う。

「本当にここだけが異空間のように孤立してたんですよ。いろんなものが欲しくて仕方がないのに何も来ない。もう静寂っていうんですか、不思議な静けさがありました。結局、必要ないろんな物資が小名浜《おなはま》まで来たのに持って帰っちゃったとか、どこそこに置いたままになっているとか、そういう状態になっていたんです」

現場の奮闘は、いつ果てるともなくつづいていた。

第十九章　決死の自衛隊

重さ二十キロの「鉛」の防護衣

福島第二原発に退避した人たちが、続々と第一に帰ってきたのは、三月十六日である。

「とにかく水を入れろ」

吉田所長が事故当初から言いつづけている作業には、多くの人手が必要だった。現場で動くべく、いったん退避していた人間が、次々と帰ってきたのだ。

ひたすら水を入れつづける作業は、〝根比べ〟の様相を呈している。暴走しようとするプラントをぎりぎりのところで止めても、それが数時間後には、ふたたび悪化するという状態が繰り返されていた。

現場には、原子炉以外にも重大な懸念材料があった。各原子炉には、隣接して使用済みの核燃料を保管しておくプールが設置されている。爆発した三号機や四号機では、爆発のショックや落ちてきた瓦礫《がれき》などの影響で、プールが損傷している可能性があった。

プールの水が失われれば、ここでも核燃料はメルトダウンを起こす。屋根が吹っ飛び、剝《む》き出しの状態であることから、仮にそうなってしまった場合の放射線放出量は桁違《けたちが》いで、その影響は測り知れない。ここにも水を補給する――すなわち「放水」の必要があったのである。

異空間のように孤立した中での現場の活動に対して、東電からはあらためて自衛隊に支援が要請された。陸上自衛隊のヘリコプターで上空から水を投下するよう北澤俊美・防衛大臣から折木《おりき》良一・統合幕僚長に指示が出されたのは、この日の午後である。ただちに三機のヘリが、福島第一原発周辺の放射線量をモニタリングすると同時に、大型ヘリ（CH-47）が現地に向かった。だが、放射線量が限界値を突破していることがわかり、この日の活動は見送られた。

この時、モニタリングのヘリによる上空からの観察によって、四号機には水があることが確認されている。一方、水蒸気が発生している三号機は「水位低下」が進んでいる可能性が高いことがわかり、放水は三号機を優先することが決定された。

こうして「空」から、そして「陸」から——現場の闘いにあらためて自衛隊が加わることになった。

この活動に投入されたのが、千葉県木更津《きさらづ》市の木更津駐屯地に駐屯する陸上自衛隊第一ヘリコプター団の第一輸送ヘリコプター群である。

地震発生直後に仙台の陸上自衛隊の霞目《かすみのめ》飛行場に飛び、ここから被災地への支援・輸送活動をおこなっていた第104飛行隊の加藤憲司・二等陸佐（三九）を乗せた大型輸送ヘリ（CH-47）が福島第一原発に向かって離陸したのは、三月十七日午前九時前である。

一番機に加藤を筆頭に五人、二番機には四人が乗り込み、仙台沖で海から取水して、そのまま福島第一を目指して南下していったのだ。

水を入れたのは、野火消火器材I型と呼ばれるバケットだ。高さ二・四メートル、直径が二・二メートルもあるこのバケットを水面に落として引き揚げれば、自動的に中に大量の水が入る。その量は、最大で七・五トンにも達する。

機体を迷彩色に塗り、前後に一つずつローターをつけたこのボーイング社製のCH-47は、ベトナム戦争下の一九六二年に登場して以来、アメリカや日本だけでなく、イギリス、オーストラリア、台湾などにも配備されている。大型輸送ヘリとして空中機動作戦には欠かせない世界で最もポピュラーな機種である。

「ここか……」

離陸後およそ三十分。加藤二佐は、次第に近づいてくる福島第一原発を見ながら、「任務をどう達成するか」と、それだけを考えていた。もちろん、福島原発を直《じか》に目にするのは、事故後初めてである。加藤は、操縦席の左右に座っている伊藤輝紀・三等陸佐（四〇）、山岡義幸・二等陸尉（三二）の両操縦士の間から前方の景色を見ていた。

これまで飛行訓練で何度も近くを通ったことがある。直上こそ通過したことはないものの、その姿は見慣れていたつもりだ。しかし、

「ああ、あそこが原発なんだ……」

今回にかぎってあらためてそんな思いがしたのは、やはりこの任務に特別な気持を抱いていたからに違いない。

「到着の直前にモニタリングの値を聞いて、前日の値とそれほど変わらないことがわ

かりました。自分の機と、もう一機に、予定通り上空からの放水を実施するということを伝えました。建物から高度三十メートルのホバリングによる停止した状態での投下ではなく、高度九十メートルを移動しながらの投下です。あとは水をどう目標に向かって撒《ま》くかということだけを考えていました」

放射線量によっては、ホバリングによる「定点散水方式」をおこなう可能性もあったが、やはり前日と同じで数値が高く、「移動散水方式」をとることになった。言うまでもなく定点散水方式のほうが目標への投下量は多くなるのだが、現場の放射線量を考えれば、致し方なかった。

普段の訓練とは違う緊張感が彼らを捉《とら》えていた。放射線量への不安もあったが、彼らを特別な気持ちにさせたのは、その厳重な装備である。

航空ヘルメットの下に、防護マスクをかぶり、戦闘用防護衣を着て、その上に放射線を遮断するための〝鉛〟の入った偵察用防護衣を着込むのである。これには鉛の襟巻がついており、首まわりをこれで保護した。

さすがに、鉛の防護衣を装着した時には、任務の重大さと危険性を感じて身が引き締まった。

「驚いたのは、やはり重さですね。全部で二十キロもあって、つけてみると、ずっしりと来ました。首のまわりの襟巻にも、手袋にも、鉛が入っているんです。鉛の襟巻は、つけてマジックテープで留めましたが、鉛の手袋はつけるのをやめて通常のゴム製のものにしました。鉛の手袋ではスイッチ類なんかも全然触れませんからね」

放射能への不安はなかったのだろうか。

「不安はありましたが、一般的に、被曝《ひばく》する時に一番守らなければならないのは内臓ですからね。防護マスク自体は、訓練でもつけているのでどうということはないんですが、ただ、声は、ほとんど聞こえませんでした。機内は普通に喋《しゃべ》っても聞こえないぐらいうるさいので、航空ヘルメットの中にリップマイクがあります。通常はそれを通じて話すんですが、今回は、中に防護マスクをつけていますから、当然、口にはリップマイクがつかない。だから、リップマイクをガムテープで防護マスクの声が出るところに貼りつけました」

加藤機は、南下したまま海側から右にまわり込んだ。上部が吹き飛ばされ、廃墟《はいきょ》のような状態となった原子炉建屋を、加藤は、上空から見た。あまりに無残な光景だったが、加藤にはもう放水任務を完遂することしか頭になかった。

「建屋の屋根がなかったり、鉄骨はあるんですけど、まわりにいろんなものが飛散していました。間近で見るとやはり、ああ、すごい被害だなあと思いました」

気になったのは、建屋の周囲にある高い鉄塔だ。風が吹いて、少しでも機体が流されれば、この鉄塔にぶつかる可能性がある。注意の上にも注意が必要だった。

「あらかじめつけていたデジタルの線量計の値が、近づくにつれ上がりました。もうここまで来ると私が指示することは、何もありません。操縦士が合図を送って、うしろの整備員がスイッチを押すだけです」

整備員は、木村努・陸曹長（四〇）と、中嶋建司・三等陸曹（三一）である。加藤は、操縦士と整備員のちょうど中間にいる。投下は山火事などの場合もまったく同じで、手順は決まっている。

三号機建屋は目前だ。緊張が高まった。高度がぐっと下げられた。

「放水用意……放水…………いま！」

伊藤操縦士の「いま！」という合図によって、スイッチは押された。

スイッチは、木村、中嶋の二人の整備員が握っている。コードのついた黒いスイッチレバーの先に赤いボタンがついている。この時、木村と中嶋は一緒にこの赤いボタンを押した。思いを込めた〝スイッチオン〟だった。水は投下された。

「直上ぐらいに来た時に、デジタル線量計で測っていた線量がドンッと上がりました。相当な線量だったと思います。スイッチは一人で押せるんですけど、木村と中嶋が二人で押したと言ってました。思いを込めて押したのだと思います。私はずっと現場を見つづけていました」

投下が終わった。爆音が続く中、整備員が叫んだ。

「異状なく、投下完了！」

「了解！」

午前九時四十八分だった。飛行隊長の加藤は、これを待って、即座に二番機に指令を出した。

「一番機、終了。引きつづき二番機も実施せよ！」

二番機から「了解」という返事が返ってきた。加藤機は、そのまま現場をいったん離脱し、今度は福島第一原発のすぐ沖合いの海水をとった。もう一度、放水をおこなうのである。

二番機は、加藤機の五分後に放水。加藤機は、午前九時五十六分に二度目の放水を実施した。

二番機も、午前十時に二度目の放水を完了。二機は、現場を最終離脱し、そのまま南下して、二十数キロ南にあるJヴィレッジに着陸した。

広野町と楢葉町にまたがって立地しているJヴィレッジは、日本サッカー界初のナションル・トレーニングセンターだ。二〇〇二年FIFAワールドカップ日韓大会では、優勝候補のアルゼンチンが公認キャンプ場にした地でもある。

東京電力の女子サッカー部「TEPCOマリーゼ」の本拠地でもあったJヴィレッジは、ちょうど福島第一原発から二十キロ地点にあったことから、震災の対応拠点としてフル稼働していたのである。

「私たちが降りたのは、一番海に近いところにあったサッカー場です。芝のグラウンドでした。先にモニタリング機が着陸していて、そこに私たちが降りて、そのあと二番機が降りました。しばらくそこで待ってくれと言われました。機体のまわりを測定してもらうのに、結構、時間がかかりましたね。エンジンを止めたあと、鉛の服のまま、ずっと中で待ってました。そのあと被曝量を測ってもらいましたが、レントゲンを何回か撮った分ぐらいのものだから、大丈夫です、と言われました。そこにいた東電の人も、自衛隊員も白い防護服を着てましたね」

直上通過を二度おこない、線量計が示した数値は一気に上がったものの、浴びる時間が短かったことと、放射線を遮断させる重装備が功を奏したに違いない。

加藤は、宮城県塩釜の出身で、小学六年の娘と四年の息子がいる。この日は、ちょうど長女の小学校の卒業式だった。

「家族は、こういう災害の時には、私がいなくなることはわかっています。ちょうど娘の卒業式でした。それは知ってましたけど、任務の間は、いっさい忘れていました。（震災の救援活動に）行ってる時は、途中で一回だけ携帯が通じたことがあって〝そっちは大丈夫か〟というぐらいしか話していませんでした。あの時は任務のことで精一杯だったので、卒業式のこととか、思いが及ばなかったです。放水が終わった次の日の夜ぐらいに、なんとかメールが通じて、とりあえずメールで〝異常はない〟というようなやりとりをしたと思います。家内からは、〝こっちも大丈夫だから、しっかり災害派遣やってきて〟というメールが返ってきました。家内も自衛官と結婚しているので、何かあった時には、一番最初に行かなきゃならないということは知っていますから」

重装備での出撃

自衛隊への命令は、空中からの放水だけではなかった。地上からの放水に対しても各自衛隊に折木統合幕僚長から指令が飛んでいた。

「消防車二台と隊員六名で福島第一原発に行き、放水を実施せよ」

茨城県小美玉《おみたま》市百里にある航空自衛隊・百里基地で施設隊長をつとめていた松井俊《とし》暁《あき》・二等空佐（四〇）に命令が下ったのは、三月十六日から十七日へと日付が変わる頃である。

施設隊とは、基本的には、基地の施設の維持・管理を担当する。そのほかにも、火事が起こった時に、消火活動もおこなうため、自前の消防車を持っている。

「福島第一原発で水素爆発などがあって大変な状況であることはテレビでも出ていましたので、わかっていました。しかし、その頃はまだ、われわれが行くことになるとは思ってなかったですね」

松井二佐は、当時をそう振り返った。

「それが十五日か十六日か、だんだん、いろんなルートで〝もしかしたら消防車を持っていくかもしれない〟という話が耳に入ってきてました。消防車というのは、航空自衛隊の基地には、通常二台あります。消防車の座席は、移動中にパッと着替えられるように、消防服などを普段からいろいろ積んでるんです。だから、座席に余裕があるかというと、そうでもないんですね。命令を受けて、一台に三人ずつ乗って出発しました。座席は二列ありますから前に二人、うしろに一人です。放射線に関して、不安がなかったといえば、うそになるんですけど、不安よりは、〝すぐ準備をして出てくれ〟という命令だったので、できるだけ早く準備をして、早く出発しなければいけないという意識の方が強かったと記憶しています」

出発したのは、三月十七日の午前三時半頃だった。基地を出る前に、放射線を測る線量計を衛生隊から借りた。衛生隊からは、

「この線量計のアラームが鳴ったら退避してください」

という説明があった。

「その線量計をつけて私たちは出発しました。消防車というのは、スピードが遅いですから、（原発からおよそ五十キロ南にある）四倉《よつくら》パーキングエリアに着いたのが、朝七時から八時ぐらいだったと思います。出発して四、五時間はかかったと思います。すでに陸上自衛隊の消防車が何台も来ていました。そこに陸上自衛隊の二佐の方がいまして、その人が指揮官になり、〝今から、Jヴィレッジに再度集合したのちに、原発に向けて移動する〟と言われたんです」

Jヴィレッジに行くにあたって、通常のホースによる消防活動をおこなう消防車ではなく、ターレット（turret）付きの消防車が選ばれた。ターレットとは、強力な噴射機のことで、消防車の座席の上ぐらいのところについている。航空自衛隊から派遣した消防車は、一分間におよそ六トンの水を噴射できる威力を持っている。最長で八

十メートル先にある目標物に大量の水を浴びせることができるものだ。ホースをつないで海から海水を入れつづけたそれまでの作業とはまったく異なる冷却・注入方式が可能な消防車だった。

「通常のホースでしか消火できない消防車は、Jヴィレッジのところで待機することになりました。最初は、一台に十トン入るAM-B3という消防車に乗って、私と原田克哉《かつや》・一等空曹（四三）の二人で行くことにしました」

　Jヴィレッジに着いたものの、そこから第一原発への出動命令は、なかなか出なかった。防護衣（タイベック）を着て、ゴーグル式のマスク姿で待機していた松井と原田が、やっと原発に向かって出発したのは、薄暗くなりはじめる午後四時台のことだった。

「どうして待機が長かったのかは説明がなかったので、よくわからないんです。別に悲壮感はなかったです。Jヴィレッジから隊列を組んでいったので、二時間ぐらいかかったような気がします。普通の乗用車で行くと、一時間ぐらいと聞いていたんですけど、消防車で隊列組んで、もともとスピードが出ない消防車なので、すごい時間がかかりました」

　この時、陸上自衛隊の木更津駐屯地からも、はるばる消防車が来ていた。木更津駐屯地本部管理中隊の救難消防班にいた齋藤祐之《ゆうし》・二等陸曹（三九）たちである。

「四倉からJヴィレッジに行き、そこから第一原発に向かっていきました。時間がかかったのは、やはり暗かったことが一番ですね。案内役の東電の人は、道のどこに亀裂が入り、どこに隆起があり、また、どこが危険か、ということを知っているのでサッサと行けますが、こっちはそうはいきませんから」

次第に暗くなる中で、初めて通る道への不安が大きかったのだ。

「なにしろ消防車が〝満水状態〟ですからね。橋によっては、地震で打撃を受けていますので、重量に耐えられないところもあるわけです。一台抜けてから一台抜けるみたいな感じで行っていますから、時間がかかるんです。ああ、ここ大丈夫なんだ、ああ、ここもオーケーだ、という感じで一台ずつ進んでいきました。不安ということなら、やはり、放射能の恐怖については、四倉にいる段階で、ヨウ素剤を飲まされていますからね。恐怖がないということはありません。偵察用防護衣を着るほかに、ヨウ素剤を飲むということは、要するに甲状腺被曝《こうじょうせんひばく》を抑えるという意味です。不安は、そりゃありますよね」

齋藤の陸自の消防車は、松井の乗る航空自衛隊の消防車のあとをついていった。

突然鳴り始めたアラーム

一行が福島第一原発の正門に着いたのは、もう午後六時半頃のことだ。松井の所属する航空自衛隊と、齋藤らが乗る陸上自衛隊の消防車輌《しゃりょう》が到着した。

松井たち幹部は正門横にある警衛所に入った。ここでそれからおこなう作業について、東電の人間から詳細な説明を受けた。松井たちの前に、発電所内の地図が広げられた。

「これから三号機というところに放水をしていただきます。いま正門にいますから、直接行くのではなく、いったん三号機と正門の間ぐらいのところに集まって待機し、そこから、一台ずつ行って放水してもらうことになります」

すでにあたりは真っ暗だった。警衛所の中では、全員がゴーグルをとった。建物の中は灯《あ》かりがついていた。蛍光灯に照らし出された中で説明する東電の人間の緊迫感が、松井に伝わってきた。

「説明してくれた東電の人は若い方だったですよ。正門と三号機との中間地点のところに一回集まって、そこから一台ずつ放水して戻ってくる、つまり一台が戻ったら、次の一台が行って、また放水して、というやり方であることが説明されました」

三十分ほど説明はつづいた。

松井たち自衛隊側も、自分たちで順番を決めていった。最初に行くのは、陸上自衛隊の化学防護車にした。これがまず現場に行き、その段階で現場の放射線量の数値が想定以上になっていたら、「赤色灯をまわして、スピーカーで撤収の合図を出す」ということを決めたのである。

「案内は私たちがします」

最後に、その若い東電の人間がそう言って打ち合わせは終わった。

「説明を受けてる時は、怖いというよりは、教えてもらった通りに、ちゃんと三号炉のところに着けるかな、という方が不安でしたね。そもそも初めてのところですし、しかも真っ暗になってますからね。東電の人が案内すると言っても、厳密には、待機するところから三号炉までは一台ずつ自分たちで行かないといけない。そこから向こうは、〝先で待ってる〟ということなんです。教えられたのは一直線だったので、なんとか行けるだろうとは思いましたが……」

いよいよ松井たちの放水活動が始まった。まず先に行ったのが、打ち合わせ通り、陸上自衛隊の化学防護車である。

放射線の汚染状態の中でも、調査・測定が可能な特殊な偵察車輌である。まず、これが現場に降りていった。そのあとを松井たちの消防車が行くことになっていた。しばらく経って、化学防護車が帰ってきた。赤色灯もまわっておらず、スピーカーで撤収の合図も出されなかった。いよいよGOである。

「消防車としては、私たちが最初でした」

と松井は言う。

「暗い中をS字カーブのような坂をうねりながら下っていきました。それほど急な坂ではなかったです。基地を出発する前に衛生隊から渡された線量計はスティックタイプのものです。タイベックの下には、われわれの作業服、つまり、陸上自衛隊でいう戦闘服のようなものを着ていますが、その胸のポケットに入れていました。それが、坂を降りてきて、二号炉と三号炉の手前の十字路の交差点みたいなところに来た時に突然、鳴り出したんです」

ピピピピ……無機質なアラーム音がいきなり鳴り始めた。二人の線量計が同時に鳴り始めたので、松井は驚いた。タイベックの下の自衛隊の作業着のポケットに入れている線量計だけに数値を見ることもできない。

「隊長、線量計が鳴ってます。どうしましょうか」

原田一曹から声が上がった。出発する前に衛生隊から、「これが鳴ったら、すぐ退避してください」と説明されている。原田は、そのことを言ったのである。だが、その時、松井の目に〝あるもの〟が飛び込んできた。

「人」である。

そこは真っ暗ではなく、工事現場にあるような自家発電のライトが何か所かについていた。そこまで来る坂は真っ暗だったが、そこには灯かりがあった。その中にタイベックを着た東電の現場の人間が立っていたのである。彼は、手招きして松井たちの消防車を誘導しているのだ。

目の前には、不気味に浮かび上がった三号機があった。松井たちの線量計のアラームは鳴りつづけている。そんな中で、「外」に立って、自分たちの消防車を誘導している人間がいるのだ。

「その時、なんというか、私、すごい、と思ったんですよ。この中に立ってる人がいるということ自体に、なんというか語弊《ごへい》があるかもしれないですけど、この状況の中で、本当に、すごいなと思ったんです。やっぱり、現場の人は、ものすごい強い気持ちを持って真剣に対処してるんだな、ということを感じました。私は、その瞬間、〝アラームが鳴ったら退避してください〟という説明を忘れてしまいました。それで、原田一曹に私から指示を出したんです」

松井は原田に向かって言った。

「放水しろ！」

「わかりました！」

原田はそう言うと、車を前進させて、ターレットの向きを決めるレバーの調整に入った。運転席に原田、助手席には松井がいる。距離にして目標までおおよそ五十メートルはあった。だが、最長八十メートルまで飛ぶ性能を持つだけに、その距離はどうということはない。

まず目標点を正確に定めるために最初の水を噴射した。真っ正面に立っているその東電の人間から、「もうちょっと向こう」という合図が手であった。

原田が少しだけターレットを「右」に振った。目標点をずらして噴射したのだ。外に立っている彼が、今度は頭の上で、大きなマル印をしている。

「よし！」

原田の手に力が入った。あらためて放水のボタンを押すと、ブワーンっという大きな音がした。目標に向かって凄《すさ》まじい勢いで水が飛んで行った。十トンの水を、わずか「二分あまり」で放出するのである。それは、恐ろしいほどの音だった。

運転席の原田一曹、助手席の松井二佐は、無言で一挙に放出されていく水を見ていた。

あっという間に十トンという大量の水が、原子炉に向かって出ていった。

「外に立っている彼が、手で、グッと大きくマルをしてくれました。ああ、うまくいった、と思いました。その時は、やっぱり、期待に応《こた》えられたというか、ちょっとホッとしました。よかったなあ、って感じたですよ」

アラームは鳴りつづけていた。現場から離れて、その音はやっと止まった。Uターンをして、坂を上がってもとの待機所に戻った時、役目を果たしたという満足感が二人にこみ上げてきた。

「お疲れさん」

松井は、そう原田に声をかけた。

「ありがとうございます」

原田はそう応えた。二人は、ゴーグルをつけたままで、声は聞こえにくいし、話しにくい。会話はそれだけだった。

「隊長、覚えてなかったんですか」

原田一曹が松井にそう聞いてきたのは、Jヴィレッジに帰って、防護マスクをとってからである。

「えっ、何が？」

思わず松井はそう問い返した。

「なんか、（アラームが）鳴ったら退避するようにって、衛生隊で言われましたよね」

原田はそう言った。

ああ、そうだった。松井は、外に立っている人を見た瞬間に、そのことを忘れたことに気づいた。

「あとで、いろいろと〝線量が高かったんじゃないの？〟と聞かれることがありましたけど、私たちは消防車の中にいましたが、外に立っている人がいたわけですからね。あの時、夢中という言葉が適切じゃないかもしれませんけど、なんとしても、ちゃんと指示された場所に水を入れたい、という思いがあったのは間違いないですね。やっている時は一生懸命なので、そっちの気持ちが強かったですね。なんとか期待に応えたいと思いました。われわれは、逆に放射能に対しての教育というのは、いわゆる素人の部分でしかないので、知らなかったがゆえにそこまで恐れなかったのかな、というのもあったかもしれません。しかし、防護マスクをしていますから顔こそわかりませんでしたが、あの東電の人は、外で立っていたわけですから……」

松井たちの放水は、この一回だけで終わり、翌十八日には、別の人間が行って放水を実施した。また、二十、二十一日の二日間で陸・海・空、全部含めて三回放水し、放水回数はトータル五回となった。

松井が百里基地に戻ったのは、三月十九日である。

「家族に初めて連絡したのは、その時なんですよ」

と、松井は語る。松井には、妻と中学二年の男の子と中一、小三の女の子がいる。

「妻から、なんで行くっていうのを言ってくれなかったのって、やっぱり言われましたね。だから、ごめん、忘れてた、バタバタしてたんで、と言ったように思います。子どもたちには、〝お父さん、本当に原発に行ったの?〟って聞かれたんで、行ってきたよ、と言いました。無事でよかった、というやりとりをしたと思いますが、詳しくは話しませんでした」

ここにも、決死の覚悟で現場に行った〝お父さん〟がいたのである。

「効果はあった」

陸上自衛隊の木更津駐屯地から来た齋藤二曹が乗る消防車は、どうなったのか。

齋藤は、この十七日と翌日の十八日、両日にわたって放水活動をおこなっている。十七日は、松井たち航空自衛隊の消防車のあとで、放水を実施した。

「順番で一台が放水して帰ってくると、次がすれ違って、放水に行くという感じでした。一本道を降りていくんですが、この時は、普通のゆるい坂だと思ってたんですけど、私、翌日の昼も放水に来たんですが、日中降りてみたら、結構、急な坂で勾配《こうばい》がきつかったんですよ。S字っていうか、まっすぐの坂じゃなかったですね。夜は、ヘッドライトで照らしている分しか見えないから、よくわからなかったんです。坂を降りていったら、東電の誘導員の方がいたんで、その方にこちらから話しかけました」

齋藤の乗るB2と呼ばれた消防車には、サーチライトと拡声器がついている。それで、誘導員に話しかけたのである。

「まず目的の場所にサーチライトをあてて、次にマイクで〝今、ライトで照らしているところでいいですか〟って確認を取ったんです。すると、その誘導員の人が手で大きく丸をしたんで、そこに向かって放水を開始しました」

陸自の消防隊では、空自とは違い、ターレットを使った噴射式の放水は、「撃つ」と表現する。大砲を撃つ感覚と同じだ。齋藤は、「撃て」の合図と共に放水をスタートさせた。

「三号炉には、四角く空いてるところがありました。爆発で吹き飛ばされたところです。私たちが狙ったのは、そこでした。私は二度行っていますが、最初がその四角く空いているところで、翌日は、たしか、その奥を狙ったと思います」

齋藤は今、あの時の活動をこう振り返っている。

「自分の命うんぬんも確かにあるのかもしれないんですけど、任務として来たら、まずそれを完遂することがすべてです。命がどうこうと思うのは、やっぱり、ずっと後だと思うんですよね。あの時は、冷却とは言われたけれども、プールに冷却を兼ねて水を溜《た》めるというふうに、私はイメージしていました。燃料プールに水を入れて、これを使って冷やすことによって、メルトダウンが防げるということしか聞いてなかったですからね」

陸自だけでなく、ほかの部隊も来ているため、時間との勝負でもあった、と齋藤は言う。

「行ったら、とにかく早く、一分でも早く水を沢山入れて、温度を下げないことにはどうしようもないという認識しかなかったですね。実際に、水を撃ち始めたら、撃ち尽くすのに三分もかかりませんからね。終わった時は、うしろにまだ待ってる車がいますから、少しでも早く場所をあけて、次の消防車が来られるようにしなければ、という意識がありました。任務が終わって戻って来た時は、本当に効果があったのか、気になって仕方がなかったですよ」

齋藤がその〝結果〟を聞いたのは、Jヴィレッジに帰ってからだった。

「放水が終わったあと、ほんとにこれでよかったのかな、どうなのかなって、やっぱり不安がありました。効果があったのかどうか、その時点では私らわからないんですからね。Jヴィレッジまで戻って来て、原子炉の温度が下がったことを初めて知りました。その時の冷却のための現場の指揮をしていた隊長の方が来られて、〝本日の任務については、温度がいま下がっている〟ということを言われました。次の日に行った時も、成果があれば教えてもらえるし、もし、水位が足りなければ、また補給していくという話になりました。効果があったと聞いた時は、やはり嬉《うれ》しかったですよ」

自衛隊の活動の間も吉田所長の指示の下、福島第一原発の消火班と復旧班は、ひたすら一号機から三号機までの原子炉に注水をつづけていた。それは凄《すさ》まじい執念だった。孤立した「異空間」となっていた福島第一原発は、こうして自衛隊などの協力も得て、次第に冷却が進んでいくのである。

それは、暴走しようとするプラントが、ついに人間の執念に根負けしたことを示すものでもあった。

第二十章　家　族

「おまえ、生きてたのか！」

なんで泣いているんだろう。

プラントの闘いが果てしなくつづく中で、防災安全グループの佐藤眞理は、受話器から聞こえてくる家族の涙声を聞きながら、そう思った。いま振り返ってみれば、極限の場にいた自分が、さまざまな「感情を失っていた」のではないか、と思う。

あれは、三月十八日頃のことだっただろうか。地震発生以来、一週間経って、初めて家族と連絡がとれた時のことだった。

「おまえ、生きてたのか！」

死んだとばかり思っていた妻が生きていたことを知った夫、そして二十二歳と十九歳になった大学生の息子と娘は、母が生きていたことを知り、受話器の向こうで言葉に詰まっていた。

無理もない。凄まじい津波のようすや、原子炉建屋が水素爆発するさまが、テレビを通じて「これでもか」というほど流されていた。

二日、三日、四日……ついに一週間が経つまで、妻であり、母である眞理から連絡が来なかったのである。家族は、自分たちも避難生活を余儀なくされている中で、もはや「生きている」ということ自体をあきらめかけていた。

そんな時に、突然、本人から電話が来たのである。

「もう自分の携帯電話はないし、だから家族の携帯電話の番号もわからない。しかも、会社の中でつながる電話なんか、ほとんど何もなかったですから、連絡しようにもまったくできなかったんです」

佐藤は、そう振り返った。

「ちょうど地震のとき春休みだったんで、大学に行っている子どもたちが二人とも家にいて、あとから聞いたら、地震のあと、私の親とか、主人の親とかを連れて避難をして歩いたみたいなんです。最終的に私の家族は、息子の東京の下宿に行ったんです。それで、一週間ぐらい経った時に、うちの防災安全の部長のPHSを借りて本店の通信機経由で、手帳の片隅にあった息子の携帯の番号にかけてみたんです。そうしたら、たまたまかかったんですよ。こっちはもう気が立ってるので、悲しいも何もないんですよ。でも、向こうは泣いてるんですね」

受話器の向こうでは、家族が生きていたことを知って、涙がこみ上げてきたのである。

「もしもし」

「あっ、お母さん？」

「お母さんよ」

その瞬間、息子は叫んでいた。

「お母さん、生きてた！」

死んだとばかり思っていた母親から突然、電話がかかってきたのである。驚きと嬉しさで、息子は思わず、泣き声になった。三人の家族が交代で出た。

おまえ、生きていたのか！　と開口一番、叫んだ夫は、

「いまどこにいるんだ」

と、涙声で聞いてきた。

「どこって、会社よ。免震棟っていうところにいるのよ」

「なんでそんなところにいるんだ？」

夫は、こうつづけた。

「俺は、てっきり爆発でやられて、次に会う時はもう病院か、遺体安置所かどっちかと思ってたぞ！」

佐藤は、外の状況がまったくわかっていなかった。そう言われてもピンとこないのである。

「家族は、私がまさか会社にいるとは思ってなかったみたいなんです。家族のなかでしゃべっていたのは、どこか病院で会えるかもしれないが、おそらく遺体安置所だろう、って。あの爆発の映像を見たら、どう考えても、もう死んだと思ったと……。お母さんのことだから、また消防ホースかなんかを持ち出して、あの爆発に巻き込まれたに違いない、って。それでもう、わんわん泣いてるわけですよね。うちの旦那《だんな》も言葉に詰まっていました。でも、こっちは、おかしくなっているから、それがピンとこないんですよ。なんかもう、そういうのを通り越していたんですね。きっと、まわりもそうだったと思います。気が立っているというか、へんになっているから、泣けないんですよ。みんな何度も終わりだと思う場面を経験していますから、家族が泣いているのを受話器で聞きながら、なんで泣いてるんだろう、って思っていたんです。ほんとに今、考えると不思議です」

異様に気が張った状態をつづけた人間は、とっくに体力が尽き果てているはずなのに、逆に恐ろしいほど「元気」なのである。そのことを佐藤は感じていた。

「みんなまともに寝てないんだけれども、なんか自分では冷静だと思っているし、異様なほど元気なんですよ。たまたま宿直室にもテレビがあったので、みんなで偶然、テレビを見てたら、こっちに来てくれた消防庁の方が東京に戻って現場の過酷さについて泣きながら記者会見をされていたんですね。それ見ながら、あれ、自分たちは、その現場にまだ何百人といるのに、っていう感覚です。もう人間として限界ですから、いろんなものが麻痺《まひ》してたんだと思うんですよ。もとの自分に戻ることができたのは、いったい、いつ頃だったのか、自分でもわかりません」

そんな佐藤がポロポロと涙をこぼしたのは、それから五か月ほどが経過してからである。

「だんだん時間が経って、やっとこう、思い出したり振り返って見られるようになっていったんですね。私が本当に泣いたのは、あれは八月頃ですかね。私たちは、いろいろ復旧で誰もいない町の中を通って行くんですよ、川内村とか、いろんなところに行くんですけど、本当に牛とかが死んでいたり、キツネとかが出てきたり……骨と皮だけになってね。私、しょっちゅう行ってましたから、キツネが恐る恐る寄って来たこともあります。あれ、あの尻尾《しっぽ》、キツネだよね、って言いながら、その日持ってたあんぱんを車から降りていって、あげたんです。それを見てたら、あんまり瘦《や》せて、哀れで……。私、その時、もう本当に突然、バーっと涙が出てきたんですよ。人間だけじゃなく、なんの関係もない動物まで、こんな目に遭っているということが、この土地一帯をこんなことにしちゃったって……。動物までこんなになってしまうんだと。牛もだんだん、だんだん、骨がゴツゴツしてくるし、子どもが生まれてても、もう死んでたりとかね。本当に悲しかったですよね。そういう生き物が苦しんでいるのを見た時に、地元の人が事故で受けた被害の大きさがより胸に迫ってきて、本当に泣けました……」

罪もない動物、つまり人間でないもののようすを見て、逆に反射的に人間の苦しみが迫ってきたのである。

「瘦せさらばえて骨ばかりになった動物を見た時、申し訳なさと、こんなことをしてしまった自分たちへの怒りがこみ上げて、涙が止まらなくなってしまったんです」

気丈な佐藤は、涙が止まらなくなった事故後の出来事をそう語った。

「ありがとう」を伝えたかった

命が賭《か》かる究極の場に身を置かれた時、人は「やり残したこと」が、ふと頭をかすめるものである。

失敗したベントをやり直すために志願して一、二号機の中操に行き、原子炉建屋に突入しようとした吉田一弘は、「やり残したこと」に気がついた時に、落ち込んでしまったという。

それは、やはり「家族」のことだった。

「私、中操から免震棟に戻ってきた十三日に、ふと、身のまわりのことを整理してないことに気がついたんです」

吉田一弘は、そうしみじみと語った。

「最大のものは、家族のことです。うちは大学生の長女と高校生の長男がいます。娘は東京にいましたから、双葉町の自宅では、三人暮らしなんです。地震の時に、かみさんも息子も家に、たまたまいました。私は非番だったので、外出先から戻ってきて、会社に上がろうと思ったんですね。外出から戻ってくる時は、マイカーで外に出ていたんですけど、車が渋滞で動かなくて、途中で車を乗り捨てて走って家まで戻ってきたんですよ。自宅が発電所の近くにあるので、まず自宅の被災状況を確認して、外なども見ていたら、双葉町の一斉放送で、〝緊急災害放送〟が鳴って、原災法一〇条というものすごいことになっていることがわかりました」

そもそも吉田は、地震発生直後に家族と「一緒にいた」ことになる。それから最悪の事態に突き進むことなどわからなかったため、別れる時に家族になにも伝えてなかったのだ。

「会社に行かなくちゃならないっていうのと、おそらく、この後、避難指示が出るだろう、ということで、家族を避難所に連れていかなくちゃならないって考えている間に、もう町から避難指示が出たんですよ。それで、私の車は乗り捨ててきてますから、かみさんの車に二人を乗せて、とりあえず一晩の着替えと、通帳とハンコを持たせて、避難所に送っていって、そこで二人を降ろしたんです」

吉田は、そのまま妻の車で、会社に駆けつけたのである。だが、その後は、死を賭けた活動に吉田は没頭している。線量が高くて、ベントを断念せざるを得なかった一号原子炉に、志願してもう一度、突入しようとした吉田は、その時、家族のことが頭の中から「消えて」いたのである。

家族のことが浮かんできたのは、中操での活動が数時間ごとの交代制に変わったことで、免震重要棟に戻った三月十三日のことである。それまでに一号機の原子炉建屋の爆発やベントなど、さまざまなことがあっただけに、吉田は、家族のことが心配でならなかった。

避難所に家族を送り届けた時、吉田は携帯電話と充電器を持たせて、こう言ったことを思い出した。

「いいか、停電の中でこれから充電できるかどうかわからないから、普段は携帯の電源を切っておいて、必要な時だけ電源を入れなさい」

そして、こうつけ加えた。

「時々、電源を入れて、必要な連絡をしなさい」

だが、その後、妻と息子がどうなっているか、吉田にはまったくわからない。次第に避難対象の範囲が広がっていき、さらに原子炉建屋が爆発する中で、家族の安否がまるでわからない状態になってしまったのである。

免震重要棟の緊対室にいても、地域の情報はまったく入って来ない。吉田は、焦りを強めていた。「やり残したこと」があったからである。

「社内パソコンで、かみさんに連絡したんです」

吉田はそう振り返った。

「緊対のパソコンが、Eメールで外部とつながっていたので、私はそれで妻の携帯にメールを送ってみました。それが、幸運にも届いたんです」

今、どこにいるんだ。どういう状況なのか、簡単に知らせてくれ。発電所は大変なことになっている——。

そんな内容を記した吉田のメールが、やっと妻の携帯に届いたのである。吉田の「やり残したこと」とは、何だったのか。

「かみさんに〝ありがとう〟という感謝の気持ちを伝えていなかったことです。もう自分は、生きてはいられないかもしれない、と思っていました。緊対室は、テレビが映っていたので、自分たちのいる発電所がどうなっているかは、家族にはわかっているだろうと思っていました。そういうことを書いた上で、かみさんに〝ありがとう〟と伝えました。これまで幸せだった、と」

吉田はプラントの状況から、「死」の可能性を考えていた。このまま死んでしまったら、あの時、避難所まで送り、そのまま別れてしまったことが悔やまれると、吉田は思った。

ひと言だけでも家族、特に、妻には感謝の言葉を遺《のこ》しておきたかったのだ。それができていないことに気づいた時に、自分自身が「落ち込む」ほど、つまり、心が折れかかるほどの状態になったことを吉田は、しみじみと思い出すのである。

その時のメールに、吉田は、自分が死んだあとのことも短く、こう書いた。

「会社に文句を言うんじゃないぞ」

それは、まさに遺言のメールだった。

「厳密に言えば、〝死ぬ〟というより、その可能性があると思っていました。でも、さすがに〝もう帰れない〟とは、書きませんでした。しかし、〝これまで幸せだった〟というのは、事実上、帰れない、という意味ですよね。〝子どものことを頼む〟ということも書いたと思います。妻に、ありがとう、と送れたことで、やり残したことがなくなって、なんだか気分が落ち着きました……」

それは、吉田たちが中操から緊対室に戻り、あらためて最前線の「現場に行くぞ」と心の準備をしている時のことだった。

家族に「何か」を遺すことができるかどうか。それは、決死の活動をおこなう男たちにとって、はかり知れないほど大きな意味を持っていた。

妻から吉田に返ってきたメールには、こう書かれていた。

〈何を言ってるの、必ず帰ってきて。今すぐ帰ってきて〉

それは、愛する家族の偽らざる気持ちが凝縮された言葉だった。

「おやじ、死ぬのは許さない」

一、二号機の中央制御室当直長の伊沢郁夫の頭には、さまざまな場面で、「故郷」が浮かんできている。故郷とは、同時に「家族」でもある。
中操にいた時、伊沢は、早い段階から「自分は最後までここに残る」と心に決めていた。つまり、「死」を覚悟していたのである。

「自分は最後まで残って、ほかの人間は、除染だけ受けさせて生きて帰す、という思いでした。だから、そのためにはここに残って、最後どうなるかわからないけれども、家族にはお別れだと思っていました。家族への連絡は、まったくしてないし、できませんでした。もちろん、家族のことは思い浮かんでいました」

伊沢は、そう語る。

「最初に家族のことを思い浮かべたのは、実際にベントとか、そういうものをしなくちゃいけないということになった時です。もうまわりの地域の皆さんも、退避しなきゃいけないし、ことの重大性を考えた時に、これは最後の手段ですから、そこまでして、あとは誰か残らなくちゃいけないってなったら、自分しかいないことはわかっていました。その時に、やっぱり家族のことが浮かんできました」

自分は残る——伊沢はそのことを家族、特に、妻に伝えなければならないという思いはなかったのだろうか。

「いや、家内は今日が運転担当の責任者だっていうのはわかっていましたし、それはもう、そういう状況になったら、そうなることはわかっていたと思います。私がどんな状況であろうと、最後までそこにいるはずだということは、連絡はなくても家内はわかっていると思いました。外の状況も厳しくなっていましたし、家族には、逆に、〝頼む、無事でいてくれ〟という思いでした。その時は、家族全員の顔が浮かびました」

伊沢の妻は、リュウマチが悪化して、五年ほど前から車椅子生活になっている。伊沢の母は早くに亡くなったが、大正十五年生まれの父親も同居していた。家族のことで気になることは少なからずあったのである。

「特に家内は身体障害者ですから、私が勤めに出ている時には養護施設のほうに泊まらせていました。私は事故に対応していたので、息子に対して、おじいさんとか、家内のこととか、あとは頼むぞっという思いはありました。心配しても、もう連絡もつきませんしね。ですから、中操で自分が生きて帰れないと覚悟したあとは、目の前のことに対処するだけで、ずっと家族のいろんなことを思い出す余裕もなかったですね」

それぞれの人間が、それぞれの「家族」を背負って闘っていた。伊沢は、吉田所長が「各班は最少人数を残して退避！」という指示を出した時、初めて二十六歳を筆頭とする三人の息子たちに緊対室からこんなメールを送っている。

「お父さんは最後まで残らなくてはいけないので、年老いた祖父《じい》さんと、口うるさい母ちゃんを、最後まで頼んだぞ」

それは、ユーモアを交えながらも自分の覚悟を息子たちに伝えたものだった。

息子たちからは、「おやじ、なに言ってるんだ。死んだら許さない」というメールが返ってきた。

「一番下の十九歳の息子からは、〝嫌だ。また、おやじと酒を飲むぞ〟というメールが来ましたね。バカ野郎って思いましたけどね。男たちですから、短いそんなメールでした」

それは、短くても男の子らしい親父への尊敬と愛情を込めたメッセージだった。

「あとで家内は、爆発の時、まだ施設にいたことを知りました。一号機が爆発したという情報があって避難するぞとなった時は、手が震えたと言っていました。たぶん私自身が、爆発でどうにかなったんじゃないかと思ったんだと思います。その時、家族はばらばらになっていますので、自衛隊だとか施設の車で、避難所とか病院とかに行き、そこを息子や親戚《しんせき》とかが探してまわって、やっと二週間後ぐらいに家内を探し出して迎えに行けたと聞きました」

その後、伊沢は、もとの家には帰れたのだろうか。

「避難した人たちの一時帰宅の時に、何回か帰りました。私の家自体は、地震で崩れたとか、ヒビが入ったとか、そういうことはなかったです。家は、そっくりそのままあって、ただ、まわりが草ボウボウになっていて、地震のために近くの道路がひび割れてるとか、自分の先祖のお墓がみんな倒れているとか、そういう感じになっています」

お墓は、自宅から五百メートルほどの小高い丘にある。近くに住んでいる人たちとの共同の墓地である。

「冬になって、二回目の立ち入りの時にお墓に行きました。一回目の立ち入りの時は、草とか木が放射性物質で汚染されている可能性があるので、限られたところしか許されず、お墓の方には行けなかったんです。二回目の時も、道路から草むらに入るということがダメだったので、ご先祖のお墓を遠目に見たということです。草がボウボウの中に、かすかに、あそこらへんが自分の先祖の墓かなっていうのがわかりました。先祖が結構古いので、石碑というか、それが三つぐらいあるんです。でも、地震で墓石が倒れていて、草の中に隠れていました。ほかのお墓も古いものは、ほとんど倒れていました。父は、お墓の方には行けなかったので、つらかったと思います」

妻は、いまだに家には帰っていないという。

「家内は、車椅子なので、一回も家に行っていないんです。今度の立ち入りの時には連れていくつもりですけど、それでも車の中だけにいるということで、家の中には入らず、車から見るだけになると思います。家内も一回見たいと言っているので、連れていきます」

福島第一原発の運転員であると同時に、被災者でもある伊沢には、原発がもたらした被害の大きさが誰よりもわかっている。地元の人たちの苦しみをなにより深く知る伊沢は、月日が経とうと、そのことの「重さ」が胸から離れないのである。

第二十一章　七千羽の折鶴

〝最後〟の電話

青森県の下北半島の突端に位置するむつ市を私が訪れたのは、二〇一二年八月下旬の日曜日である。私がこの地にやって来たのは、二十八年ぶりのことだ。

一九八四年、雑誌の編集部で記者生活を送っていた私は、奇《く》しくも同じ原子力にかかわることで、この地を訪れたことがある。原子力船「むつ」が同市の大湊《おおみなと》を母港にすることを具体化させて以来、賛成派、反対派が入り乱れて揉《も》めているさなか、その取材に来たのである。

むつ湾の蒼《あお》くさわやかな海は、その時となんら変わっていない。

私はこの日、むつ市郊外のきれいな一戸建てに住む家族を訪問した。福島第一原発を襲った大津波で、四号機のタービン建屋の地下一階で亡くなった故・寺島祥希《よしき》（享年二一）のご両親を訪ねるためである。

福島第一原発の運転管理部に所属していた寺島祥希は地震発生後、四号機の点検のために同僚一人と一緒に地下に入って津波に巻き込まれ、三週間近くが経過した三月三十日に同僚と共に遺体となって発見された。

予期せぬ大津波の襲来で、若き命を散らした二人のプラントエンジニアのうちの一人である。

与えられた職務を果たすことと引き換えに貴重な命を捧《ささ》げたこの若者に線香を上げさせてもらうと共に、ご両親のお話を伺うために、私は、むつにやって来たのだ。

まだ二十一歳という息子を失った父・一行《かずゆき》は四十七歳、母・百合子《ゆりこ》は四十五歳という若さである。一行は公務員で、むつから北海道の稚内《わっかない》に単身赴任している。私は、ご遺族がどんな思いで、息子の死と、この未曾有《みぞう》の原子力事故を受け止めたのか、それを直接この耳で聞きたかったのである。

事前に連絡を入れていたために、ご両親は明るく日当たりのいい白い外壁の二階建てのご自宅で私を待ってくれていた。

地震当日、青森県むつ市も、大きな揺れに見舞われた。

母・百合子は、地震が起こった時、家の中にいた。寺島家には、長男の祥希の下に高校二年の長女、その下に中学を卒業して、高校入学前の次男がいた。

「地面がこう横に動くような長い揺れでした。ちょうど高校に入る前の次男が春休みで家にいて、友だちが二人来てたんです。今までに感じたことのない揺れだったので、私、息子たちと一緒に外に出たんですよ。やっと揺れが止まったので中に入って、ふっと落ち着いた時に二回目の揺れが来ました。最初の揺れが大きかったので、この時もう停電になっていました。それで、また外に行こうとした時に、ツ・ツ・ツ・ツ・ツ……という音がするのに次男が気づいたんです。停電しているんで、いつもはトゥルトゥルトゥルって鳴る電話が、そんな音になっていたんです。私は電話と気づかずに、なんか音がしてるなあと思った程度でしたが、次男が気づいて受話器をとったらしいんです。私、次男が来ないから、居間の方に戻ってみたんです」

その時、次男は電話で誰かと話していた。

「どうしたの?」

百合子が聞くと、次男が言った。

「お兄ちゃんだよ」

「えっ、お兄ちゃんなの？」

電話を代わった百合子に祥希の声が聞こえてきた。

「ああ、祥希？」

母がそう聞くと、息子は、

「そっち大丈夫？」

と言った。いつもの息子の声だった。

「こっちは心配ないよ。電源も落ちてるけど、大丈夫だよ」

そう言いながら、初めて百合子は「あれ？」と思った。そもそも停電のため、百合子にはなんの情報もない。大きな地震だったので、てっきり、自分の近くが震源だと思っていた。

しかし、福島にいる息子が電話してきているということは、福島も揺れたのかもしれない。百合子はそう思って祥希に聞いた。

「そっちは大丈夫なの？」

祥希は、東電に平成二十（二〇〇八）年四月に入社している。入社後、福島第一原発に勤務するようになったが、仙台で地震が結構あったので、その度に連絡を取り合っていた。

かかわっている仕事が仕事だけに、地震には親子とも敏感だ。地震があるたびに、電話とかメールを入れて、いつも親子は連絡を取っていたのである。

「揺れたけど大丈夫だよ」

祥希は、母の問いにそう答えた。百合子は、息子の答えで福島も揺れたことを知った。青森だけでなく福島まで揺れたとなると、これは相当、大きな地震だった。

「こっちはすぐに停電になったけど、そっちは電源あるの？」

百合子が聞くと、

「こっちはあるよ」

祥希はそう答えた。まだ津波の来る前である。プラントにはこの時点で、非常用ディーゼルによって電源が確保されていた。

「ああ、そうなんだ。こっちも心配ないのよ」

百合子がそう言うと、祥希は安心したようだった。

「うん、わかった。じゃあね」

祥希はほっとしたように、電話を切った。自分のことよりも家族のことを心配して真っ先に電話をかけてくる息子だった。だが、母は、これが息子との永遠《とわ》の別れになることなど、想像もしていなかった。

「地震があるたびに、祥希とはよく連絡を取り合いました。地震が来れば、やっぱりああいう仕事なので、点検の量が多くなるから忙しくなると、よく祥希は言っていました。実は、前の日にちょうど次男の高校の合格発表がありまして、それの報告のメールを入れたら、夜、祥希から電話がかかってきて、その時に、一時間近く話したばかりでした。その年のお正月は、珍しく家族五人そろったお正月を過ごせたんですけど、ゆっくり話したのはそれ以来だったような気がします」

地震後に元気な息子の声を聞いていた母は、息子の安否を心配することはなかった。だが、異変が生じたのは、地震翌日の三月十二日のことだ。

「それは、北海道の母からの電話だったんです」

百合子はそう語る。

「私の実家は北海道なんですが、母から十二日に電話がありました。なんでも、知り合いから連絡があって、〝テレビのテロップに東電の行方不明者のことが出てて、それに祥希の名前があるらしい〟って言うんです。北海道は電気が通じていましたが、まだこっちは停電だったんで、私は津波のこともまったく知らないし、地震についてどんな報道がされているか、全然わからないんですね。私は、その前に電話で母とも話してますから、祥希からは地震直後に電話が来て、大丈夫だよ、と伝えていました。母はそれを知っているはずなので、私、その時に〝おばあちゃん、なに言ってるんだろう？〟って思って、母に〝昨日、電話で祥希としゃべっているのに、行方不明ってどういうこと？〟って聞いたんです。でも、まだその電話を切らないうちに、小さい時から祥希を知っている私の知り合いが直接、家に来てくれたんですよ」

その知り合いが言ったことに百合子は愕然《がくぜん》とした。

「私は聞いてないんだけど、ラジオで、〝東電の寺島祥希さん、二十一歳が行方不明になっている〟と言っているらしいのよ」

百合子は、それを聞いて平静を失った。実家の母親との電話を切った百合子は、即座に稚内にいる夫にだけは連絡を入れた。

「私は、稚内にいて、テレビは見てたんですよね。津波のことは知っていました。すごいショックがありましたが、祥希とは（妻と）電話が一度つながってたんで、原子力の建物は、すごく頑丈だし、息子が危ないという意識がなかったんですよ」

祥希の父親、一行はそう言う。

「あれは十二日午前の十一時過ぎぐらいですかね、女房から電話が来て、それですぐに東京の東電本店に私が電話しました、そうしたら、〝現段階で連絡が取れません。

行方不明です〟と言われました。こっちは、それなら、なんで連絡を寄こさないんだ、と文句を言いましたが、とにかく、むつに帰らなければいけないんで、稚内から車で移動して、十時間かけて、むつに帰って来たんです。東電本店と、何回かやりとりをしたんですけど、やっぱり、対応が混乱していて、よくわかってなかったですね」

本店とのやりとりでは、埒《らち》があかなかった。居ても立ってもいられなくなった夫妻は、それから二日ほど経って、東電の東通《ひがしどおり》建設事務所を訪ねることにした。

祥希は、むつ工業高校の出身で、建設中の東電の東通原子力発電所の要員として採用され、福島第一原発でプラントエンジニアとしての経験を積んでいた。そのため、東電の東通建設事務所には、もともと祥希の採用試験にかかわった人間がいたのである。

百合子が言う。

「本店とやりとりをしたんだけど、本店もわけがわかってないので、主人と二人で東通事務所を訪ねてみようと思ったんです。主人がそこに電話をしたら、祥希が不明だということを、まだ把握していませんでした。もちろん福島第一原発で行方不明者がいることはわかっていましたが、それがむつの人間であることが、まだ伝わっていなかったのです」

東電社内の混乱ぶりが窺《うかが》える話である。夫妻はそれ以降、東通事務所を窓口にして、東電本店の方に連絡を取ってもらうことにした。そして、次第に情報が入ってくるようになった。

「東通の方が図面を持って来てくれて、いろいろ説明をしてくれるようになりました。たぶん、津波の時にここらへんにいたんだろうって……」

だが、同時に、それは息子の「絶望」を示すものでもあった。説明される事態は、夫妻が耳にしたくないものでもあっただろう。

「そのあとも、その場所には、どんどん水が入ってきて水が抜けず、放射能の汚染となかのこともだんだんわかってきたんです。なんで、すぐに見つけられないのか、なんですぐに入っていけないの？　って聞いたら〝地下なんで、水がすごいことになっているようです〟という話でした。四号機は、ほかの建屋とは、入った水の量も違っていたんだと思うんです」

そんな危険なところに息子は「点検」に行っていたのか――。暗闇の中、必死に与えられた職務を果たそうとする息子の懸命な姿が思い浮かんだ。

あの子なら、そうするに違いない。あの子なら、人が尻込《しりご》みするところでも、自ら進んで行って、責任を果たすに違いない。夫妻は、そう思った。それは、生まれ育ってきた祥希そのものの姿だったからだ。

しかし、そのために「命」が失われたとしたら……夫妻は、それからの日々が耐えられなかった。

自分のなかに「呑《の》み込む子」

寺島祥希は、平成元年、百合子の実家がある北海道の日本海に面した乙部《おとべ》町で生まれた。

その後、父の転勤で三歳の時にむつ市から北海道の松前町に移り、小学校三年に上がる時に、むつ市に戻ってきた。以来、小学・中学・高校と、厳しさと爽《さわ》やかさを併せ持つ下北の大自然の中で祥希は育った。

「祥希は、私にはでき過ぎた息子だったんです。私のようなものが育てた子でないように育ってくれたっていうんですか。気配りというか、そういうものが自然に備わっている子だったんです……。とにかく飾らない子で、こつこつ努力して、親に心配をかけない、親をわずらわせないというか、そういうところがすごくあった子でした」

百合子はそう語った。小さな弟と妹の面倒をみて、自分は、親には絶対、やんちゃを言わない子——それが、祥希だった。

「とにかく聞き分けのいい子だったんです。下に二人いたんで、自分なりに考えて、あんまり迷惑かけないようにということを小さい時から思っていたのかもしれません。やけを言うこともない、本当に優しいお兄ちゃんで、反抗期もなかったんですよ」

夫妻にとって、祥希は自慢の長男だった。父親の一行は、祥希がそういう子に育ったのは、自分が出張が多くて、家を留守にすることが多かったことも関係していると思っている。

「私が、普段あんまりいないんで、母親には、あんまり迷惑をかけないという意識があったみたいです。何かあっても、長男だし、自分のなかで全部、呑み込むというか、そういうのがあったと思います。とにかく親に心配をかけさせないという意識が、すごく強い息子でした」

今どき珍しい「何かあっても自分のなかに呑み込む」少年は、やがて青年へと成長していった。中学では柔道部、むつ工業高校に進んだあとはボート部に所属した。インターハイでの優勝経験もある全国レベルの力を持つむつ工業のボート部で、祥希は腰を痛めながらも、最後まで部活をつづけた。

両親が話す居間には、現在も祥希の表彰状が飾られている。それは、むつ工業時代に各種の国家試験や資格を取得し、そのポイントが「45ポイント」を突破したものだけに与えられる〝ジュニアマイスターゴールド〟と呼ばれる表彰状だった。

全国の工業高校の生徒を対象にしたこの「ジュニアマイスター顕彰制度」は、専門的な知識や技能、資格を持つ生徒を社会に送り出すことを目的に、二〇〇一年からスタートしたものだ。

その中でも、〝ゴールド〟は、もちろん最高のものである。

資格には、さまざまなポイントがある。たとえば電気工事士一級なら何ポイント、二級なら何ポイント……という具合に難易度によって取得時にそれぞれのポイントがついていくが、祥希は、数々の資格試験にチャレンジして、このポイントを在学時代に積み重ね、ついに「ジュニアマイスターゴールド」の表彰を受けたのだ。

「祥希は、高校二年の時に〝学芸努力賞〟という表彰を受けているんです。資格を取るのも大事なんですけど、自分の成績の評定も落とせないし、厳しいボート部の部活もつづけていたので、ものすごくハードな二年半だったと思います。部活が終わって帰ってくるのが、遅いと夜九時ぐらいだったんで、もう、勉強する時間がないんですよね。テスト前になると部活は休みに入るはずなんですけど、大会前だと部活があるんですよ。だから、祥希に〝いつ勉強してるの？〟って聞いたことがあるんですよ。

そうしたら、〝学校に行ってる時、休み時間もしてるよ〟って言ってました。まじめに、こつこつやる子なんで、ずっと勉強をつづけていたんだと思います」

東京電力という大企業には、なかなか入れるものではない。だが、祥希はその年、むつ工業から学校の推薦を受けて、難関の東電入社試験に合格した二人のうちの一人となった。

成績だけでなく、日頃の生活態度や人格も加味される入社試験だけに、祥希が選ばれたのは、当然だったかもしれない。

「その年によって違うんですけど、むつ工業からは、東電に入るのは、一人か二人ですね。まず校内で選抜されるんです。祥希の年は二人です。三年間の中で、祥希はかなりきついボートの部活をしながら資格を取っていきましたので、それも評価されて学校で選抜してもらえたと思うんですよ。もともと東通原子力発電所をつくる前提で、その機関要員ということで祥希は採用されているんです。それで、福島とか新潟に行ったりして、勉強して、何年か経ったらこっちに戻ってくるということでした……」

父の一行は、息子の将来について、そう悔やんだ。

折り始めた鶴

ただ「待つ」だけの生活は、家族には耐えられなかった。一週間、十日、二週間……時間が経っても、祥希の行方はわからなかった。

こんなにさまざまなものが発達している世の中で、なんで「居るはずの場所」がわかっていて、誰も救出することができないのか。消防にだってレスキュー隊がいるのに、どうしてそういうところに頼めないのか。

夫妻はそう思った。近づくこともできない凄《すさ》まじい放射能汚染がそれを「阻んでいる」ことが、なかなか理解できなかったのである。

一行は、こう語る。

「潜りゃいいだけじゃないかって、単純に思うんですけど、結局、この〝だろう〟の積み重ねで、情報が全然進まないんです。なぜ二人いなくなってるのに、たったそれだけを探せないんだって思って……。そういうやりとりを東通事務所ともしました。時間が経つにつれて、いくら希望を持とう持とう、と思っても、現実的にだんだんそれは無理だって……。頭の片隅に、もう無理じゃないかという思いはあったと思います。三月二十八、九日まで、あんまり進展がなかった。見つかるまで、ずっとそういう状態だったんです」

父は、息子を探すために「自分を現場に行かせて欲しい」とまで頼んでいる。

「あれはいつだったか、震災のいろいろな対処をしてるんで、捜索に人が割けないっていわれたことがありました。私は、（行方不明の）人間を探すっていうのは、まず一番じゃないかと思うんですよ。そういう話から始まって、結局、今日、捜索したけど見つかりませんでしたって言うんで、〝どこを捜索したんだ？〟って聞いたら、わかりません、と。それじゃ、報告にならないでしょって、そんなことがつづいたんですよ。私はダイバーもできますから、それじゃあ、うちらが行くからって、そう言ったんですよ。気持ちとしては、そこまで切羽詰まっていました」

そんな中で、インターネットで、行方不明の二人が「現場から逃げた」という心ない情報が飛び交うようになる。

「二人が郡山で飲んでる姿を見た」

そんな情報も流れて、もう一人の被害者の妻がショックを受けるようなこともあったという。東電への凄まじいバッシングが起こっているさなかのことである。

「ついには、テレビに出演している人が〝そんなやつは、捕まえて吊《つ》るし上げりゃいい〟ということを言ったんですよ。私たちはなにも希望のない中にいて、生きて見つかったほうがいいに決まっています。でも、祥希が仕事を放棄して逃げるなんてことがあり得ないことは、親である私たちが一番わかっています。だから、そういう話はショックでした」

本当に現場から逃げて生きていてくれたら、どれだけ嬉《うれ》しかったかしれない、と一行は言う。しかし、祥希は、そんなことのできる男ではなかった。

百合子は、地獄のような日々を耐えるために鶴を折り始めた。最初に鶴を折ったのは、行方不明ということがわかった三月十二日だ。

「何もできないけど、鶴を折ろうか」

ふと、百合子は娘にそう語りかけた。祥希の妹は、祥希と同じむつ工業に通っている。妹は、何も手につかなくなった母と共に、優しかったお兄ちゃんのために鶴を折り始めた。

祥希の無事を祈る鶴は、数を増していった。

やがて、そのことが学校に伝わった。そして、鶴を折ることに協力する人たちが増えていった。時期は、ちょうど三学期の終わりである。むつ工業には、祥希がいた頃の先生たちが大勢いる。こつこつ勉強して、東電に入ったまじめな祥希のことを、学校の先生たちが忘れるはずはなかった。

「先生が協力してくださって、授業をつぶして、みんなで鶴を折るって言ってくださったり、それぞれクラスの子たちが、家で折れる子は折って来てくれたり、そういうのをやってくれたんです。最初は、私が何も手につかないことから始めたことなんですけど、それにみなさんが力を貸してくれたんです。お陰で鶴はどんどん増えていったんです。折ってくれた鶴を見ていると、綺麗《きれい》に折れているものもあれば、折れていないものもあるし、色々なんですよ。でも、それで余計、一生懸命、折ってくれているることが伝わってきましたね。祥希の無事を祈ってくれているみなさんの気持ちがわかって、私、嬉しかったですよ。ほんとうに、人の気持ちで支えられた時間だったなあって、思います。あれがなければ、私たちは、耐えられなかったと思いました」

ついにその数は、「七千羽」に達した。夫妻は、届けられる千羽鶴を綴《つづ》りながら、数をかぞえていった。それが、七千羽になった時、東電から連絡が入った。

「寺島君らしい遺体が……」

それは、もう三月も終わりに近づいた頃だった。

「祥希が行方不明になって以来、主人はずっと休みをいただいてたんですよ。息子がこんなことになっているので、待機という形でした。でも、なかなか見つからず、今日か今日かって時間が経っていきました。それで、あまりに長い期間になったので、これ以上は、やはり一度職場に戻らないといけないと、主人がいったん、稚内の方に戻ったんですよ。戻ったその日に、見つかったという連絡が主人の方に入ってきたんです」

その時は、まだ遺体が発見されただけだった、と一行が言う。

「地下から水がちょっと下がって、収容は出来ないんですけど、遺体らしきものが見えた、という連絡でした。まだ収容はできてない段階で、〝明日もう一回、行って、収容する予定です〟というものでした。水は引いたといっても、まだ、腰ぐらいまであって、ボートで入っていったそうです」

棺《ひつぎ》での対面

ついに見つかった。それは、最愛の息子の「死」を告げるものだった。

百合子は、その時までの不思議な感覚をこう記憶している。

「祥希がダメかもしれないっていうことは、一切考えてなかったんです。私は、それを〝考慮〟してないんですね。とにかく、どんな形でもいいから、むつに連れて帰ってくるっていう気持ちだけで、それが、生きているとか、亡くなった形とか、そういうことじゃなくて、そこのところは飛んじゃってるんです。祥希が死んだ、ということは、きちんと認識していないんです。完全におかしかったと思うんですよ。だから、一番怖かったのが、祥希が波にもっていかれてないかって、それなんです。どんな形でもいいから、ここに連れて帰ってきたい、むつに祥希を連れて帰られるかどうかと、私はそればかり考えていたんです」

連絡があった時、百合子は、真っ先に「これで祥希をこの家に連れて帰ることができる」と思ったのである。祥希が津波にもっていかれていたら、どうしよう——生死を超越して、そっちの方ばかり気になっていた自分を百合子は、今も不思議に思っている。

家族は、全員で現地に向かった。

「祥希が寒いところにずっといたと思って、私たちは毛布と、その折鶴を持って福島に向かいました」

変わり果てた息子とふたたび「会う」ことができたのは、福島第一原発から南におよそ二十キロの位置にある東京電力の広野火力発電所だ。

家族は、仮事務所のような場所に案内された。そこには、二つの部屋に行方不明だった二人の棺が別々に安置されていた。

聞けば、祥希の遺体は水の中に浮き、もう一人は、水が引いていく途中で四メートルほどの高さの機械の上に取り残されていたという。

「傷みが激しいんで……直接見られますか？　見ない方がいいと思います」

家族四人は、そう告げられた。発見までの三週間近い月日を物語る話だった。しかし、棺は開けさせてもらった。遺体は、ジッパーのついたビニールの衣装袋のようなものに入っていた。

顔の部分が見えるような棺だったが、上から包帯を巻いており、直接は顔が見られなかった。

「直接、顔を確認されますか？」

かたわらで東電の人間がそう言っていた。

「写真があるので、お父さん、見てください」

直接、見るのではなく、検死した時の写真を、紙に印刷して用意してくれていた。

「それで、私が見て、〝あ、これは見ない方がいい〟と思いました。顔はちゃんとわかりました。顔、上半身とか、損傷の激しい部分のアップとか、写真がありました。顔は間違いなく祥希でした。私が見て、そのあとで、娘も息子も、その印刷した紙を見ました」

百合子は、その写真もチラッと見るだけで、直視することはできなかった。少し顔がふくらんでいるように感じた。

それだけで十分だった。祥希であることは間違いなかった。

「祥希、迎えに来たよ……みんなで来たからね。長かったね……一緒に、むつに帰ろう」

百合子からそんな声が絞り出された。

「長かったねえ……お疲れさまでした……」

百合子はもう一度、そう言った。小さい時から、自分に心配をかけさせることのなかった息子が、棺の中で静かに眠っていた。がんばり屋で、優しくて、親思いの息子が、何も語ることなく眠っていた。祥希が生まれてからの日々が、百合子の心の中に蘇《よみがえ》った。

「祥希……よく頑張ったな」

父は、息子にそう語りかけた。かわいがってもらった弟と妹も、かたわらで兄の死を静かに受けとめていた。

「あの時、私たちには、見つかって良かったというのが、一番だったような気がします」

父・一行はそう振り返る。

「最後まで仕事をして、それに向き合って亡くなったお兄ちゃんに、あの子たちも、それをきちんと受け止めて、それから逃げるとか、そういうことはしなかったように思います。自分たちもしっかり、それを受け止めるという、そういう感じだったと思います……。私には、やっぱり、よく頑張ったなという思いがこみ上げました。最期の時、（地下に）点検に行った祥希たちがポンプ室に漏洩《ろうえい》があることを発見して、それを報告して対処していたところで、電話がつながらなくなったそうです。だから、（遺体の写真を）見た時、そういう思いがこみ上げたんです」

発見された時、二人ともヘルメットも安全ベルトもしていなかったことを聞かされた。

「ヘルメットは、もしかしたら、水の勢いで外れる可能性もありますが、安全ベルトが外れるということは、基本的にないんですよ。あれはフックが複雑になってるので、意識して外さないと無理なんです。これが二人とも外れているということは、水が入ってきて〝ヤバいっ〟と思う時間が何秒かあったと思うんですよ。身体を軽くして逃げようと思って、無意識にそれを二人がやったんだなあ、と思いました」

検死の結果は、溺死《できし》ではなく、「多発性外傷ショック死」だった。激しい水の勢いに、弾《はじ》き飛ばされて亡くなったことが想像された。

「地下にいたんで、溺死だというイメージでいました。最初は、〝なんで、地下にいて、ショック死なんだ〟と思いました。でも、よくよく聞いてみると、定検中の建屋だったんで、マンホールが開いてたりとかしていて、そこから一気に水が入って来て、そうだっただろうと思いました。もう、ほんとに身体中、アザだらけになっていました。ぶつけた痕《あと》ですね。打撲のひどいのというか、足も複雑骨折だったようです」

百合子もこう語る。

「四号建屋というのは、一番入り江に近い場所だったんだそうです。それで、定検中だったから、普段は開いてないシャッターが開いてたり、マンホールがあきっぱなしだったり、そういう感じだったそうです。だから、一番最初にダッと勢いよく、普通のところよりも、水が入っていく部分が多かったって……。すごい水の量だったようです」

流れ込んできた水の最初の一撃で、おそらく「即死」だったのではないかということを遺体は物語っていた。

鶴と共に旅立った息子

四月三日、祥希の遺体は、家族につき添われて、むつに帰ってきた。

棺には、七千羽の折鶴がかけられていた。それは、棺を完全に包み込んだ。まるで折鶴の中に棺があるかのようだった。祥希の無事を祈って折られた鶴が棺をすっぽりと覆い、それに守られながら、祥希は青森のむつに戻ってきたのだ。

祥希にとって、それは、お正月以来のわが家への帰宅だった。

むつでは、お通夜の前に茶毘《だび》に付すのが、習わしだ。

わが家に帰った祥希は、家族と水いらずの時を過ごした。そして、お通夜の前に、火葬場に向かった。この時も、棺は、折鶴で覆われた。

祥希の遺体は、そのままこの七千羽の折鶴と一緒に茶毘に付された。

「この千羽鶴にお兄ちゃんを天国に連れて行ってもらおうと思ったんです」

百合子はそう言った。七千羽の鶴に囲まれて寺島祥希は旅立っていったのである。

葬儀には、三百人以上の人々が集まった。まじめで、優しかった生前の祥希を慕って、同級生や多くの人たちが駆けつけてくれたのである。

「同級生の方たちと学校関係の方たちとか、祥希に今までかかわってくれた沢山の方が来てくれたんです。高校の同級生は、もうばらばらになってるのに、遠くからわざわざ足を運んでくれました。妹と弟の同級生も来てくれました。みんな、来ないではいられないというか、それぐらいショックな出来事だったのかなあ、って……。昇華できないっていうんですかね。同級生の方も、その後も線香を上げに来てくれて話をするんだけど、やっぱり、大きな事故で、それに祥希がかかわっていて、そういう亡くなり方をしたということを、なかなか受け止められないっていうか、そういうことを感じました」

百合子は、しみじみとそう語った。

その後も、福島から同僚や先輩、後輩たちが線香を上げに来てくれた。いつの間にか、それは数十人にのぼった。彼らが語ってくれたことで、夫妻は事故の実態を知っていった。

父・一行は、こう語る。

「地震があって、祥希たちは、まず現場の人たちに避難の誘導をして、そのあとで、点検のために地下に向かったようなんです。誘導の時、仲間が八人ほどいたらしいんですが、大きな地震だったので、それぞれが自分の家に電話をしたらしいんです。そのとき電話がつながったのが、亡くなった二人だけだったそうです。その直後にアラームか何かが鳴って指示が出て、点検に向かったと聞きました。祥希たちは、そこから地下のポンプ室に行き、漏洩《ろうえい》があることを発見して、それを報告していますから、祥希は最後まで責任を果たしたんだな、と私は思っています」

百合子は、わざわざむつにまで足を運んでくれる息子の同僚たちについて、涙ぐみながらこう語った。

「仲間の方たちが、事故直後は（復旧の）仕事が凄《すご》かったし、自分も苦しかったけど、二人を見つけ出すという、そういう思いで、毎日、仕事に向き合っていたことを話してくれました。私たちはそれまで全然知らなかったんですが、あの二人を探す、絶対に探すんだ、絶対、俺たちの手で探すんだっていう思いで、毎日、仕事を頑張っていたことを知りました……」

自分が鶴を折ることでなんとか耐えていた時、息子の仲間たちも苦しみの中で復旧に全力を尽くしていたことを、百合子は知ったのである。

「遠いのに一生懸命、祥希の話を私に伝えようという思いで来てくれて、そんなことを言ってくれるんです。現場の人たちの仲間意識はすごいと思いました。私たちも苦しくてつらいけど、彼らも目の前で仲間を失って、それでも仕事をやりつづけなくてはならなかった。彼らの苦しみっていうんですか、それも、私にはよくわかりました。遠くから足を運んできてくれて、祥希はいい仲間の中で仕事ができてたんだなあ、というのが、本当にわかったんですよ……」

第二十二章　運命を背負った男

大声をあげて泣いた

「もしもし、俺だ、俺だ」

受話器の向こうから聞こえてくる夫の声に吉田洋子《ようこ》（五五）は、思わずこう応《こた》えた。

「パパ？　生きてた？　大丈夫？」

生きてた？――夫の置かれていた状況をこれほど的確に表わす言葉は、ほかになかっただろう。福島第一原発所長の吉田昌郎が、東京の自宅に電話をかけることができた時、家族は、

「パパが生きているかどうか」

ということが最大の関心となるほど、重い空気の中にいた。すでに地震から一週間近くが経過している。プラントは冷却の方向に向かってはいるが、もちろん予断は許さない。ふと自分が「生きている」ことだけは、家族に伝えておこうと思い立った吉田は、やっと架《か》かり始めたPHSを使い、本店の回線を経由する形で、自宅に電話を入れたのだ。

水素爆発や格納容器の圧力上昇など、連日の報道でいやというほど危機的な状況が伝えられていた。家族にとっては、テレビが報じる福島第一原発の深刻な情報は、そのまま夫の「命」にかかわるものだった。妻に「生きてたの?」と聞かれた吉田は、

「とりあえず、今は生きてるよ」

と応じた。それは、吉田らしいひと言だった。大袈裟《おおげさ》にも言いはしないが、それでも、状況を過小に伝えることはしない。そして、吉田は、こうもつけ加えていた。

「どうなるかわからんけど、しょうがねぇから、今、生きてることだけ伝えておく」

部下が近くにいる中で、所長たる吉田が家族としんみり話すわけにはいかなかった。

「女房は、その時は泣いてなかったですね。泣く余裕もない状態だったんじゃないですか。あの時どうだったの?　って聞いたことがあるんだけど、なんせ、次から次と

いろんなことが起こるじゃないですか。旦那《だんな》がいるところが地震と津波に襲われて、もう大騒ぎになってるわ、一号機は爆発するわ、三号機は爆発するわって、派手なシーンをテレビで見てるわけでね。想像をはるかに超えた大変なことの連続だから、もう泣くとかそんな状態じゃなかったみたいですよ」

吉田は、そう言った。一方、洋子夫人はこう語る。

「報道があまりに深刻なものばかりなので、その頃の記憶が欠落しているんです。次男から急に電話がかかってきて、テレビをつけてみて！　と言われてスイッチを入れた時、（原子炉建屋が）爆発しているのが映しだされて、頭が真っ白になってしまったんです。自分は、何をやったらいいのかわからず、テレビを見てるしかなくて……ただ、主人が無事でいて欲しいとそればかり祈っていました」

二人の間には、三十歳、二十七歳、二十四歳の三人の息子がいる。それからというもの、洋子には、夫の命を心配するだけの日々がつづいたのである。洋子が夫の顔をやっと見ることができたのは、それから一か月以上経ってからのことだった。

「あれは、四月だったと思いますが、事故後、初めて主人が家に帰ってくることができたんです。マンションのドアが開いて、顔を見た途端に、ああ、生きて戻ってくることができたんだ、と思いました」

地獄の現場から帰還した夫は、痩《や》せて、髭《ひげ》も伸び、やつれていた。

「すごく苦労したんだというのは、ひと目でわかりました。驚いたのは、その時の恰《かっ》好《こう》です。柄がけっこう派手なパジャマというか、ジャージみたいな、ピエロが着るようなものを着て帰ってきたんです。なんでも、除染のために着ていたものは捨ててくるので、その代わりに古着みたいなものを着てたようです。こっちは生きて帰ってきてくれたので、それだけで嬉《うれ》しくて涙が出ましたけど……」

夫に許されたのは、わずか「三泊」だけだった。冷却が進んでいたとはいえ、指揮官である所長がそれ以上、現場を離れるわけにはいかなかったのだ。

帰宅翌日、洋子が、大声を上げて泣く場面があった。夫が、「自殺したのではないか」と、思ってしまう出来事があったのである。

「翌日、主人が何かを机の上に揃えて、〝ここにあるからね〟って言って、ふらっといなくなったんです。主人が出かけたあと、机のところにいってみたら、財布とか預金通帳とか携帯電話とかが、みんなきれいに置いてあるんですよ。それを見て、まさか、と思ってしまったんです。だって、預金通帳まで揃えて置いておくなんて、変じゃないですか。それで急に心配で心配でたまらなくなって、ひょっとして……と、変なことを考えてしまったんです。私、静岡が実家なんですけど、そこの姉に、〝どうしたらいいんだろう〃って電話したんです。そうしたら姉は、主人のことを、ちゃんと把握してますので、〃吉田さんはそういう人じゃないから大丈夫よ〃って言ってくれたので、なんとか、気を取り直そうとしたんですけど、それでも心配でたまらなくて……」

夫は、あれだけの経験をして、しかも、部下の中で、二人の若い命を失わせてしまっている。その地獄のような現場から離れた時に、ふと気が緩むことがあってもおかしくない。そう思うと、洋子の胸で不安がたまらなく膨らんでいってしまったのだ。

「私の中で不安がどうしようもなく大きくなってしまって……。それから一時間ぐらい経ったでしょうか。ドアが、ギイーって開いて、〃ただいまあ〃って、何事もなかったように帰ってきたんですよ。私は、言葉がなくなっちゃって、その瞬間、主人にしがみついて、わーんって泣いちゃったんです。たいがい、わーんって、声を出して泣くことってないですよね。大人になってから、あんなに泣いた経験って、ちょっとなかったです……」

驚いたのは、吉田である。

「どうしたの？」

吉田はこの時、お金を少しだけポケットに突っ込んで散髪に行っていた。放射能がつきやすいのは髪の毛なので、なるべく短く刈ってこようと思ったのである。

「主人は大きいですから、私は、胴のあたりにしがみついて泣いていましたが、向こうは、意味がわからなくて、呑気《のんき》な顔して、〝どうしたの？〟って言っているから、理由を言って、〝いなくなっちゃうつもりだったの？〟というようなことを聞いたんですね。そしたら、〝そんなことするわけがないじゃない〟って言っていました。私は、主人が自分の責任を果たして、亡くなったんじゃないかと、ふっと思ってしまったんですね。それが無事戻ってきたことで、プツンってなっちゃったんですよ」

冷静になってみれば、確かに夫は、そんなことをするような男ではなかった。若い頃から宗教書を読み漁《あさ》り、禅宗の道元の手になる『正法眼蔵《しょうぼうげんぞう》』を座右の書にしていた。あの免震重要棟にすら、その書を持ち込んでいたほどだ。

生と死——夫は、お寺まわりが趣味で、いつも人間の生と死を考えていた。そう考えると、あの事故に夫が立ち向かったのも、それが「運命」だったような気がしてならないのである。

「その時、菩薩《ぼさつ》を見た」

大阪生まれの吉田は、中学、高校を大阪教育大学附属天王寺校舎で学び、東工大に進んでいる。中学、高校時代は剣道部で過ごした。父親は小さな広告会社を経営しており、吉田は一人っ子である。

「私は高校から教育大学附属に入って剣道部に入部し、吉田と知り合ったんですが、最初は吉田のことを同学年とは思わずに、〝先輩〟だと思っていたんですよ」

剣道部の仲間だった馬場昌範《まさのり》・鹿児島大学大学院医歯学総合研究科教授は、吉田の思い出をこう語る。

「剣道部は道場がなかったですから、稽古《けいこ》は体育館でやっていたんですよ。入部してみたら、なんか背の高いひょろっとした態度のでかい男がいるわけです。こいつ先輩だろうな、と最初は思ってたんですよ。私は剣道の経験がなかったんで、〝おまえ、(剣道を)やったことないんだろ?〟とか言われて、〝あっ、はい〟と言っていたら、同じ学年だとわかって、一緒に行動するようになりました」

馬場は、吉田のことを〝美学を持った男〟だったと語る。

「なんというか、高校の頃から一つの美学を持った男だったですね。ここだけは崩したくないという、覚悟が決まればこうする、という、生き方にそういう美学を持ってる人間なんですよ。僕なんかが剣道部の合宿で弱音を吐くと、兄貴が弟を叱るみたいによく怒られました。吉田は、弱音とか愚痴なんか絶対にこぼさなかったし、自分の中に目ざすものを持っていたと思いますよ。剣道部だけじゃなくて、彼は、物理が好きだったから、自分で物理同好会をつくったり、民謡も好きで、民謡同好会とかもつくっていましたよ。それに、人に対する思いやりとか、友情とか、そういうことが結構、好きだったですね。それこそ、森田健作のあの世界ですよ。豪快な男なんだけど、人を思いやる心がありました」

それは、どんなことだったのか。

「吉田は現役で東工大に入りましたけど、僕は一年浪人したんですね。浪人生活を大阪で送ってたんですよ。そしたら、彼は、あいつ大丈夫かなって、ずいぶん心配してくれて、励ます手紙を何通も送ってくれたんですよ。今でもその時の手紙は大阪の実家にあると思いますよ。たぶん吉田は、精神的に僕が相当、落ち込んでると思ってたんですよ。だから、ほっとけないと思ったんでしょうね。彼だけが何通も励ましの手紙をくれました。ほかには、そんな人間はいなかったですよ。それで、浪人時代に一回会ったんですよね。そしたら、〝心配したぞ、おまえ〟って言われてね。会ってみたらこっちが予想より元気だったので、吉田は、〝あんがい元気そうやな。心配して損したわ〟って言ってました。もともと吉田は、そういう人を思いやる男なんですよ」

奈良市で寺院の住職を務めている杉浦弘道は、吉田と高校二年、三年と同じクラスだった。彼にも、吉田は強い印象を残している。

「私も吉田は陽気で豪快な男だったという印象を持っています。小さいことにくよくよしない前向きな男でした。今から思えば、その背景には宗教的な素養があったと思います。たぶん高二の時だったと思いますが、私は吉田に〝おまえ、般若心経《はんにゃしんぎょう》を知ってるか〟と言われましてね。私はお寺の息子でしたが、当時、それに背を向けていた人間だったんです。だから、お経など何も知らなかったんですけど、ある日突然、〝杉浦、おまえ、家が寺なんやろ。それぐらい覚えとかな〟って言われましてね。いきなり、彼に般若心経を教えられたんですよ。彼は、般若心経をそらで覚えてて、私の前でスラスラと披露してくれました。びっくりしましたよ。高二ですからね。吉田はその頃から宗教的な面に関心がありましたね」

杉浦がこのことを思いだしたのは、吉田が震災の一年五か月後、二〇一二年八月に福島市で開かれたシンポジウムにビデオ出演した際、現場に入っていく部下たちのことを、「私が昔から読んでいる法華経の中に登場する〝地面から湧いて出る地涌菩薩《じゆぼさつ》〟のイメージを、すさまじい地獄みたいな状態の中で感じた」と語ったことだ。これをネットで知った杉浦は、ああ、吉田らしいなあ、と思ったという。

「ああ、吉田なら、命をかけて事態の収拾に向かっていく部下たちを見て、そう思うだろうなあ、と感じたんですよ。吉田の〝菩薩〟の表現がよくわかるんです。部下たちが、疲労困憊《こんぱい》のもとで帰って来て、再びまた、事態を収拾するために、疲れを忘れて出て行く状態ですもんね。吉田の言う〝菩薩〟とは、法華経の真理を説くために、お釈迦《しやか》さまから託されて、大地の底から湧き出た無数の菩薩の姿を指していると思うんですが、その必死の状況というのが、まさしく、菩薩が湧き上がって不撓不屈《ふとうふくつ》の精神力をもって惨事に立ち向かっていく姿に見えたのだと思います。そりゃもう凄《すご》いなあ、と思いましたねえ。部下の姿を吉田ならそう捉《とら》えたと思います。ああ、これは、まさしく吉田の言葉だなあ、と思ったし、信頼する部下への吉田の心からの思いやりと優しさを感じました」

高校時代の同級生で、事故後の福島第一原発を訪ねた友人もいる。竹中工務店の技術研究所長、谷口元《はじめ》である。

「吉田は、僕から見ると高校時代から〝硬派〟ですからね。印象としては、ちょっと怖い感じだったですよ。吉田は東電の執行役員になっていましたが、役員会議なんかでずけずけ本音でものを言うということは耳に入っていました。二〇一〇年ぐらいに今度、福島第一原発の所長で行くから、と言ってたので、そりゃ大変やねって話したことがあったんですよ」

それが、まさかあんな大事故に見舞われるとは、谷口も思ってもいなかった。

「うちの会社にも原子力部門があって、爆発した一号機、三号機、四号機、これへのカバリング工事というのがありますよね。四号機はうちが担当していましたので、吉田が〝一回、いらっしゃい〟とメールをくれたので、担当者を連れて行くことにしたんです。事故八か月後の十一月です。タイベックに靴カバーとか、全部つけて行きました。吉田は免震重要棟にいて、迎えてくれましたよ。テレビ会議用のスクリーンがあるところに、なでしこジャパンのユニフォームが置いてあったのが印象的です。ワールドカップで優勝した鮫島彩《あや》選手のものです。

吉田は、〝これは、俺たちの守り神やねん〟と嬉《うれ》しそうに説明してくれました。TEPCOマリーゼが福島にあったから、サッカーの選手とは、親しかったみたいでね。北京オリンピックの時も、ちょうどなでしこジャパンの試合があった時に、私、都内で吉田と会ってたんですよ。その時に、二次会行こうかって言ったら、〝今日は、これからサッカーの試合を見なあかんから、申し訳ないけど、俺、先帰る〟と言って帰っていきました。吉田は女子サッカーには相当、力が入っていましたよ。事故後にあったワールドカップでなでしこジャパンが優勝したことに、随分、勇気をもらったんじゃないでしょうか」

吉田は高校を卒業後、東工大に進み、ボート部に入った。ボート部時代の仲間、本田技術研究所の研究員、永野敬二によると、

「吉田とは、ボート部でずっと一緒だったですよ。ボートは、一番長いのはエイトといってコックス（舵手《だしゅ》）を入れて九人なんです。ボートは、うしろ方向に進むので、進む先は、コックスにしか見えないんです。私と吉田がボートの中央のエンジン役四人の漕《こ》ぎ手の一部で、私が艇の前から四番目、彼が五番目でした。私が吉田の背中を見て漕いでます。吉田は同期で一番背が高くて足が長かったから、最初はなかなかタイミングが合わなかったな。ボートって、腕というより、足で漕ぎますからね。ズボンをはくと、太ももがパツンパツンになるぐらい練習で太くなりましたよ。毎朝四時半に起床でね。夜は八時半に消灯だから、勉強はいつするんだい、みたいな感じの生活でしたね。埼玉の戸田に艇庫があって、ここで合宿生活です。

コースでの練習が主ですが、たまに荒川に出ていって漕いで、戻って来て、みんなでシャワーを浴びて、それから、やおら大学に行くわけですよ。もう眠くて、ほとんど授業にならないですけどね。吉田はやっぱり、ほかの人間とはちょっと違ってましたね。宗教関係とか、その手の知識が結構あって、一度エイトが新造されて、一台一台に名前をつけることになった時、仏教や中国のことに詳しい吉田が、新艇に古代中国の想像上の大鳥、鯤《こん》という魚が化した〝大鵬《たいほう》〟という名前をつけたことを思い出します。大鵬は、九万里をひとっ飛びするものでね。おまえ、なんでそんな知識持ってんの、みたいな感じで、やはり、ほかのやつとは違う雰囲気を持っていましたよ。吉田は東工大の四類の機械物理学科で、大学院に進んで原子核工学を専攻しました。通産省にも内定をもらったけど、東電に入りましたね」

大学院で原子核の理論と研究に没頭した吉田は、原子力を規制する側ではなく、実際に原子炉を運転・制御する側の仕事を選び、東京電力に入社したのである。

緊対室に巻き起こった万雷の拍手

洋子夫人は、吉田とは大学時代に知り合い、吉田が入社した翌年、昭和五十五(一九八〇）年に結婚した。

「主人は、若い時から、そういう宗教関係の本を読んでましたので、抹香《まっこう》臭い人だなと思ったこともあります。旅行に行って、有名なお寺があると、そこのご住職に頼んで中まで見せていただくんです。ずけずけ行って、押しが強いんですよ。でも、そういう時の対応を見て、すごく大人だなと思いました。若い時から、普通の若者とは、ちょっと違ってました。生と死というものにすごい興味があったんだと思います。私は〝死〟とかを意識すると、怖いという感じを持ってしまうんですけど、主人は達観してるというか、死をそういうものでは捉えていなかったですね。死ぬんだったら、それはそれでしょうがないじゃないかという死生観があって、私でもそういう話を聞くと、ちょっと自分がホッとするようなことがありました。主人は物事をあるがままに受け入れる、あがいてもしょうがないというか、運命を受け入れるという考え方をもともと持っていたと思います」

吉田は、事故から八か月後、突然、食道癌の宣告を受けた。凄《すさ》まじいストレスの中で闘ってきた吉田の身体は、いつの間にか癌細胞に蝕《むしば》まれていたのである。

「癌の告知は、一緒に受けたんです。東電病院で人間ドックを受けた時、食道のあたりにかなり大きな影があるって指摘を受けまして、詳しくは、慶応病院の検査を受けて、ということになりました。それで十一月十六日に、告知されたんです。食道癌で、〝ステージ・スリーです〟と、二人で告知を受けたんですが、なんか、人の病気のことを聞くような感じで、二人とも落ち着いて聞けました。たぶん達観しちゃってたんだと思います。先生の話が、遠くから聞こえるような感じで、ああ、そうなんですかあ、という風でした。あんなに主人は頑張ったのにこんなひどい目にあって……という感情が出てくるのは、ずっとあとですね」

それは、生と死の狭間《はざま》で踏ん張った吉田にとって、あまりに過酷な運命だった。さらに詳しい検査のために入院した吉田は、福島第一原発の所長を、後任の高橋毅《たけし》に譲った。

吉田が福島第一原発に戻り、闘いの日々を過ごした免震重要棟の緊対室で、全員に対して挨拶《あいさつ》をすることができたのは、二〇一一年十二月初めのことである。

緊対室には、突然去った吉田の姿を見ようと、協力企業も含めて数百人の人間が集まった。マイクを持って、テレビ会議のためのディスプレイの前に立った吉田は、そのひとりひとりに向かって、

「皆さん」

と語りかけた。福島第一原発では放射線の中での活動のため、建物の中にいても全

員がタイベック姿である。免震重要棟から一歩外に出る時は、さらに全面マスクを装着するのである。

「皆さんに挨拶もできないまま、こんな形で（後任の）高橋君にあとを譲ってしまいました。誠に申し訳ありませんでした。もう私の病気については、皆さんもご承知かと思いますが、どういう状況かと申しますと、食道癌のステージ・スリーということを病院で診断されました」

立錐《りっすい》の余地もない緊対室では、共に闘った部下たちが、吉田の話をひと言も聞き漏らすまいと静まりかえっていた。

「私はこれから抗癌剤治療と手術を致します。でも、手術をして、患部を摘出すれば治ると言われていますので、医者に任せてみようと思います。ここでみんなと一緒にやって来たわけで、こういう状態でここを去るのは非常に心苦しいし、断腸の思いです」

吉田はあの極限の場面での部下たちの凄まじい闘いぶりを思い出しながら、そうつづけた。

「あの日々を、私は忘れることができません。今も厳しい状況に変わりはありませんが、みなさんのお陰で、なんとかここまで来ることができました」

直接の部下たちも、協力企業の人間も、あの苦しかった日々を思い出しながら、吉田の話を聞いている。少し、深刻な雰囲気になったので、吉田は、ここで得意の冗談を飛ばした。髪の毛の薄い福島第一原発の総務部長の名前を出して、こう言ったのだ。

「すでに私は一回目の抗癌剤治療を受けましたが、まだ頭の毛は抜けておりません。彼よりも、癌治療を受けている私の方が毛があるはずです！」

吉田がそう言った時、全員がかたわらに立っている総務部長の頭と吉田とを見比べ、一斉に笑いが起こった。吉田らしい冗談だった。

「どうか、皆さんには、これからも頑張って欲しい。まだまだ困難なことがつづくでしょうが、皆さんにはそれをどうか乗り切って欲しいと思います。福島県の人だけでなく、日本中の人たちが皆さんに期待しています。そのことを忘れず、高橋君の下で力を合わせてやってください。ありがとうございました。私も必ずここに戻ってきたいと思います」

それは、吉田の万感をこめた挨拶だった。吉田が話し終わると、緊対室に万雷の拍手が巻き起こった。

「ありがとうございました」

「頑張ってください！」

「早く治して帰って来てください」

吉田が緊対室を出る時、部下たちがそう言って駆け寄った。涙を浮かべている者もいた。それは、過酷な闘いを共にした戦友たちとの別れだった。

吉田が述懐する。

「みんなが駆け寄ってくれてね。いろいろ声をかけてくれました。やっぱり、みんな心配してくれててね。それまで、僕の病状がどうなってるんだろうっていうんで、最初はあまり噂もできないような状態だったらしいんですよ。それが、僕が自分の口で、冗談も言いながら話したんで、少し安心してくれたようです。みんな、おーおーっていう感じで、こっちは申し訳ないという話ができました。事故後、放射線の中での勤務になるため、女性職員はこの中にはいませんでしたが、握手してくれるのも結構、いてね」

吉田は、そのあと福島第二原発に向かった。

「第二の免震重要棟にも行って、挨拶させてもらったんですよ。あの事故の時の対応で、部下たちはかなり被曝《ひばく》しましたからね。そういった連中は、バックアップの仕事をしろということで、新たにつくられた福島第二の安定化センターに送られて、ここで仕事をしていました。だから、ここでも、目いっぱい部下たちが集まってくれてね。

ワーッともう、部屋いっぱいで、別れる時は、頑張ってください、って随分、励ましてもらいました」

こうして吉田は〝戦友たち〟に別れを告げたのである。

「チェルノブイリ事故×10だった」

二〇一二年二月七日、食道癌の手術をおこなった吉田は、その後の抗癌剤治療で吐き気やおう吐に苦しみながら、なんとか回復の道を辿《たど》っていた。だが、七月二十六日に脳内出血を起こし、その後、二度の開頭手術とカテーテル手術も一度受けるという厳しい闘病生活をつづけた。

洋子夫人が言う。

「食道癌の手術は、肋骨《ろっこつ》を一本外しておこなう十時間近い大手術になりました。そこで一度退院してから、今度は、脳内出血で倒れましてね。その姿をみながら、どうして、パパはこんなにひどい目にばかり遭うんだろう、神様に嫌われちゃったのかしらって、正直、思いました。あれだけパパは頑張ったのに、と。でも、こういう人が、あの時に福島にいたっていうのは、やっぱり運命だったのか、とも思います。なぜ、一億三千万人の中でパパが選ばれたのかしら、と思った時、若い頃から、運命を受け入れることをずっと言いつづけた人だったので、こういうことがやっぱり決められていたんじゃないかしら、と思うんですよ。主人は、私の前で、弱音とかを吐いたことがない人なのでわかりませんが、あの事故の時、現場に残る人たちを分別する時に、まだお若い方や女性の方とか、（免震重要棟の中には）沢山いらっしゃったので、主人の胸のうちはどれだけ苦しかっただろう、と思います」

その吉田所長が私の取材に答えてくれたのは、食道癌の手術が終わって、脳内出血で倒れるまでの短い期間、二〇一二年七月のことだった。

長時間に及んだ取材の中で、最も私の心に残ったのは、吉田が、想定していた「最悪の事態」について語ったことだった。彼の頭から離れることがなかったのは、自身が背負わされていたものの〝大きさ〟にほかならなかった。

「格納容器が爆発すると、放射能が飛散し、放射線レベルが近づけないものになってしまうんです。ほかの原子炉の冷却も、当然、継続できなくなります。つまり、人間がもうアプローチできなくなる。福島第二原発にも近づけなくなりますから、全部でどれだけの炉心が溶けるかという最大を考えれば、第一と第二で計十基の原子炉がやられますから、単純に考えても、〝チェルノブイリ×10〟という数字が出ます。私は、その事態を考えながら、あの中で対応していました。だからこそ、現場の部下たちの凄《すご》さを思うんですよ。それを防ぐために、最後まで部下たちが突入を繰り返してくれたこと、そして、命を顧みずに駆けつけてくれた自衛隊をはじめ、沢山の人たちの勇気を称《たた》えたいんです。本当に福島の人に大変な被害をもたらしてしまったあの事故で、それでもさらに最悪の事態を回避するために奮闘してくれた人たちに、私は単なる感謝という言葉では表わせないものを感じています」

最悪の事態とは、「チェルノブイリ事故×10」だった――吉田はそうしみじみと語った。

私が班目春樹・原子力安全委員会委員長（当時）に吉田のこの話を伝えると、班目は、こう語った。

「吉田さんはそこまで言ったんですか。私も現場の人たちには、本当に頭が下がります。私は最悪の場合は、吉田さんの言う想定よりも、もっと大きくなった可能性があると思います。近くに別の原子力発電所がありますからね。福島第一が制御できなくなれば、福島第二だけでなく、茨城の東海第二発電所もアウトになったでしょう。そうなれば、日本は〝三分割〟されていたかもしれません。汚染によって住めなくなった地域と、それ以外の北海道や西日本の三つです。日本はあの時、三つに分かれるぎりぎりの状態だったかもしれないと、私は思っています」

入れつづけた水が、最後の最後でついに原子炉の暴走を止めた――福島県とその周辺の人々に多大な被害をもたらしながら、現場の愚直なまでの活動が、最後にそれ以上の犠牲が払われることを回避させたのかもしれない。

未曾有《みぞう》の原発事故と真っ正面から向き合った吉田昌郎は、多くの部下たちと共にその大きな役割を果したのである。

エピローグ

二〇一一年十一月二十六日、土曜日。

震災からすでに九か月近くが経過していた。それは、いつ果てるともわからない放射能汚染からの避難生活の真っ只中《ただなか》である。

時折実施される福島第一原発から半径二十キロ以内の警戒区域での一時帰宅は、変わり果てたわが家の惨状を容赦なくかつての主《あるじ》に伝えていた。人の手が入らなければ、たちまち雑草は伸び放題となり、住み慣れた懐かしの風景は、逆に哀れを誘うような痛ましい状態となっていた。

そんなありさまが報道される度に、福島第一原発の一号機、二号機の当直長、伊沢郁夫の心は痛んだ。

伊沢とその家族も、避難民の一人という境遇に変わりなかった。食道癌が発覚した吉田所長が福島第一原発を去っておよそ二週間が経ったこの日、伊沢の姿は、磐梯山《ばんだいさん》と猪苗代湖《いなわしろこ》を望む「ホテル・リステル猪苗代」にあった。

あの事故以来、散り散りになっていた伊沢の住む小さな地区の住民四十人あまりが、一堂に会することになったのである。

みんなで集まって、もう一度、お互いの無事な顔を見よう。そして、これからもつづく困難に立ち向かっていこう――世話役のそんな発案から生まれた泊まりがけの集まりだった。

まだ十二月にならないというのに、猪苗代湖の周辺は、もう雪景色となっていた。前日の金曜日、急に冷え込んだ猪苗代地方は、最低気温が一気に零下〇・一度まで落ち、雪が舞った。最高気温もわずか一・五度しかなく、午後から降りはじめた雪は、あたりを銀世界に変えてしまったのだ。

ホテルからはるか西側に聳《そび》える磐梯山も白く霞《かす》み、すっかり冬支度を整えた幻想的な姿を雪景色の向こうに浮かべていた。幸いにこの日は、前日の雪模様が嘘のように晴れ上がり、気温も午後になって五度を超え、前日に比べて随分、凌《しの》ぎやすい一日となった。

伊沢は、八十六歳となった老齢の父親を車に乗せて、はるばる、いわきから猪苗代までやって来た。葛藤《かっとう》の末、意を決して伊沢はこの会合へと参加したのである。（これを逃したら、親父が近所の人たちと旧交を温める機会は永遠に失われる）

大正十五年生まれで、八十六歳になる父には、時間的な余裕は、それほどない。伊沢は、そう思い、父をこの会合に連れてきたのだ。

しかし、それは、同時に伊沢が東電に勤めていることを知っている、いや子どもの頃からの自分を知っている近所の人たちと震災後、初めて顔合わせをすることにほかならなかった。

こんな苦しい避難生活を強いられている人たちに、俺はどうやって会い、どんな声をかけさせてもらえばいいのだろうか。そして、どうやって、お詫《わ》びの気持ちを伝えればいいだろうか。

伊沢は、そんなことばかり考えていた。罵声《ばせい》のひとつやふたつ浴びせられるぐらいで済めば、いいほうかもしれない。本当につらい生活を送る人々の恨み節を、この耳で聞き、そして、心の底からお詫びを言いたい。伊沢は、幼い頃からお世話になった人たちに、直接、顔と顔を合わせて、自分の本当の心情を吐露するつもりでやって来たのである。

「あっ、郁夫ちゃん！」

ホテルに入って来た伊沢親子に偶然、気づいた人が、そう言って駆け寄った。

「郁夫ちゃん、大丈夫だった？　大変だったわね……」

東京、千葉、福島、会津……さまざまな地に避難している人たちが、伊沢に次々と声をかけてくれた。ここでは、五十歳を過ぎた伊沢も、「郁夫ちゃん」だった。福島の浜通りに生まれ、その大地と海の恵みを受けて生きてきた伊沢のことを誰よりも知っている人たちだった。

（……）

伊沢の脳裡《のうり》に、あの暗闇のなかで、中央制御室に踏みとどまって奮闘した日々が蘇《よみがえ》った。故郷・福島を救うために、何度も何度もタービン建屋、そして原子炉建屋に突入していった決死の仲間たちの姿が思い浮かんだ。彼らもまた、自分と同じ地元・福島の男たちだった。

夜、ホテルの大広間で宴会が開かれた。大広間といっても、もともとが二十戸ほどしかない小さな地区の集まりである。参加した人も四十人ほどに過ぎない。ゆったりした大広間には、不似合いな会合だったかもしれない。

父は、老人たちが座っている前のほうの席に連れていかれたが、伊沢は最後尾の、一番目立たない場所に座っていた。

もう八十を過ぎた世話役がステージに進み出てマイクを握った。

やがて、震災以来の苦労をねぎらう世話役の言葉がしみじみと大広間に響いていった。そして、お互いがこれからも励まし合っていこうという、世話役の話に皆が耳を傾けた。挨拶《あいさつ》が終わりに近づいた頃、突然、世話役が独特の福島弁のイントネーションでこう言い始めた。

「実は今日、もう知っている人もいると思いますが、〝郁夫ちゃん〟が来てくれているんだ……」

（えっ）

伊沢は、はっとした。目立たないように隅にいた自分のことを、ステージの上で世話役がそう語り始めたのだ。

「こんなことになってしまったけれど……」

世話役は、自分たちの境遇を振り返ってそう前置きすると、こう続けた。

「……郁夫ちゃんは、がんばってくれたんだ。最後まで……。故郷を守るために、郁夫ちゃんは、最後まで踏ん張ってくれたんだ……。その郁夫ちゃんが、今日はみんなに会うために、わざわざ来てくれたんだ……」

世話役は、そう言うと、一番うしろにいる伊沢のほうに目をやった。みなの視線も、伊沢が座っているほうに移った。

伊沢の身体は硬直したように動かなくなった。ひと呼吸おいて、世話役はこう言った。

「皆さん……最後まで頑張ってくれた郁夫ちゃんに、どうか拍手をしてあげてください……。拍手をお願いします」

伊沢は、言葉を失った。

次の瞬間、拍手が湧き起こった。大きな拍手だった。

自分の方を振り向いたみんなが、拍手をしてくれている。

「郁夫ちゃん、ありがとう」「ありがとう、郁夫ちゃん」

そんな声も聞こえた。故郷を離れて、不自由な生活を余儀なくされている人たちが、これほどの哀しい目にあった人たちが、それでも、

「ありがとう。ありがとう、郁夫ちゃん」

と、拍手をしてくれていた。

伊沢が故郷を守るために、どれだけ頑張ってくれたか、幼い頃からの〝郁夫ちゃん〟を知る人たちには、わかっていた。それは、誰の説明を受けなくても、郁夫ちゃ

んがどれほど懸命に踏ん張ったか、そのことをわかっている人たちの拍手にほかならなかった。

不覚にも、伊沢の目から涙が溢《あふ》れてきた。あとから、あとから、とめどなく涙が溢れ出てきた。伊沢は涙を止めることができなかった。

伊沢は立ち上がった。

ひとことでも、お詫びをいわなければならない。そして、それでも温かく迎えてくれたこの人たちに、お礼の気持ちを伝えなければならない。

だが、伊沢は、もはや何も言葉を発することはできなかった。溢れ出る涙が頬を伝って、ぽたぽたと流れ落ちた。

伊沢には、ただ頭を下げることしかできなかった。故郷と、それを共有する人たちのありがたさが胸に迫り、伊沢から「言葉」というものを奪っていた。

(ありがとうございます……ありがとうございます……)

心の中で繰り返すその言葉が、ついに声になることはなかった。いつまでも鳴りやまない拍手の中で深く頭を垂れつづける息子の姿を、八十六歳になった大正生まれの父親が、静かに見つめていた。

おわりに

私が、福島第一原発の誕生前からあの大惨事に至るまでの地元の姿を知る元大熊町長の志賀秀朗さんを訪ねたのは、震災から一年五か月が経過した二〇一二年八月初めのことである。

八十歳になった志賀さんは、福島県南部の小さな街のアパートで避難暮らしをつづけていた。手術の失敗から数年前に視覚をほぼ失った志賀さんの脳裡にあるのは、かつての生き生きとした故郷・大熊の姿だけである。

志賀さんの父・秀正さんは、昭和三十七年十一月に大熊町の町長となり、福島第一原発の地元誘致に尽力した。そして、志賀さん自身も、昭和六十二年九月から平成十九年九月まで、大熊町の町長を務めて、地元の活性化に取り組んできた。

いわば原子力発電所を誘致し、共存して来た大熊町で、原発と共に生きてきた人物と言ってもいいだろう。同時に志賀さんは、あの地の戦前からの変遷をすべて知っている生き証人でもある。

「あそこが、磐城陸軍飛行場として造成されていく時は小学生だったな。うちは一番、飛行場から近かったから、でき上がってからは、うちには（操縦の）教官が下宿していた。食事つきの間借りですよ。その教官が、たまにお菓子とかガムとか持って来てくれて、私はそれをよくもらいましたよ。馬に乗りてぇから、って言われて、うちの（農耕のための）馬を飛行場まで私が連れていったこともありますよ。飛行場は芝生で、広くてね。兵隊さんが五、六人集まって、うちの馬に乗って野駆けをやって楽しんでいた。なにしろ戦時中だから、楽しみは何もねぇからな。私らよく小学校の帰りに、あの〝赤とんぼ（練習用複葉機の通称）〟が飛ぶのを見てたな」

終戦になったのは、志賀さんが双葉中学の二年の時だった。

「戦後は、まず最初に、あそこは塩田になったな。あの頃、塩は瀬戸内海あたりしか採るところがなかったからね。塩が不足していて、国土計画と磐城塩業という会社があそこに入ったわけです。国土計画は、堤康次郎です。政治家だから、塩に関しても国とツーツーだったから乗り出したんでしょう。あの丘の上に池をつくってね。その上に竹の枝を集めてきて、吊《つ》るして海水を上から垂《た》らすわけ。それで塩分濃度を高めて、塩になっていくんですよ。それを何年かやっているうちに、化学が発達して塩が簡単にできるようになって、塩田は廃業になったわけです」

そのあと、土地は国から個人に分譲されたという。

「その土地に松の木をみんなが植えてね。その松が五、六メーターぐらいになった時に、アミタケっていうキノコが出たの。あそこをぐるーっとまわると、そのアミタケというキノコが籠《かご》いっぱいになるから、みんな採りに行ったわけよ。原発用地の話が出てくるのは、あそこがそんなことを経たずっとあとのことよ」

それは昭和三十年代に入って、水質検査が始まったことが最初だった。

「陸軍の飛行場だった時代も、うちでポンプで吸い上げた水を、あそこまでパイプを通して飲料水として入れていたぐらいでね。だから、昭和三十年代の半ばだったか、原子炉に関連して水質を調査する時にも、まずうちにやって来て、水質を調べていったな。親父が町長になったのは昭和三十七年の十一月だから、これを誘致できたら出稼ぎをしなくてもよくなると、町も周辺町村も豊かになるんじゃないかということだったな。この町が豊かになるかもしれないなというのは、やっぱりそのとき思いましたね。ただ、広島、長崎の原爆から、十何年しか経ってない頃だったから、その記憶がまだ強くてね。われわれ町民には、原子力発電の仕組みも何もわかりませんからね。国や県が安全だって言えば、みんなそう思っちまうな。だから、組織だった誘致反対運動というのは全然なかったんだ」

工事が始まると、アメリカからやって来たGE村の女の子が、よく志賀家に遊びに来たという。恒子夫人によると、

「うちの二番目の娘が友だちになってね。家が近いから、向こうから遊びに来るんですよ。うちに大きい日本人形があったんで、その子にあげたんだ。そうしたら、喜んで、家に遊びに来るたんび、それを抱いて来たんだよ。着物を着せ替えできる人形で、その女の子は、まだ学校に上がんないくらいのちっさい子で、ずいぶん大切にしてましたね。来る時は、大きなチョコレート持って来てくれたりね。アメリカに引きあげる時は、うちの娘に帰るっていうことを言ってたみたいでねえ」

志賀さんは、自身も昭和六十二年に大熊町の町長となっている。電力需要が高まっていくにつれて、原子力発電所の占める地位は大きくなっていた。

「やっぱりね、発電所ができたので地域がだんだん変わってきたでしょう。道路にしたって、曲がりくねった細いものがちゃんと舗装されて真っ直ぐになって、田んぼも、みんな四角にきちんと整備されていってね。電源三法というもののお陰で、予算もっ

きましてね。いろんなものが充実していきました。原発関係の固定資産税とか、そういうのも入って、町が財政的によくなっていきました。親父が町の収入役を務めていた昭和二十年代は、役場にお金がなくなって、私が町の資産家にお金を借りに行かされたことが何度もありますよ。それぐらい大熊町は貧乏だった。でも、原発のお陰でどんどん豊かになって、私が町長の時には、中学生までの医療費は完全無料にできたし、下水道料金も全国一安くすることができた。そういう住民への還元をいろいろやっていったんだね。でも、結局は、こんなことになってしまってね……」

故郷を離れ、アパートで避難暮らしをする八十歳の志賀さんは、福島第一原発の歴史をそう説明してくれた。しかし、その末に、あの事故によって、大熊町は生活をするどころか、立ち入ることも許されない地となってしまったのである。

豊かになるために邁進《まいしん》してきた「人生のすべて」を否定されたかのように志賀さんは感じているのかもしれない。志賀さんは、取材の間に何度も深い溜息《ためいき》をついた。口には出さずとも、信頼を寄せてきた東電の事故が、残念で、残念でならないことを、志賀さんの深い皺《しわ》と溜息が物語っていた。

避難の拡大によって、事故の翌日に富岡町から川内村に移動し、その後も取材をつづけた福島民報の元富岡支局長、神野誠さんも、東電への地元民の無念を知る人物である。東電に対する地元住人の信頼の強さが、その怒りと失望をより大きくさせたと、神野さんは感じている。

「あれは三月二十三日でしたか、福島県郡山市の公共施設『ビッグパレットふくしま』に避難している川内村と富岡町の住民を東電の副社長が訪ねて、一人一人をまわってお詫《わ》びしたんですよ。その時に、ある人が〝みんな、気い遣《つか》って言わねえげど、俺は関係ねえがら言うげどよー〟って、こう言ったんですよ。〝今頃来てなんなんだよ！〟って。あれは、住民の〝裏切られた〟という怒りが凝縮された言葉だったと思うんです。東電は、本当に地域に溶け込んでいましたからね。東電の人は、単身赴任の人もいましたけど、家族と一緒に富岡に住んでる人も大勢いました。会社のためというだけじゃなくて、本当に地元に溶け込んでいたので、地元の人も信頼を寄せていました。私は福島市出身ですから、富岡支局に来て、初めてその信頼のすごさを知ったんですよ。それだけに、地元に住めないほどの被害をもたらした東電に対する〝裏切られた〟という思いは、本当に大きかったと思います」

大津波がもたらしたこの未曾有《みぞう》の原発事故は、あらゆるものに深い傷跡を残したのである。

私は、取材をつづけながら、この原発事故がさまざまな面で多くの教訓を後世に与えたことをあらためて痛感した。それは、単に原子力の世界だけの教訓にとどまらず、さまざまな分野に共通する警句であると思う。

そして、現場で奮闘した多くの人々の闘いに敬意を表すると共に、私は、やはりこれを防ぎ得なかった日本の政治家、官庁、東京電力……等々の原子力エネルギーを管理・推進する人々の「慢心」に思いを致さざるを得なかった。

この事故を防ぐことのできる〝最後のチャンス〟は、私は実は「二度」あったと思う。その最大のものは、9・11テロの「二〇〇一年九月十一日」である。

あらためて言うまでもないが、安全を期して二重、三重に「防御」を張りめぐらしている原発の敵は、「自然災害」と「テロ」である。

今回の福島第一原発の事故の最大の要因となった、海面から十メートルという高さに対する過信は、その中の「自然災害」に対するものだ。

「まさか十メートルを超える津波が押し寄せるわけがない」

その思い込みには、過去千年にわたって福島原発の立つ浜通りを「そんな大津波が襲ったことがない」という自然に対する「侮《あなど》り」、言い替えれば「甘え」が根底にある。

しかし、自然災害が過去の災害の「範囲内」に終わるという保証は、まったくない。

それは、人間の勝手な思い込みに過ぎないのである。

これは、自然に対する人間の驕《おご》りとも言えるだろう。この驕りに対して、警鐘を鳴らしたのが、実は、あのオサマ・ビン・ラディンによる9・11テロだったと思う。

ビン・ラディンは自然災害とは関係がない。彼がおこなったものは、テロである。だが、およそ三千人もの犠牲者を出したこのテロは、原子力発電に対しても、大きな警鐘を鳴らした。

予想を超えた規模のテロは、原発に対する最も大きな脅威であることを人々に知らしめたのである。アメリカの原子力関係者の動きは素早かった。

ただちに、テロ対策を強化し、その中で、「すべての電源を失った場合、原子炉の制御をどうするか」ということが、以前にも増して議論されることになった。

そして、五年後の二〇〇六年、アメリカのＮＲＣ（原子力規制委員会）が対策のための文書を決定し、それは、日本にも伝えられた。

その中には、全電源喪失下の手動による各種の装置の操作手段についての準備や、持ち運び可能なコンプレッサーやバッテリーの配備に至るまで細かく規定されていた。

テロがもたらすものも、自然災害がもたらすものも、原発にとっての急所は、「全電源喪失」であり、「冷却不能」であるという事態に変わりはない。

しかし、わが国の原発では、「全電源喪失」「冷却不能」の状態がもたらされる可能性を、それでも想定しようとはしなかった。

日本では、そんなテロが起こるはずがない――日本に照準を定めるミサイル配備をおこなっている国を周辺に抱えているにもかかわらず、根拠のないそんな思い込みが、ここでも原子力エネルギーを推進、管理する指導者たちに蔓延《まんえん》していた。だが、その「テロ」に匹敵する、いや、ある意味ではそれ以上の「災害」が原発を襲ったのである。

非常に辛辣《しんらつ》で俗っぽい表現だが、私はあえて〝平和ボケ〟という言葉を使わせてもらおうと思う。

日本だけは「テロの対象」になり得ない、あるいは、日本では原発がミサイル攻撃を受けるはずがない、という幼児的ともいえる楽観思考は、原子力行政にあたる指導者として、あるいは実際の原子力事業にあたるトップとして「失格」であると私は思う。

テロ、あるいは紛争が原発にもたらすだろう「全電源喪失」「冷却不能」という事態を少しでも考慮に入れていたなら……と、私は残念でならない。アメリカと同様、いくばくかの措置に踏み込んでいたら、「全電源喪失」「冷却不能」に対処する方法が考えられ、言いかえれば、自然災害においても、これほどの大惨事には至らなかったということだ。だが、その最大のチャンスは、失われた。

もう一つのチャンスは、9・11テロの三年三か月後、二〇〇四年十二月二十六日に発生したスマトラ島沖地震である。

マグニチュード9・3という巨大地震とそれによって引き起こされた大津波は、実に二十二万人もの死者を出し、世界中を震憾させた。それは、巨大地震と大津波が、人間の想像を絶するものであることを見せつけるものだった。

原子力発電所にとって、ここでも警鐘を鳴らしたのは、9・11テロと同じ「全電源喪失」「冷却不能」の事態への対処である。だが、この天の啓示ともいえる二度の警告は、日本の原子力行政に携わる人間にも、そして原子力を扱う事業者にも、ついに「響く」ことはなかったのである。

言うまでもなく、この「全電源喪失」「冷却不能」の事態に対処するためには、多額のコストが必要だ。利益を追求する原子力事業者には、難しい判断だったに違いない。

結局、日本では、行政も事業者も「安全」よりも「採算」を優先する道を選んだのである。それは、人間が生み出した「原子力」というとてつもないパワーに対する

「畏《おそ》れのなさ」を表わすものだった。世界唯一の被爆国でありながら、その「畏れ」がなかったリーダーたちに、私はもはや言うべき言葉を持たない。

一九九二年、原子力安全委員会は「三十分以上の長時間の全電源喪失」について、「考慮する必要はない」という報告書をまとめ、安全指針の改定を見送っていたことが二十年後の二〇一二年に明らかになった。

「原子力安全を確保できるかどうかは、結局のところ〝人〟だと痛感している」

原子力安全委員会の廃止にあたって、班目春樹委員長が記者会見で語った痛恨の弁こそ、この大惨事の本質を表わしているのではないだろうか。

そして、現場の人間たちの文字通り、死力をふり絞った闘いによって、吉田所長が語った「チェルノブイリ×10」という最悪の事態は、ぎりぎりで回避された。

しかし、周知のように福島県を中心に、回復には気の遠くなるような年月が必要な被害がもたらされ、今も多くの被災者が苦しんでいる。

私は、事故以来、巻き起こった反原発運動の凄《すさ》まじいエネルギーを「当然」と思う反面、火力発電などで起こる地球温暖化などの環境問題について指摘する声が急になくなったことも、恐ろしいと思っている。

「極端」に流れるのではなく、代替のエネルギーができ上がるまで、資源小国の日本がなんとか成り立つ方策は何か、国民全体で冷静に知恵を絞らなければならないと思う。


本書は、実に多くの協力者によって成り立っている。

福島第一原発所長の吉田昌郎氏を筆頭に、現場で闘った福島第一原発の所員や協力企業の人々、駆けつけた自衛隊員、事故対策に奔走した政治家や官僚、研究者、現場の記者、避難した住民、事故で亡くなった方のご遺族……等々、数え切れないほどの人々のご協力によって、本書はやっと完成にこぎつけることができた。

「この未曾有《みぞう》の事故の真実をきちんと後世に伝えなければならない」

取材協力してくれた方々に共通した思いは、まさにそれだったと思う。何度も取材の壁にぶちあたった私の背中を、そのたびに押してくれたのは、こうした取材協力してくれた人々の「熱意」にほかならなかった。

取材を進めるうちに当初は予想もしなかった問題点や、あるいは、これまで誰も知らなかった感動の人間ドラマが浮かび上がってきた。

私は、このノンフィクションを執筆しながら、「人間には、命を賭《か》けなければならない時がある」ということを痛切に感じた。

暗闇の中で原子炉建屋に突入していった男たちには、家族がいる。自分が死ねば、家族が路頭に迷い、将来がどうなるかもわからない。

しかし、彼らは意を決して突入していった。自衛隊の隊員たちも、自分たちが引き起こした事故でもないのに、やはり命の危険をかえりみず、放射能に汚染された真っ只中《ただなか》に突っ込んでいった。

その時のことを聞こうと取材で彼らに接触した時、私が最も驚いたのは、彼らがその行為を「当然のこと」と捉《とら》え、今もって敢《あ》えて話すほどでもないことだと思っていたことだ。

事故の復旧のための第一の働きをすることになる消防車と共に真っ先に福島第一原発に駆けつけ、復旧活動を展開した自衛隊員は、わざわざ私が取材にやってきたことに、こう驚いていた。

「あたりまえのことをしただけです。自衛隊の中でも、あの時の私たちの行動は、今もあまり知られていないんですよ」

東電の現場の社員も、協力企業の人間も、あの線量が増加した中で働いた人々も、それと同じような認識を持っていたことに、私は驚きと共にある種の感慨を覚えた。

私は、これまで多くの太平洋戦争関連の書籍を上梓《じょうし》している。太平洋戦争の主力であり、二百万人を超える戦死者を出した大正生まれの人々を、私は「他人のために生きた世代」と捉え、それと比較して現代の日本人の傾向を「自分のためだけに生きる世代」として、論評してきた。

しかし、今回の不幸な原発事故は、はからずも現代の日本人も、かつての日本人と同様の使命感と責任感を持ち、命を賭けてでも、毅然《きぜん》と物事に対処していくことを教えてくれた。

その意味では、この作品で描かせてもらったのは、原発事故の「悲劇の実態」と共に、最悪の事態に放り込まれた時に日本人が発揮する土壇場の「底力と信念」だったかもしれない。

なぜ彼らは、ここまで踏ん張れたのだろう。

同時代を生きるひとりの人間として、私は取材のあいだ中、そのことを考えつづけた。その答えが、本作品で読者の皆さんに少しでも伝われば、これに過ぐる喜びはない。

この作品は多くの協力者によって成り立っているが、その数があまりに多く、お名前を記すことができないことを深くお詫《わ》び申し上げたい。皆さんのお陰で、無事、このようなノンフィクション作品を上梓できたことに対して、心から御礼を申し上げたい。

なお、本書が日の目を見るまでに、ＰＨＰ研究所の川上達史、佐藤義行、細矢節子の各氏には、言葉には言い尽くせないほどお世話になった。また専門知識を生かして拙稿を校閲してくださった髙松完子さん、素晴らしい装幀で本書に生命を吹き込んでいただいたブックデザイナー緒方修一氏にも、この場を借りて、深く御礼を申し上げる次第である。

なお、本文は原則として敬称を省略、年齢は事故当時のものとさせていただいたことを付記する。

二〇一二年十一月

門田隆将

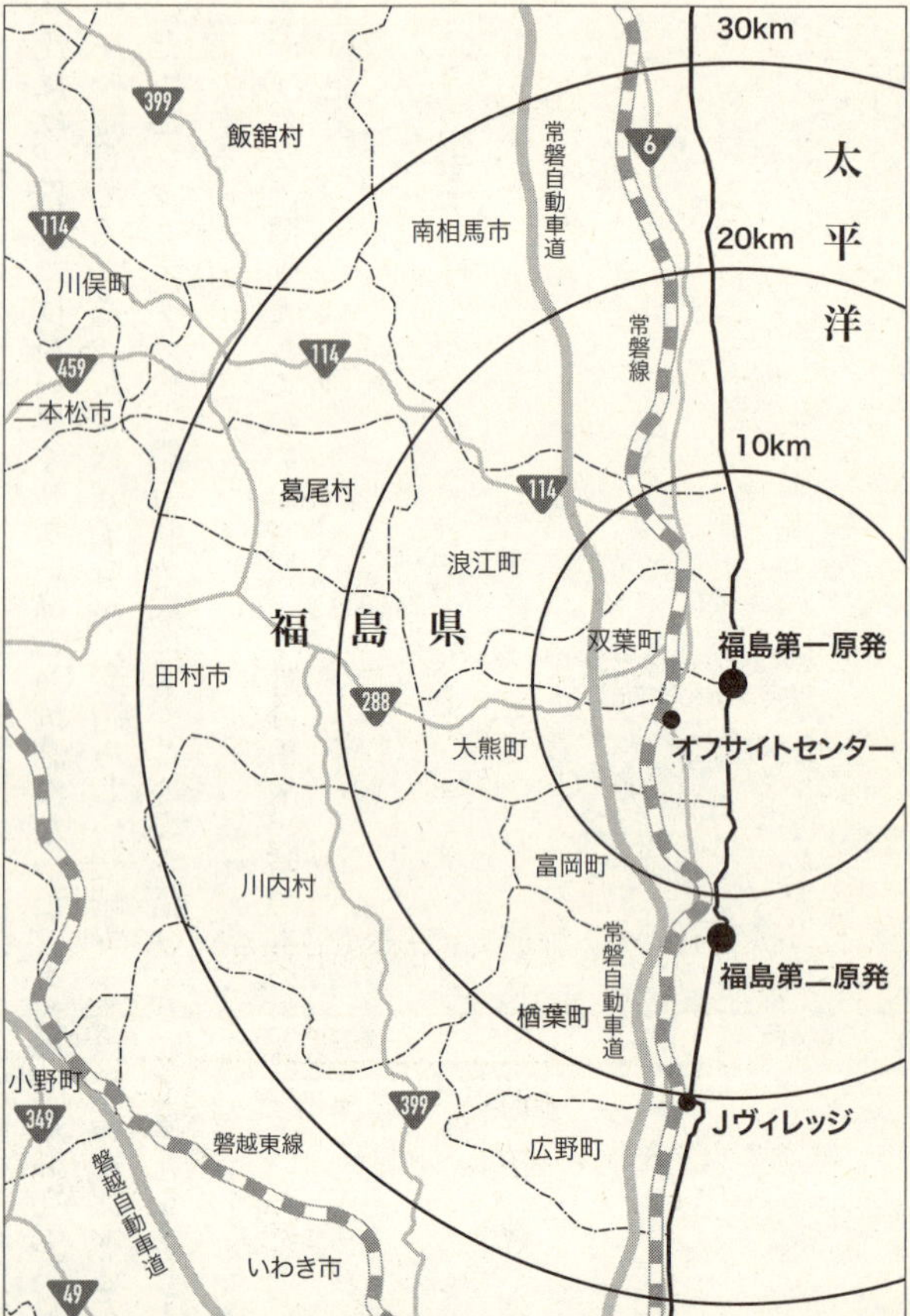

30km
20km
10km
太平洋
399
飯舘村
6
常磐自動車道
南相馬市
114
川俣町
114
459
二本松市
常磐線
114
葛尾村
浪江町
福島県
双葉町
福島第一原発
田村市
288
オフサイトセンター
大熊町
富岡町
川内村
福島第二原発
常磐自動車道
楢葉町
小野町
349
399
Jヴィレッジ
磐越東線
広野町
磐越自動車道
いわき市
49

福島第一原子力発電所配置図

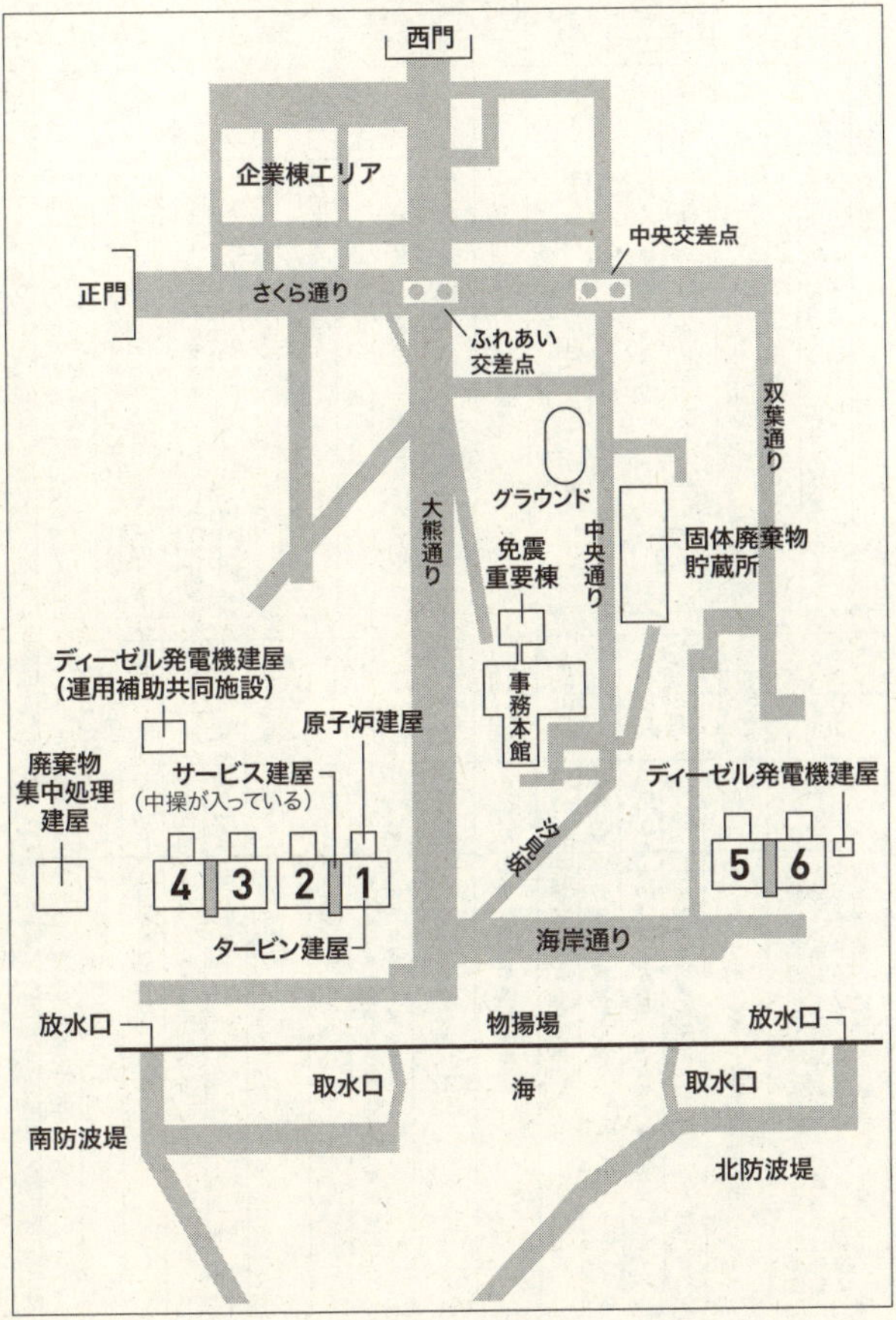

関連年表

年	月日	主な出来事
1939年（昭和14年）	6月	熊町村夫沢海岸段丘およそ3000ヘクタールに陸軍飛行場用地として買収命令
1941年（昭和16年）	4月	陸軍熊谷飛行隊の宇都宮飛行学校磐城分校として開校。95式中間練習機（通称・赤とんぼ）が配備される
1945年（昭和20年）	2月	磐城飛行場特別攻撃教育隊として、特別攻撃隊（特攻隊）の操縦士養成訓練がおこなわれる。特別幹部候補生飛行見習士官として、多くの若者が特攻隊員として飛び立っていった
	8月9日～10日	2日間にわたる米艦載機による集中攻撃により磐城陸軍飛行場壊滅
	8月15日	終戦と同時に軍としての機能を失う
1948年（昭和23年）		国土計画興業が塩田として開発
1956年（昭和31年）	1月1日	原子力三法が施行
1957年（昭和32年）	2月22日	電力9社が原子力計画を決定
1960年（昭和35年）	5月10日	日本原子力産業会議に福島県が加盟
	11月29日	福島県が、東京電力に対して、双葉郡への原子力発電所誘致のため敷地提供を表明
1961年（昭和36年）	9月	大熊町、双葉町の全町議合意のもとに、両町長が原子力発電所の誘致を決定
1964年（昭和39年）	12月1日	東京電力が大熊町に福島調査所を設置
1966年（昭和41年）	4月4日	1号機にGE社のBWRを採用することを決定
	12月2日	1号機着工
1969年（昭和44年）	4月4日	福島県と東京電力の間で「原子力発電所の安全確保に関する協定」締結
	5月27日	2号機着工
1970年（昭和45年）	7月4日	1号機に核燃料を初めて装荷
	10月17日	3号機着工
	11月17日	1号機試運転開始
1971年（昭和46年）	3月26日	1号機の営業運転開始
	12月22日	5号機着工
1972年（昭和47年）	9月12日	4号機着工
1973年（昭和48年）	5月18日	6号機着工
	6月25日	放射性廃液貯蔵庫から廃液漏れ。事故後22時間、大熊町に通報せず、問題に
1974年（昭和49年）	7月18日	2号機の営業運転開始
1976年（昭和51年）	3月27日	3号機の営業運転開始
1978年（昭和53年）	4月18日	5号機の営業運転開始
	10月12日	4号機の営業運転開始
1979年（昭和54年）	3月28日	スリーマイル島原子力発電所事故発生
	10月24日	6号機の営業運転開始
1986年（昭和61年）	4月26日	チェルノブイリ原子力発電所事故発生
2007年（平成19年）	7月16日	10時13分新潟県中越沖地震発生。柏崎市で震度6強を観測し、東京電力柏崎刈羽原発では運転中の2・3・4・7号機が緊急停止。3号機建屋で火災が発生。12時10分に地元消防により鎮火

年	月日	主な出来事
2010年（平成22年）	7月20日	免震重要棟開所
2011年（平成23年）	3月11日	午後2時46分、東日本大震災発生。津波により午後3時41分、全電源喪失
	3月12日	1号機、水素爆発、原子炉へ海水注入。半径20キロ圏内に避難指示
	3月13日	3号機も冷却不能となる。消防車から海水を注入
	3月14日	3号機の原子炉建屋が水素爆発。2号機の格納容器圧力が最高使用圧力を超える
	3月15日	2号機で大きな衝撃音が発生し、圧力抑制室の圧力低下。4号機の原子炉建屋が爆発、火災。半径20～30キロ圏内の住民に屋内退避指示
	3月16日	4号機で火災、3号機では白煙が噴出
	3月17日	陸自ヘリが3号機の使用済み核燃料プールに水を投下。同時に陸自、空自が地上からも放水活動
	3月18日	送電線の敷設作業を開始。1・2・3号機が国際事故評価尺度でレベル5に
	3月19日	東京消防庁、3号機使用済み核燃料プールに放水
	3月22日	全6基で外部電源が復帰する
	3月26日	2号機タービン建屋で毎時１０００ミリシーベルト検出
	4月2日	2号機取水口付近で高濃度汚染水の海洋流出が判明
	4月4日	集中廃棄物処理施設の低濃度汚染水約1万トンを海へ放出
	4月6日	高濃度汚染水の海への流出を防ぐため地中に凝固剤を投入し、流出が停止
	4月7日	1号機格納容器への窒素注入
2011年（平成23年）	4月11日	外部電源が余震で落ちる。1～3号機の注水が一時停止に
	4月12日	国際事故評価尺度でチェルノブイリと同じ「レベル7」に認定される
	4月17日	事故収束に向けた初の工程表を東電が発表
	4月22日	半径20キロ圏内を警戒区域、その周辺地域を緊急時避難準備区域に政府が設定。立ち入りが制限される
	5月11日	3号機地下から高濃度汚染水が海へ漏出
	5月15日	東電が1号機のメルトダウンを認める
	5月24日	IAEA調査団が福島第一原発を視察。東電、2・3号機もメルトダウンと認める
	6月27日	浄化された水を炉心に注入する循環式冷却を開始
	6月30日	3号機の使用済み核燃料プールで冷却装置がスタート
	7月6日	ストレステスト（耐性評価）を全原発で実施すると政府が発表
	8月10日	1～4号機すべてで使用済み核燃料プールの循環冷却がはじまる
	8月31日	廃炉工程を東電が発表。核燃料取り出しを「水棺」ですることを想定
	9月19日	細野豪志原発事故担当相、冷温停止状態を「予定を早めて年内を目途に達成すべく取り組む」とIAEA総会で表明
	9月20日	建屋の地下へ1日最大５００トンもの大量の地下水流入が判明する
	9月21日	6号機のタービン建屋で漏水
	9月28日	1～3号機で原子炉圧力容器底部の温度が１００度未満になる
	9月30日	半径20～30キロ圏の緊急時避難準備区域が解除される

年	月日	主な出来事
2011年（平成23年）	10月3日	廃炉費用が1兆1500億円と政府が試算
	10月28日	原子力委員会、廃炉に30年超かかる見通しを発表
	11月12日	東電、事故後初となる敷地内公開。吉田昌郎所長が会見する
	11月14日	3号機1階で毎時1300ミリシーベルトが計測される
	12月1日	吉田所長が病気で退任、病名は食道癌。1〜3号機の圧力容器内に窒素ガスを注入開始
	12月2日	東電の社内事故調査委員会が「中間報告書」を公表
	12月16日	野田首相、「冷温停止状態となり、事故収束のための工程表を達成した」と表明
	12月18日	佐藤雄平福島県知事が「事故収束」に不快感を示す。細野担当相が陳謝
	12月21日	政府と東電、破損燃料の取り出し開始まで10年、解体まで最長40年との工程表を発表
	12月26日	政府事故調の中間報告で人災の側面を強調し、地震による損傷を否定する
2012年（平成24年）	1月6日	政府が原子力発電所の運転期間を原則40年に制限すると発表。政府の最悪シナリオは東京都を含む250キロ圏内を避難対象としたことが判明
	1月28日	配管凍結により汚染水処理施設や注水ポンプで水漏れ
	1月31日	福島県川内村が帰村宣言、周辺自治体では初。IAEAが安全評価審査妥当と判断、原子力規制関連法案が閣議決定される
	2月10日	復興庁が設置される
	2月13日	2号機の原子炉圧力容器で温度計が上昇、東電は故障と発表
	2月28日	民間事故調が「調査・検証報告書」を発表
	3月11日	1号機のタービン建屋で水漏れ
	3月26日	2号機の原子炉格納容器の水位がわずか60センチと判明
	3月27日	2号機で毎時72・9シーベルトの強い放射線量を観測
	4月6日	除染地域の作業者の被曝限度を年50ミリシーベルト、5年で100ミリシーベルトと厚生労働省が発表
	4月16日	南相馬市の警戒区域と計画的避難区域が解除される
	4月19日	1〜4号機が電気事業法に基づき廃止となる
	5月24日	放出された2011年3月12日から同31日までの放射性物質の総量、90京ベクレルと東電が試算
	6月20日	東電の社内事故調査委員会が「最終報告書」を公表
	7月5日	国会事故調が「報告書」を公表
	7月23日	政府事故調が「最終報告書」を提出
	8月10日	楢葉町のほぼ全域に指定していた警戒区域が解除

《参考文献》

『最終報告』（東京電力福島原子力発電所における事故調査・検証委員会）
『中間報告』（東京電力福島原子力発電所における事故調査・検証委員会）
『国会事故調　報告書』（東京電力福島原子力発電所事故調査委員会）
『福島原子力事故調査報告書』及び『添付資料』（東京電力株式会社）
『福島原発事故独立検証委員会　調査・検証報告書』（福島原発事故独立検証委員会・一般財団法人日本再建イニシアティブ非売品）
『大熊町史　第一巻〈通史〉』（大熊町史編纂《へんさん》委員会編・大熊町）
『原発危機　官邸からの証言』（福山哲郎・筑摩《ちくま》書房）
『証言　細野豪志』（細野豪志　鳥越俊太郎・講談社）

文庫版あとがき

本書は、二〇一二年に単行本が出版されて以来、大きな反響を呼ぶことができました。ノンフィクション作品としては珍しい十万部の壁を一挙に超え、英語版や中国語版をはじめ、外国語での翻訳本も出版されています。

私は、あの過酷な事故に立ち向かった人々の真実が、国籍や人種も越えて、大きな関心を呼んだことにある種の感慨を抱きました。

「なぜ日本人はあそこにとどまれたのか」

「日本人は、死が怖くないのか」

外国メディアから私は、単行本出版後、取材でそんな質問を数多く受けました。あの放射線との闘いは、それほど世界中の関心事だったのです。

外国メディアの反響を見て、私は日本のジャーナリズムが、「原発推進か」「反原発か」という特異なイデオロギー争いに明け暮れ、現場の真実をいかにおろそかにしていたかをあらためて感じました。

本書の出版八か月後の二〇一三年七月九日、吉田昌郎さんは五十八歳という若さで、東京・信濃町《しなのまち》の慶応大学病院で息を引き取りました。震災から二年四か月後のことでした。

食道癌の大手術をおこなったにもかかわらず、腫瘍《しゅよう》は肺と肝臓に転移し、特に肝臓に転移した腫瘍はこぶし大となり、太ももにも肉腫《にくしゅ》ができ、苦しい闘病の末に吉田さんは亡くなりました。

「この本は、本店の連中に読んでもらいたいんだ」

単行本出版後、病床で、吉田さんがそう言っていたことを私は聞きました。

吉田さんや、現場の人々の証言を中心にでき上がった本書は、東電本店の幹部たちにとって、心地よいものでなかったのは確かでしょう。

吉田さんのその言葉を聞いた時、事故と闘い、官邸と闘い、そして、東電本店とも闘わなければならなかった吉田さんの境遇を思い、癌という病魔に吉田さんが襲われたことも、私は「必然だった」ように感じました。

本書の題名である『死の淵《ふち》を見た男』とは、自身の「死の淵」だけでなく、国家の「死の淵」も意味しています。

本文で何度も記述したように、原子炉の暴走とは、悪魔の連鎖を生み、東日本の壊滅に至るものでもありました。その極限の現場に立って、指揮を執りつづけた吉田さんのストレスは、想像するにあまりあります。

満身創痍《まんしんそうい》の吉田さんの身体ほど、あの闘いの凄《すさ》まじさと、彼が背負っていたものがいかに大きかったかを物語るものはないと思います。

私は吉田さんの死後、吉田さんと同い年であり、部下でもあった復旧班の班長、曳田史郎さんから、吉田さんの最後のメールについて、話を伺いました。

二〇一二年七月、曳田さんの携帯に、突然、吉田さんからメールが送られてきたのです。

そこには、こう書かれていました。

〈曳田へ。あの時、状況がさらに悪くなったら、最後は全員退避させて、おまえと二人だけで、残ろうと決めていた。だって、空っぽにするわけにはいかないだろう。奥さんに謝っといてくれ。ごめんな〉

奥さんに謝っといてくれ。ごめんな――それは、あたかも別れを告げるような文言だったというのです。

　なんだろう。吉やん、どうかしたのか。

　吉田さんと曳田さんは、「吉やん」「曳田」と呼び合う仲です。新潟の中学を出て、すぐ東電学園（東京電力が運営していた職業能力開発校）に入った曳田さんより、東京工業大学の大学院を出て入社した吉田さんのほうが地位はいつも上でした。しかし、同い年の二人はなぜか気が合い、吉田さんが福島第一原発の勤務になった時は、若い頃から、いつも一緒に行動しました。

　吉田さんは、最後の最後には、その曳田さんと二人で免震重要棟に残ることを決めていたのです。それは、当然、曳田さんの奥さんが「未亡人になる」ことを意味しています。そのことを吉田さんは、〈奥さんに謝っといてくれ。ごめんな〉という独特の表現で、伝えたのです。

　メールの文言を見たとき、曳田さんは涙がこみ上げてきました。死を覚悟したあの日々を思い出したのです。なんとしても事態を収束させようと、誰もが心をひとつにして頑張った日々が蘇《よみがえ》ったのです。

　さらに事態が悪化し、最期の時を迎えたら、そのときは「二人」で、福島第一に残ろうと考えていた――。

（バカ野郎。俺がおまえ一人を残して、去っていくわけがないだろう。俺は、最後まで吉やんと一緒だよ……）

曳田さんは、そう心の中で呟《つぶや》きました。その時、ボロボロ涙を流している曳田さんに奥さんが気づきました。

「あのメールは、ちょうど私が非番で、女房と一緒に家にいた時に来ました。メールの文字を追っていくと、メールの最後に、あいつらしい、〝奥さんに謝っといて〟という言葉がありました。それを見た時に、涙が止まらなくなったんです。女房が気づいて、〝どうしたの？〟と聞いてきたので、黙って、その携帯を渡しました。女房も泣いてしまって……」

曳田さんは、そう振り返ります。奥さんは、泣きながら曳田さんにこう言いました。

「お父さんが、吉田さんをたった一人にするわけがないよね。お父さんのことだから、きっと、そうしたよね」

曳田さんは、吉田さんに〈俺が、おまえを一人にするわけがないだろう〉と返信したことを覚えています。

吉田さんは、その直後の二〇一二年七月二十六日、脳内出血で倒れ、その一年後に帰らぬ人となりました。曳田さんへのあのメールは、曳田さんにとって吉田さんの

〝最後の言葉〟となったのです。

いま曳田さんのもとには、吉田さんから贈られた赤い皮袋に入った焼酎《しょうちゅう》の小瓶《こびん》があります。これは、吉田さんが、最後に免震重要棟から出て行った時に、ちょうど不在にしていた曳田さんを、

「曳田はどうした。曳田はいないのか」

と探したうえに、

「曳田にこれを渡してくれ」

と、同僚に託してくれたものです。

それは、酒好きの曳田さんに贈られた、小さな焼酎でした。

「これを同僚から受け取った時は、私は吉やんの病気は治るものだと信じていました。その小瓶は今も赤い皮袋に入ったままです。封は、切られていません。おそらく、私が生きている間はこのままだと思っています。いつかはこの小瓶も封を切られると思いますが、その時は、横に、あいつがいるだろうと思います」

曳田さんはそう語ってくれました。

こうして吉田さんは、私たちの前からかけ足で去っていきました。残ったのは、さまざまな人々の胸の中の思い出と、ぎりぎりで「日本は救われた」という事実だけで

す。

しかし、吉田さんの死から一年も経たない二〇一四年五月、朝日新聞が信じられないキャンペーンを始めました。

〈政府事故調の「吉田調書」入手

所長命令に違反、原発撤退　福島第一、所員の9割〉

〈葬られた命令違反

線量上昇せず 待機命令　東電、調書と食い違い〉

朝日新聞は、政府事故調に吉田さんが答えた聴取結果書（いわゆる「吉田調書」）を入手し、そこで、福島第一原発の人間の9割が〈所長命令に違反〉して撤退したことがわかった、というキャンペーンを始めたのです。

本書にも記述されているように二号機が最悪の事態を迎えようとしていた二〇一一年三月十五日朝は、日本の有史以来、最大の危機の日だったと思います。

吉田さんは、この事態に至る直前、「一緒に死んでくれる人間」の顔を思い浮かべています。実際に大きな爆発音がして、二号機のサプレッション・チェンバー（圧力

抑制室）の圧力がゼロになった時には、

「各班は、最少人数を残して退避！」

と、叫んでいます。

そのシーンは、吉田さんだけでなく、現場の人間にとって忘れられないものであり、私は、多くの人から証言を得ています。

本文で記述しているように、

「いや、僕は残ります」

「なに言ってるんだ。おまえは若い。出ろ！」

「いやです」

「これは命令だ。早く出ろ」

ベテランと若手の間には、そんなやりとりもあり、生と死を分けるかもしれないそのシーンは、自分ならどうしただろうか、と、私も動悸《どうき》が高鳴りながら取材したことを記憶しています。

しかし、朝日新聞は、これを所長命令に「違反」して、9割の所員が「撤退」した――つまり、〝逃げた〟と書き、原発再稼働反対の材料として大キャンペーンを展開したのです。

朝日の思惑どおり、外国紙の中にはこれを後追いして、

〈日本人も逃げていた〉

〈これは、〝第二のセウォル号事件〟だ〉

と書くものまで出てきました。

私は正直、あきれ果てました。しかし、吉田さんが亡くなったからといって、こんな虚偽がまかり通っていいはずがありません。私は、「この記事は誤報である」という論陣を張りました。

朝日新聞は、私に対して訂正と謝罪要求、そして法的手段を講じる旨の恫喝《どうかつ》とともに、れる文書を複数回送りつけてきました。しかし、三か月後の九月十一日、「吉田調書」を政府が公開する当日、朝日新聞は、木村伊量《ただかず》社長が自身の「辞任」と編集幹部の「更迭」を発表した上、内容が誤りであったことを認め、記事そのものを全面撤回したのです。

そして、さらに二か月を経て発表された朝日新聞社の第三者機関「報道と人権委員会」の報告書では、現場にいた当事者にたった一人の取材もせずに、当該の記事が書かれていたことが明らかにされました。

冒頭でも述べたように、日本のマスコミは、「原発推進か」「反原発か」というイデ

オロギー争いに終始しています。彼らにとって、ファクト（事実）は二の次であり、自分の主張に都合のいいように真実は捻《ね》じ曲げられるのです。

私は、そんなメディアによって洗脳されたり、物事の本質が見えなくなっている人が少なからずいることこそ「日本の不幸」だと思っています。

しかし、インターネットやSNSの発達によって、メディアが大衆に対して記事を〝下げ渡す〟ことができなくなり、逆に大衆がメディアを〝監視〟する時代が到来していることを感じます。

「私たちの子供や孫に、いや、百年、二百年先に、原発事故の真実を日本人の歴史として残しましょう」

初めて吉田さんにお会いした時、私がそう言うと、

「門田さん、俺はなんにも隠すことはないんだ。後世に真実を残してくれ。なんでも話すから、なんでも聞いてくれ」

吉田さんは、そう前置きして、こう言いました。

「部下たちがすごかった。俺はなんにもしちゃいない。俺はただのオッサンだよ。部下たちがすごかったんだ」

俺はなんにもしちゃいない。俺はただのオッサンだよ——それは、ユーモアに溢《あふ》れ

た吉田さんらしい表現でした。今、その時のなんともいえない優しく、包容力に満ちた吉田さんの表情を思い起こします。

しかし、それから私は、この人物でなければ「日本は救われなかったかもしれない」という思いで、彼と部下たちの証言を聞いていくことになります。それほど、事故との闘いは壮烈なものでした。

チェルノブイリの十倍に至るかどうかという闘いをなんとか凌《しの》いだ吉田さんと福島第一原発の人たち。しかし、あの事故が、今も福島に大きな哀しみと、癒《いや》しがたい傷《きず》痕《あと》を残し、復興の前に立ちはだかっているのは、厳然たる事実です。その未曾《みぞ》有《う》の悲劇と、人々の闘いの一端が、本書の文庫化によって、さらに多くの人に知ってもらえたら、と願ってやみません。

文庫版解説には、福島県いわき市出身の社会学者、開沼博・立命館大学衣笠総合研究機構准教授に、地元出身者でなければわからない視点を交えて、素晴らしい解説を頂戴《ちょうだい》しました。この場を借りて、心より御礼申し上げます。

また文庫版出版にあたっては、株式会社KADOKAWA文芸・ノンフィクション局の吉良浩一局次長、同菊地悟氏に大変お世話になりました。ありがとうございました。

なお、本書は、臨場感を重んじるために、できるだけ単行本執筆時の表現をそのまま生かすことを心がけました。本文での敬称は略し、年齢は、その場面に登場時点のものとさせていただいたことを付記します。

門田隆将

二〇一六年秋

解説

開《かい》沼《ぬま》 博《ひろし》（社会学者）

3・11後に出版された原発や福島に関する本は1000を超えるほどになっていると聞く。正確な数字はわからないが、あの瞬間からの爆発的な需要の増加が「原発・福島市場」をつくったのは確かだ。一方、あれから5年経ったいま、その市場がほぼ跡形もなく消えてしまってもいる。

そこで供給された玉石混淆《こんこう》の書籍の中で、本書は間違いなく「歴史に残る3・11本」だ。それは、筆者である門田隆将さんの圧倒的な力量によるものに他ならない。

本書のタイトル等を見ると、当時の福島第一原発所長である吉田《よしだ》昌郎《まさお》についての本のように思う人もいるかもしれないが（と言うか、はじめ私自身がそう思っていたが）そうではない。本書は、当時の福島第一原発で働いていた人々はもちろん、官邸、自衛隊、住民にも細かくインタビューを重ねながら状況を重層的に、広い視野を持ちながら描き上げた「福島第一原発事故の教科書」と言っても良い内容だ。

本書が「歴史に残る」と判断する所以《ゆえん》は以下の三つの点に有る。

一つ目は、徹底した事実主義だ。本書は徹底した事実の集積の上に成立する。起こったこと、人の動きや思い、その背景。読んでいてその場面がありありと思い浮かぶ。ここまで詳細に描ききるのかと圧倒され続ける。言葉を研ぎ澄ますために膨大な数の人の話に耳を傾け、いくつもの資料を渉猟《しょうりょう》したことが一文一文から伝わってくる。

そもそも、この原発・福島問題は過剰に科学的であり、過剰に政治的でもある。本来であれば実務家や研究者のみが理解していた自然科学・工学的知識を、短期間で理解し誤り無く利用する能力を求められる。と同時に、ともすれば、「推進側を利するためにそう言っている」「原発の安全性をPRするためにこう書いている」などと政治的な踏み絵を踏まされ（「お前は、当然オレら脱原発運動家・シンパの気持ち良いことを言ってくれるんだろうな」）、それを踏まなければ吊《つる》し上げの対象になるリスクも負うことになる。

その結果、不偏不党で必要な専門的知見を語りうる人、一定の取材・情報処理能力がある人が語るのをやめ、ニセ科学や攻撃的・排他的な声ばかりが跋扈《ばっこ》して原発・福島問題は日本社会の中でタブー化してしまう。

とりわけ、東電の言葉自体を扱うことが極めて難しいタブーの一つになってしまった。東電の語る「ことの真相」を安易に利用することなど許されない。それは加害者に言い訳を語らせることであり事故を矮小化《わいしょう》することに他ならないのだ、と。そうなったのは、東電への懲罰意識が強く存在したからだ。

3・11という複合災害の中で生まれたパニック、その中で醸成された不安・不満とタブー。現在でも、その傾向は残るが、本書が書かれた頃はいまとは比べ物にならないタブー化の圧力があっただろう。そこを本書が軽々と乗り越えたのは、徹底的に事実を重ねる力があった故だ。

二つ目、可読性だ。「読みやすい面白さ」と言い換えても良い。一般には、「商業出版にのるような文は読みやすく、面白いように配慮されてできている」と当然のように思われているかもしれないが、残念ながら、こと原発・福島問題について言うならば、大体が「読みづらくつまらない」。これは書き手・編集サイドの力量によるところもあるが、それ以上に、先に触れたとおり原発・福島という対象が自然科学・工学的であるように見えるからだ。

しかし、それが自然科学・工学の問題なのかと言えば、そんなことはない。この問題に正面から向き合い深掘りをしようとした人間なら気づくが、この問題は極めて人文・社会科学的な問題でもある。本書を通読すれば、その意味に気づかずにはいられない。危機の中の政治・行政の現代的な課題と可能性、そこにあった思想と歴史。それを、ひとまとまりの物語の中で読ませるのは簡単なことではないが、本書はそれを成し遂げた。

同様のテーマを、本書同様に高い水準でまとめた書籍には、船橋洋一《ふなばしよういち》『カウントダウン・メルトダウン』（文藝春秋）、共同通信社原発事故取材班らによる『全電源喪失の記憶――証言・福島第1原発――1000日の真実』（祥伝社）、NHKスペシャル『メルトダウン』取材班による『福島第一原発事故　7つの謎』（講談社）などがあり、それぞれ、独自の視点を出しながら客観的かつ具体的に新たな事実を探っていく秀作であるが、こと可読性という点で本書は突出している。これだけ版を重ねて多くの人に読まれる理由も分かる。初心者に「興味がなくても読んでみて。前提知識なしに読んでも楽しいし、絶対に得るものがあるから」とまず勧めたい本だ。ともすれば、多くの人が食わず嫌いに終わってしまうこの問題にとって可読性は極めて重要だ。

吉田昌郎という軸となる登場人物の魅力はもちろん、東電と菅直人《かんなおと》首相、班目春樹《まだらめはるき》原子力安全委員会委員長らとの見解、視点の相違。東電という事故当事者でありつつ、地元住民という被災者でもある現場職員たちの行動と思い。協力企業や自衛隊に所属し現場を支えた人々の追想。その他様々な人間模様が魅力的に描かれる。これは、週刊誌記者として、あるいはいくつもの優れたノンフィクションの書き手としての著者の経験がある故だろう。

参考文献として政府・国会・民間・東電の各事故調査委員会による報告書があげられている。これら事故調は、何十人、サポートスタッフ・協力者も入れれば何百人単位の人員が関わって情報を集めて編まれている。本書はその多角的な視点を踏まえつつ、それに不足する言葉を自ら聞き取った上で補完している。いわば「一人事故調」とも呼べる驚異的な作業がそこにはある。

三つ目はタイミングだ。本書が出たタイミングより前でも後でもない。そこでしかできないことをしたからこそ本書に価値がある。

先に、東電が語ることが許されない状況があったことを指摘したが、東電自体が語ることをしなかったという側面もあった。私自身も関わっていた民間事故調は東電幹部らに再三、聞き取りの依頼をしたが東電が応じることはなかった。新聞・テレビ・雑誌に対しても基本的にはそういう消極的な対応が続いた。それは「東電による隠《いん》蔽《ぺい》」と名指されてきたものの一部だとも言えるかもしれないし、「大衆による圧倒的な懲罰意識」が生み出したものだとも言えるかもしれない。いずれにせよ、問題なのは、その渦中、ど真ん中にいた者たちの記憶・記録に基づいた語りが世に残されるプロセスが途絶えた時期があったということだ。これは、課題抽出、教訓の継承を不可能にする一大事だ。

しかし、熱狂が覚める中で、その「渦中、ど真ん中の言葉」が少しずつ世間に漏れ聞こえてくるようになった。その最も早いタイミングをとらえたのが本書だったと言えるだろう。本書の中でも書かれているが、何度も頼み込んで吉田昌郎というおさえるべき人物の信頼を得て、それのみならず、様々な立場の人の理解を得て本音を引き出しながら取材を進める。いかなるスタンスで文章にまとめたいのか、様々なルートを通して取材を実現したのだろう。震災・原発事故後に取材をはじめて、それをやり遂げた能力にただただ感服する。

記憶も記録も時間の経過とともに瞬く間に消えていく。もし、タイミングがもっと遅かったら、言うまでもなく、吉田昌郎の言葉が、あるいは、あの時現場にいた他の人々の言葉も様々な理由で遺《のこ》すことができなくなっていただろう。それを裏付ける資料も埋もれてしまっていたに違いない。

付け加えて言うならば、あれから5年経ったいま、本書が多くの版を重ねた上で文庫化されることは貴重だ。福島第一原発事故の歴史化は、まさにこれからが正念場だ。これまで、２０１４年の朝日新聞・吉田調書事件がそうであったように、福島第一原発で起こったこと、そこで生きてきた人々の営みについての事実関係が、政治的意図、イデオロギー的惨事便乗によって、歪《ゆが》められかねない事態が度々あった。現場で命を賭《か》けて苦闘した人々を愚弄《ぐろう》するようなことは決して許されない。

時間の経過の中、忘却と風化の一方で、そのような不正は是正され、事実関係をもとにして事態を冷静に見る可能性も広がりつつある。その時に、一般の人が広く取りやすい書籍として本書があることは議論の前提を底上げするだろう。その意義は大きい。

安易な糾弾合戦や浅薄なドラマの切り貼りに堕した多くの原発・福島便乗言説は消費されきって消えていっているし、今後もそうあるべきだ。

事実を積み重ね、その事実を多くの人が共有することこそが、そこに転がる課題を解決し、後世に教訓を残すことにつながる。そこで地元を、日本を救った人々の存在は私たちの未来に希望を与えてくれる。多面的な事実を掘り起こすことこそが最もラディカルでクリエイティブな営みであることを本書は教えてくれる。

（立命館大学衣笠総合研究機構准教授）

本書は二〇一二年一一月にＰＨＰ研究所より刊行された単行本『死の淵を見た男　吉田昌郎と福島第一原発の五〇〇日』を一部改題し、加筆・修正して文庫化したものです。

死《し》の淵《ふち》を見《み》た男《おとこ》

吉田《よしだ》昌郎《まさお》と福島《ふくしま》第一《だいいち》原発《げんぱつ》

門田《かどた》隆将《りゆうしよう》

平成28年 10月25日　初版発行

発行者●郡司 聡

発行●株式会社KADOKAWA
〒102-8177　東京都千代田区富士見2-13-3
電話 0570-002-301（カスタマーサポート・ナビダイヤル）
受付時間 9:00〜17:00（土日 祝日 年末年始を除く）
http://www.kadokawa.co.jp/

角川文庫 20006

印刷所●旭印刷株式会社　製本所●株式会社ビルディング・ブックセンター

表紙画●和田三造

ISBN978-4-04-103621-1　C0195

角川文庫発刊に際して

角川源義

第二次世界大戦の敗北は、軍事力の敗北であった以上に、私たちの若い文化力の敗退であった。私たちの文化が戦争に対して如何に無力であり、単なるあだ花に過ぎなかったかを、私たちは身を以て体験し痛感した。西洋近代文化の摂取にとって、明治以後八十年の歳月は決して短かすぎたとは言えない。にもかかわらず、近代文化の伝統を確立し、自由な批判と柔軟な良識に富む文化層として自らを形成することに私たちは失敗して来た。そしてこれは、各層への文化の普及滲透を任務とする出版人の責任でもあった。

一九四五年以来、私たちは再び振出しに戻り、第一歩から踏み出すことを余儀なくされた。これは大きな不幸ではあるが、反面、これまでの混沌・未熟・歪曲の中にあった我が国の文化に秩序と確たる基礎を齎らすためには絶好の機会でもある。角川書店は、このような祖国の文化的危機にあたり、微力をも顧みず再建の礎石たるべき抱負と決意とをもって出発したが、ここに創立以来の念願を果すべく角川文庫を発刊する。これまで刊行されたあらゆる全集叢書文庫類の長所と短所とを検討し、古今東西の不朽の典籍を、良心的編集のもとに、廉価に、そして書架にふさわしい美本として、多くのひとびとに提供しようとする。しかし私たちは徒らに百科全書的な知識のジレッタントを作ることを目的とせず、あくまで祖国の文化に秩序と再建への道を示し、この文庫を角川書店の栄ある事業として、今後永久に継続発展せしめ、学芸と教養との殿堂として大成せんことを期したい。多くの読書子の愛情ある忠言と支持とによって、この希望と抱負とを完遂せしめられんことを願う。

一九四九年五月三日

角川文庫ベストセラー

あの一瞬
アスリートが奇跡を起こす「時」
門田隆将

瀬古利彦、サッカー日本代表、遠藤純男、ファイティング原田、新日鉄釜石、明徳義塾……さまざまな競技から歴史に残る名勝負を選りすぐり、勝敗を分けた「あの一瞬」に至るまでの心の軌跡を描きだす。

もしもノンフィクション作家がお化けに出会ったら
工藤美代子

『悪名の棺　笹川良一伝』などで知られるノンフィクション作家の日常は怪談だった！　衝撃の文豪怪談実話「三島由紀夫の首」ほか怪談専門誌『幽』連載エッセイをまとめた一冊が待望の文庫化。解説・角田光代

検疫官
ウイルスを水際で食い止める女医の物語
小林照幸

日本人で初めてエボラ出血熱を間近に治療した医師、岩﨑惠美子。新型インフルエンザ対策でも名をあげた感染症対策の第一人者だ。50歳過ぎから熱帯医学を志した岩﨑の闘いを追う、本格医学ノンフィクション!!

ひめゆり
沖縄からのメッセージ
小林照幸

人間が人間でなくなっていく〝戦場〟での体験を語り続ける宮城喜久子。記録映像を通じて沖縄戦の実相を伝えていく中村文子。二人のひめゆりの半生から沖縄戦、そして〝戦後日本と沖縄〟の実態に迫る一級作品!!

煩悩フリーの働き方。
小池龍之介

私たちが抱えるストレスの多くは仕事に原因があります。職場の人間関係や課せられるノルマ、その仕事自体のつまらなさ……悩めるあなたに若き僧侶が精神的手習いを語ります。「明日がイヤだ」と言う前に。

角川文庫ベストセラー

どこへ行っても三歩で忘れる 鳥頭紀行くりくり編　西原理恵子　ゲッツ板谷　鴨志田穣

サイバラりえぞうが、ゲッツ、カモちゃんを引き連れ、ミャンマーで出家し、九州でタコを釣り、ドイツへハネムーンに飛ぶ！　悟りを開いたりえぞうが、人生相談もしてくれて……。

できるかなV3　西原理恵子

脱税からホステス生活まで、サイバラ暴走の遍歴を綴った爆笑ルポマンガ。大人気の『できるかな』シリーズ第3弾、満を持して文庫化！

ぼくんち（上）（中）（下）　西原理恵子

ぼくのすんでいるところは山と海しかない　しずかな町で、端に行くとどんどん貧乏になる。そのいちばんはしっこがぼくの家だ——恵まれてはいない人々の心温まる家族の絆を描く、西原ワールドの真髄。

できるかなクアトロ　西原理恵子

インドの奇祭に乱入、ゴビ砂漠で恐竜の化石発掘、小学生相手にマジバトルと、サイバラの挑戦はますますディープに、アグレッシブに!!　大人気の『できるかな』シリーズ第4弾登場！

この世でいちばん大事な「カネ」の話　西原理恵子

お金の無い地獄を味わった子どもの頃。お金を稼げば自由を手に入れられることを知った駆け出し時代。お金と闘い続けて見えてきたものとは……「カネ」と「働く」の真実が分かる珠玉の人生論。

角川文庫ベストセラー

いけちゃんとぼく　西原理恵子

ある日、ぼくはいけちゃんに出会った。いけちゃんはいつもぼくのことを見てくれて、落ち込んでるとなぐさめてくれる。そんないけちゃんがぼくは大好きで……不思議な生き物・いけちゃんと少年の心の交流。

ああ息子　西原理恵子＋母さんズ

耳を疑うような爆笑エピソードの数々。でもみんな、本当にあった息子の話なんです——!! 息子の「あちゃちゃ」なエピソードに共感の声続々！　育児中のママ必携の、愛溢れる涙と笑いのコミックエッセイ。

小説日本銀行　城山三郎

エリート集団、日本銀行の中でも出世コースを歩む秘書室の津上。保身と出世のことしか考えない日銀マンの虚々実々の中で、先輩の失脚を見ながら津上はあえて困難な道を選んだ。

価格破壊　城山三郎

戦中派の矢口は激しい生命の燃焼を求めてサラリーマンを廃業、安売りの薬局を始めた。メーカーは安売りをやめさせようと執拗に圧力を加えるが……大手スーパー創業者をモデルに話題を呼んだ傑作長編。

危険な椅子　城山三郎

化繊会社社員乗村は、ようやく渉外課長の椅子をつかむ。仕事は外人バイヤーに女を抱かせ、闇ドルを扱うことだ。やがて彼は、外為法違反で逮捕される。ロッキード事件を彷彿させる話題作！

角川文庫ベストセラー

角川文庫ベストセラー

ばかおとっつあんにはなりたくない　椎名　誠ただでさえ「こまったものだ」の日々だが、最も憎むべきは、飛行機、書店、あらゆる場所に出没する「ばかおとっつあん」だ⁉　老若男女の良心にスルドク突き刺さる、強力エッセイ。

ひとりガサゴソ飲む夜は……　椎名　誠旅先で出会った極上の酒とオツマミ。痛恨の二日酔い体験。禁酒地帯での秘密ビール――世界各地、どこにいても酒を飲まない夜はない！　酒飲みのヨロコビと悲しみがぎっしり詰まった絶品エッセイ！

麦酒泡之介的人生　椎名　誠時に絶海の孤島で海亀に出会い、時に三角ベース野球で汗まみれになり、ウニホヤナマコを熱く語る。朝のヒンズースクワット、一日一麺、そして夜には酒を飲む。ビール片手に人生のヨロコビをつづったエッセイ！

ごんごんと風にころがる雲をみた。　椎名　誠北はアラスカから、チベットを経由して南はアマゾンまで、世界各地を飛び回り、出会った人や風景を写し取り、旅と食べ物を語った極上のフォトエッセイ。「ホネ・フィルム」時代の映画制作秘話も収録！

玉ねぎフライパン作戦　椎名　誠はらがへった夜には、フライパンと玉ねぎの登場だ。勘とイキオイだけが頼りの男の料理だ、なめんなよ！　古今東西うまいサケと肴のことがたっぷり詰まった、シーナ節全開の痛快食べ物エッセイ集！

角川文庫ベストセラー

絵本たんけん隊　椎名　誠

90年代に行われた連続講演会「椎名誠の絵本たんけん隊」。誰もが知る昔話や世代を超えて読み継がれてきた名作など、古今東西の絵本を語り尽くした充実の講演録。すばらしき絵本の世界へようこそ！

世界どこでもずんがずんが旅　椎名　誠

マイナス50℃の世界から灼熱の砂漠まで——地球の端から端までずんがずんがと駆け巡り、出逢った異国の情景を感じたままにつづった30年の軌跡。旅と冒険の達人・シーナが贈る楽しき写真と魅惑の辺境話！

帰ってきちゃった発作的座談会　椎名　誠／沢野ひとし／木村晋介／目黒考二

発作的座談会シリーズ屈指のゴールデンベスト＋初収録座談会を多数収録。一見どーでもいいような話題をおじさんたちが真剣に、縦横無尽に語り尽くす。無意味度120％のベスト・ヒット・オモシロ座談会！

いっぽん海まっぷたつ　椎名　誠

日本の食文化の分断線を確かめるため、酔眼おとっつあん集団、新たな旅へ!?　海から空へ、島から島へ、息つく間もなく飛び回る旅での読書の掟、現地メシの極意など。軽妙無双の熱烈本読み酒食エッセイ！

あやしい探検隊　北海道乱入　椎名　誠

あやしい探検隊でやり残したことがあったのだ！と気付いたシーナ隊長は隊員とドレイを招集。北海道物乞い（お貰い）旅への出発を宣言した！　笑いと感動のバカ旅。『あやしい探検隊　北海道物乞い旅』改題。

角川文庫ベストセラー

電池が切れるまで　子ども病院からのメッセージ
編／すずらんの会

小児ガンの少女が亡くなる四ヶ月前に書いた詩「命」をはじめ、命と真摯に向きあう日々を過ごす子どもたちが綴ったベストセラー詩画集。命の輝き、家族の温もり、感謝の心に満ちた言葉が、感動と勇気をくれる。

零戦　その誕生と栄光の記録
堀越二郎

世界の航空史に残る名機・零戦の主任設計者が、当時の記録を元にアイデアから完成までの過程を克明に綴った技術開発成功の記録。それは先見力と創意、そして不断の努力の結晶だった。今に続く貴重な技術史。

日本探見二泊三日
宮脇俊三

気負いなく日本各地に二泊三日でふらりと出かけて、ふるさとと日本の魅力を再発見。鉄道趣味人ならではの五能線の秘境や北海道のローカル線探訪から、雨の熊野古道や四国のお遍路、親不知、五島列島まで。

時刻表2万キロ
宮脇俊三

当時会社員だった著者が週末を利用し、それまで乗っていなかった国鉄の路線・2万キロの完全乗車達成に挑んだ。三年もの歳月をかけ、時刻表を駆使しながら成し遂げた挑戦の記録。鉄道紀行の最高峰。

増補版　時刻表昭和史
宮脇俊三

二・二六事件の朝も電車を乗り継いで小学校に通い、戦時下も、終戦の日も汽車に乗っていた……鉄道紀行の第一人者が、激動の時代の家族の風景と青春の日々を時刻表に重ねて振り返る、感動の体験的昭和史！

角川文庫ベストセラー

角川文庫ベストセラー

オール1の落ちこぼれ、教師になる
宮本延春

中学卒業時の学力は、漢字は名前しか書けず、数学は九九が2の段まで。英語の単語はBOOKしか知らない落ちこぼれが編み出した「オール1からの勉強法」とは？　全国に衝撃を呼んだ「オール1先生」初の著書。

女と男　～最新科学が解き明かす「性」の謎～
NHKスペシャル取材班

人間の基本中の基本である、「女と男」——。それは未知なる不思議に満ちた世界だった。女と男はどのように違い、なぜ惹かれあうのか？　女と男の不思議を紐解くサイエンスノンフィクション。

ヒューマン　なぜヒトは人間になれたのか
NHKスペシャル取材班

私たちは身体ばかりではなく「心」を進化させてきたのだ——。人類の起源を追い求め、約20万年のホモ・サピエンスの歴史を遡る。構想12年を経て映像化された壮大なドキュメンタリー番組が、待望の文庫化!!

Kadokawa Art Selection　フェルメール　謎めいた生涯と全作品
小林頼子

生涯で三十数作の作品を遺した、謎の画家・フェルメール。その全作品をカラーで紹介！　研究によって明かされた秘密や作品の魅力を第一人者が解説する、初心者もファンも垂涎の手軽な入門書！

Kadokawa Art Selection　ピカソ　巨匠の作品と生涯
岡村多佳夫

変幻自在に作風を変え次々と大作を描いた巨匠ピカソ。その生涯をたどり作品をオールカラーで紹介するハンディサイズのガイドブック。なぜこれが名画なの？　初心者の素朴な疑問にもこたえる決定版。